GERHARD KOWALEWSKI

G. KOWALEWSKI

BESTAND UND WANDEL

MEINE LEBENSERINNERUNGEN

ZUGLEICH EIN BEITRAG ZUR NEUEREN

GESCHICHTE DER MATHEMATIK

MÜNCHEN 1950

VERLAG VON R. OLDENBOURG

Meiner lieben Frau Maria

in Dankbarkeit gewidmet

Lebenserinnerungen sind hauptsächlich deshalb wertvoll und interessant, weil sie sich nicht nur mit einem einzelnen Menschen beschäftigen, sondern zugleich die vielen andern Personen in die Betrachtung hineinziehen, mit denen jener Einzelne in Berührung kam. Sie können aus diesem Grunde auch dann lesenswert sein, wenn der Einzelne keine Persönlichkeit von besonderer Bedeutung ist.

Ich habe in meinem Leben das Glück gehabt, vielen großen Männern zu begegnen. Unter meinen Lehrern in der Mathematik waren überragende Meister ihres Faches. Deshalb sind diese Erinnerungen, wie auch im Titel des Buches hervorgehoben wird, zugleich als ein Beitrag zur neueren Geschichte der Mathematik zu betrachten.

Wie bei meinem Buch „Große Mathematiker" kann ein mathematisch nicht genügend vorgebildeter Leser das rein Mathematische überschlagen. Es bleibt immer noch genug Lesenswertes über Menschen und Verhältnisse vergangener Zeiten.

Gräfelfing bei München, Herbst 1949.

G e r h a r d K o w a l e w s k i.

LERNZEIT

Volksschule und Gymnasium

Ich wurde in dem pommerschen Dorfe Alt-Järshagen
(Kreis Schlawe, Bezirk Köslin) auf dem Gute meiner mütter-
lichen Vorfahren am 27. März 1876 geboren. An meinen
Großvater Christian Pommerening und meine Großmutter
Regine Pommerening, geborene Meidow, erinnere ich mich
noch mit großer Ehrfurcht. Mein Geburtsort liegt so nahe
an der Küste, daß man an stürmischen Tagen das Meer
brausen hört. Die pommerschen Bauernfamilien sind meist
sehr kinderreich. Ihre Söhne widmen sich, soweit sie nicht
in der Landwirtschaft unterkommen, hauptsächlich vier
Berufen: Sie werden Seeleute, Förster, Postbeamte oder
Lehrer. Ich hatte in der nächsten Verwandtschaft viele
Seeleute, die weit in der Welt herumgekommen waren, und
lauschte als Knabe, wenn wir in den Schulferien bei den
Großeltern zu Besuch waren, mit großem Vergnügen ihren
abenteuerlichen Erzählungen. Es gab unter diesen See-
leuten einige, die als pensionierte Kapitäne in irgendeiner
Hafenstadt wohnten und sich in sehr guten Vermögens-
verhältnissen befanden.

Mein Vater Leonhard Julian Kowalewski war zuerst
Volksschullehrer in Sallewen im masurischen Ostpreußen,
wo mein älterer Bruder Arnold Kowalewski geboren ist
(27. November 1873). Später wurde mein Vater als
Seminarlehrer an die Lehrerbildungsanstalt in Löbau,
Westpreußen, berufen. Die Lehrerseminare waren für den
Volksschullehrer das, was dem höheren Lehrer die Uni-
versität ist. Die Ausbildung, die den Zöglingen dieser An-

stalten geboten wurde, war ganz ausgezeichnet. Vor allem war es ein großer Vorteil, daß die Seminare auch den Söhnen der Armen offenstanden, wenn sie die charakterlichen und die Begabungsbedingungen erfüllten. Ich hatte noch eine jüngere Schwester Magda, die im Alter von neun Jahren bei einer Scharlachepidemie nach schwerem Leiden starb. Diesen Verlust haben wir nie verschmerzen können. Sie war hochbegabt, viel klüger als ihre beiden Brüder. Lateinisch lernte sie durch das bloße Zuhören bei unseren Schularbeiten. Wie oft konnte sie uns mit Vokabeln oder grammatischen Regeln aushelfen!

In Löbau gab es kein Vollgymnasium, sondern nur ein Progymnasium, dem die beiden obersten Klassen, Unter- und Oberprima, fehlten. Der Direktor dieser Anstalt, Richard Hache, war ein weithin bekannter, ausgezeichneter Schulmann. Er betätigte sich auch mit großem Erfolg als Dichter. Es gab von ihm schöne deutsche und lateinische Gedichte. Später hat er sich auch am politischen Leben beteiligt und ist als Dichter des Weichselgauliedes, eines nationalen Kampfhymnus, stark hervorgetreten. Er war ein hervorragender Kenner des Lateinischen.

Das Progymnasium begann mit der sogenannten Septima, die wir aber nicht durchzumachen brauchten, weil wir die volksschulmäßige Vorbildung auf der Übungsschule des Lehrerseminars erhalten hatten. Diese Übungsschule war eine pädagogische Musteranstalt. Heutzutage, wo es keine Lehrerseminare mehr gibt und die pädagogischen Akademien mit Hochschulcharakter die Ausbildung der künftigen Volksschullehrer übernommen haben, kann ein Kenner der alten Einrichtungen nicht recht glauben, daß die Ausbildung der Volksschullehrer ebenso gründlich ist wie früher. Aber vielleicht ist das ein Vorurteil. Zum Lehrer ist man schließlich geboren. Daran kann die Ausbildung nicht viel ändern.

Ich erinnere mich noch sehr gut, wie mich mein Vater eines Tages dem Direktor Hache vorstellte und für die

Sexta des Progymnasiums anmeldete. Da ich die Septima nicht durchgemacht hatte, mußte pro forma eine Prüfung vorgenommen werden, um festzustellen, ob ich die volksschulmäßigen Grundkenntnisse besaß. Ich war damals neun Jahre alt und hatte seit dem sechsten Lebensjahr die Übungsschule des Lehrerseminars besucht. Zunächst ließ mich der Direktor ein deutsches Diktat schreiben. Es war vollkommen fehlerfrei. Dann erhielt ich einige Rechenaufgaben. Ich löste sie ohne jede Schwierigkeit. Daraufhin wurde ich als Sextaner ins Progymnasium aufgenommen.

Das Progymnasium war in einem alten Kloster untergebracht, das man in den Zeiten des Kulturkampfes enteignet hatte. In einem Trakt des Gebäudes befand sich die Volksschule. Die Schulplätze waren nur durch einen Zaun getrennt. Es gab bei uns im Progymnasium eine ganze Menge (fast 50 v. H.) polnischer Schüler, meist aus Bauernfamilien stammend, die in der nächsten Umgebung der Stadt ihre kleinen Güter hatten. Der Direktor Hache nahm sie auf, weil sonst viel zu wenig Schüler dagewesen wären. Es war ohnedies schon einige Male die Rede davon gewesen, die Anstalt eingehen zu lassen. So mußte man also noch froh sein, daß so viele Polen da waren. Das Verhältnis zwischen den deutschen und den polnischen Schülern wurde nie richtig herzlich, obwohl es sehr nette Leute unter den Polen gab, auch solche aus reicheren Häusern. Ich erinnere mich noch gern an die beiden Brüder von Wierzbicki, die von einem Rittergut kamen und bei ihrem Onkel, dem polnischen Arzt von Rzepnikowski, wohnten. Diese beiden Brüder haben noch lange Jahre nach der Schulzeit treu mit uns beiden Kowalewskis zusammengehalten. Sie hatten eine ansehnliche Bibliothek, aus der sie uns schöne Bücher liehen. Der jüngere Wierzbicki, den die Schüler wegen seiner Schwerfälligkeit den Eisbären nannten, war ein äußerst gefälliger Junge. Er hat später, als der polnische Staat wiedererstand, eine hohe Stellung in der Regierung bekleidet. Den älteren Bruder traf ich später irgendeinmal in Graudenz mit zwei schönen Pferden, die er für den Bischof von Culm (Westpreußen), Dr. Rosentreter, gekauft hatte. Noch ein anderer polnischer Mitschüler, von Kalckstein-Oslowski, ist mir in guter Erinnerung geblieben. Er bemühte sich, die auf der Schule gebotenen Kenntnisse durch Privatstudien weiter auszubauen, und las eine deutsche Ausgabe von Newtons „Principia", die er mir oft wochenlang ausborgte. Seine Eltern waren nicht sehr vermögend und mußten ihre einzige Tochter die Volksschule besuchen lassen, weil sie das Schulgeld für die höhere Mädchenschule nicht aufbrachten.

Drei meiner damaligen Mitschüler sind später berühmte Männer geworden: Paul von Winterfeldt, Erwin Liek und Walther Ziesemer.

Paul von Winterfeldt hatte auf der Schule sehr schwer zu leiden. Er war ein äußerst netter und kluger Junge, wurde aber von der Mehrzahl der Klassengenossen in erbarmungsloser Weise gehänselt. Er trug im Sommer kurze Hosen und kurze Strümpfe, hatte also nackte Knie, und gerade dahin schlugen sie ihn in den Pausen mit Brennesseln. Die Peiniger lachten in ihrem rohen Übermut, und die Verständigen unter uns griffen vergeblich ein. Manchmal riefen wir den Direktor Hache zu Hilfe, der dann lange Ermahnungen an die Übeltäter richtete, wodurch sich die Pause mindestens um eine Viertelstunde verlängerte. Darüber freuten sie sich dann ganz besonders. Sie wußten genau, daß der Direktor, wenn er einmal ins Schimpfen hineingeriet, kein Ende finden konnte. Die Peinigung Winterfeldts wiederholte sich trotz aller Ermahnungen immer wieder. Im späteren Leben hat er es auch nicht leicht gehabt. Er wurde klassischer Philologe und habilitierte sich in Berlin. Sein Spezialgebiet war das mittelalterliche Latein, als dessen weitaus bester Kenner er galt. Zu Neujahr schickte er seinem alten Direktor regelmäßig ein Glückwunschgedicht, in schönstem Latein abgefaßt. Er hatte in Berlin immer nur wenige Hörer.

4

Irgendeine Subvention für Privatdozenten gab es damals noch nicht. Glücklicherweise hatte Winterfeldt eine wohlhabende Tante, die ihm den Haushalt führte und seine großen Bücherankäufe finanzierte. Er blieb immer Privatdozent. Ein so ausgesprochener Spezialist kam bei der Besetzung eines normalen Lehrstuhles für lateinische Sprache nicht in Betracht. Als das Vermögen der fürsorglichen Tante zur Neige ging und die Tante eines Tages starb, befand sich Winterfeldt in einer trostlosen Lage. Er schlug sich, so gut es ging, noch einige Zeit durch. Dann aber geriet seine Gesundheit ins Wanken. Der berühmte Leiter der Hochschulabteilung im Kultusministerium, Exzellenz Althoff, wurde auf Winterfeldts Notlage aufmerksam gemacht. Er griff sofort ein und ernannte Winterfeldt zum außerplanmäßigen Extraordinarius. Nicht lange nach dieser Ernennung starb aber Winterfeldt. Die rettende Hand hatte sich zu spät nach dem Untersinkenden ausgestreckt. Walther Ziesemer hat ein schönes Buch über Paul von Winterfeldt geschrieben und sein Martyrium gewürdigt.

Walther Ziesemer, der ursprünglich Theologe werden wollte, wandte sich später der Germanistik zu und war zuletzt ordentlicher Professor dieses Faches an der Universität Königsberg. Sein Name bleibt verknüpft mit dem Ostpreußischen Wörterbuch, einem monumentalen Sammelwerk, dessen Herausgeber und Organisator er war.

Über Erwin Liek, den berühmten Arzt und Schriftsteller, brauche ich nicht viel zu sagen. Seine Bücher sind in ganz Deutschland bekannt. Er wirkte später in Danzig, wo er eine eigene große Klinik besaß. Studiert hatte er unter großen Entbehrungen in Königsberg. Es ging ihm erst besser, als er Assistent bei dem berühmten Chirurgen Professor von Eiselsberg wurde. Liek hat als Chirurg Hervorragendes geleistet. Er starb in mittlerem Alter an einer gewöhnlichen Grippe, deren gefahrvolle Schwere er unterschätzt hatte.

Ich möchte auch über meine Lehrer am Löbauer Progymnasium einige Worte sagen. An Herrn Küster denke ich mit großer Dankbarkeit zurück. Er gab uns eine solide Grundschulung im Lateinischen und Griechischen. Wenn ich auch jetzt noch mühelos lateinische und griechische Klassiker lesen kann, so verdanke ich dies hauptsächlich dem ausgezeichneten und sehr eindringlichen Unterricht Küsters. Als Mathematiklehrer hatten wir einen Herrn Himstedt, dessen Bruder als Physikprofessor an der Universität Freiburg i. Br. wirkte. In den Schulprogrammen unserer Anstalt erschienen mehrfach mathematische Abhandlungen von ihm. Ich erinnere mich noch genau an einen analytisch-geometrischen Aufsatz Himstedts „Sekanten und Tangenten des Folium Cartesii", der uns Schülern riesig imponierte. Später wurde Himstedt an das Gymnasium in Marienburg, der alten Ordensstadt, versetzt. Der Marienburger Mathematiker, der sich dort irgendwie mißliebig gemacht hatte, kam nach Löbau. Himstedt hatte erst einige Monate in Marienburg gewirkt, als der Provinzialschulrat Dr. Kruse zufällig dort einen Revisionsbesuch machte. Er wohnte auch einer Unterrichtsstunde Himstedts bei, in der nicht alles so recht klappte. Himstedt bemerkte zu seiner Entschuldigung: „Ich bin hier erst seit einem Vierteljahr und habe trostlose Zustände vorgefunden. Ich muß alles von Grund aus neu aufbauen." Darauf erwiderte Kruse lächelnd: „Sehen Sie, genau dasselbe sagt Ihr Nachfolger in Löbau."

Eines Tages wurde uns vom Direktor ein Probekandidat vorgestellt, der frisch von der Universität kam, Dr. Löwinski. Er übernahm in mehreren Klassen das Französische. Mit diesem Lehrer haben die Schüler ein grausames Spiel getrieben, wofür ich als kleines Beispiel ein Vorkommnis anführen möchte, das sich in der Quarta ereignete: Die boshaften Rädelsführer der Klasse hatten kurz vor Beginn der französischen Stunde durch Einstecken eines Nagels das Herabdrücken der Türklinke unmöglich gemacht.

Sie guckten durch das Schlüsselloch und geboten uns, als sie Dr. Löwinski den Korridor entlangkommen sahen, tiefstes Schweigen. Der junge Doktor versuchte vergeblich die Tür zu öffnen und rüttelte einige Male an der Klinke. Alle seine Bemühungen waren vergeblich. Im Klassenzimmer blieb es mäuschenstill. Schließlich hörte man den Doktor wieder fortgehen. Er begab sich, wie die Rädelsführer richtig vermuteten, zum Direktor, um ihn zu Hilfe zu rufen. Rasch wurde der Nagel hinter dem Drücker wieder herausgezogen. Es dauerte nicht lange, da hörte man die beiden Herren in lauter Unterhaltung herannahen. Der Direktor sagte: „Sehen Sie, Herr Kollege, wir befinden uns hier in einem alten Kloster. Die Türen haben unmoderne Klinken. Es gehört eine gewisse Anstrengung dazu, ein kräftiger Druck, und die Tür geht auf. Sehen Sie, so macht man das." Und nun drückte er übermäßig kräftig auf die Klinke. Natürlich ging die Tür auf, weil das Hindernis entfernt war. Die Schüler saßen da wie unschuldige Lämmer. Der Direktor sagte noch: „Wenn ihr hört, daß jemand an der Klinke rüttelt, ist es eure Pflicht, zu Hilfe zu kommen." Schweigend wurde diese Ermahnung zur Kenntnis genommen. Aus Höflichkeit begleitete Dr. Löwinski den Direktor noch ein Stück den Korridor entlang. Rasch wurde jetzt der Nagel wieder hinter die Türklinke gesteckt. Nun gaben uns die Rädelsführer den Befehl, eine möglichst laute Unterhaltung zu führen. Dr. Löwinski versuchte, nach dem Rat des Direktors mit starkem Klinkendruck die Tür zu öffnen. Er klopfte nach vielen vergeblichen Versuchen laut an die Tür. In der Klasse herrschte ein ohrenbetäubender Lärm. Nach langen Bemühungen entfernte sich Dr. Löwinski. Durch das Schlüsselloch konnte einer der Rädelsführer beobachten, daß er längere Zeit auf dem Korridor auf und ab ging. Schließlich hörte man das Glockensignal. Die Stunde war zu Ende. Jetzt konnte Dr. Löwinski wieder ins Lehrerzimmer gehen, als käme er aus seiner Stunde. Den Direktor

nochmals zu Hilfe zu rufen, hatte er sich gescheut. Es
wäre auch angesichts der Raffiniertheit unserer Rädelsführer völlig zwecklos gewesen. Ich muß sagen, daß ich
dieses Erlebnis als eine der unangenehmsten und be-
schämendsten Schulerinnerungen im Gedächtnis bewahre.
Zum erstenmal sah ich, daß einige schlechte Kerle imstande sind, die Macht an sich zu reißen und die Guten
unter ihren Terror zu zwingen. Meine Eltern, denen ich
den ganzen Hergang genau erzählte, sagten: „Du wirst
es im Leben noch öfter erfahren, daß man gegen die Böse-
wichte nicht aufkommt."

Dr. Löwinski wurde auch sonst von den Schülern an
der Nase herumgeführt. Wir mußten in der Klasse kleine
französische Aufsätze schreiben. Er diktierte einen kurzen
deutschen Text, den wir ins Französische übersetzten.
Man nannte das ein Extemporale. Die Hefte ließ er sich
durch zwei Schüler, die in seiner Nähe wohnten, nach
Hause tragen. Vorher gingen die beiden in die Wohnung
eines Mitschülers und besserten in ihren eigenen Heften
und in denen ihrer Freunde alle Fehler aus, so gut sie es
konnten. Dr. Löwinski war immer sehr erfreut, daß so
wenig Fehler vorkamen, und ahnte nicht im entferntesten,
worauf das beruhte. Wir hatten in der Klasse einen Mitschüler namens René Schmidt. Sein Vater war Ritterguts-
besitzer und hatte als junger Offizier nach Beendigung des
Krieges 1870/71 eine Pariserin geheiratet. Ihre beiden Söhne
Gaston und René hatte die Mutter als echte Franzosen erzogen. Sie sprachen nur ein gebrochenes Deutsch. René
sagte uns, daß die französische Aussprache Dr. Löwinskis
nicht gut sei, viel zu unnatürlich und geziert. In Paris
würde man sich lächerlich machen, wenn man so spräche.
Das war für die Elemente, die Dr. Löwinski ständig hän-
selten, ein willkommener Ansporn zu neuen Untaten.

Eine äußerst sympathische Persönlichkeit war der
klassische Philologe und Historiker Dr. Malotka. Er gab
ausgezeichneten Unterricht und drillte uns außerhalb der

Schulstunden aufs gründlichste in lateinischer Grammatik. Seine Geschichtsstunden waren überaus anregend. War ein Schüler einmal krank, so konnte er sicher sein, daß Dr. Malotka ihn zu Hause besuchte. Da lernten ihn dann auch die Eltern kennen. Wir Schüler hingen mit jugendlicher Begeisterung an ihm. Er half uns auch sonst in allen unsern Nöten. So hatten wir einen Lehrer — er war Reserveoffizier mit den Manieren eines rauhen Kriegers —, der uns manchmal recht hart anfaßte und sogar zu körperlichen Mißhandlungen griff. Dr. Malotka hörte davon und hatte den Mut, die Dinge in der Lehrerkonferenz zur Sprache zu bringen. Er war ein Gegner jeder Art von Brutalität im Schulunterricht. Trotzdem er nie einen Schüler in seiner Ehre kränkte und nie Züchtigungen anwandte, auch nicht die sonst so beliebten Ohrfeigen oder Maulschellen, war seine Autorität besser gesichert als die irgendeines andern Lehrers. Er war ein strenggläubiger Katholik, aber bei allen drei Konfessionen gleich beliebt.

Der spätere Bischof des Bistums Culm an der Weichsel, Dr. Rosentreter, wirkte ebenfalls an unserer Anstalt. Ich erinnere mich an seinen ausgezeichneten Deutschunterricht, besonders an seine feinsinnigen Erklärungen der Gedichte unserer großen Klassiker.

Ein anderer katholischer Geistlicher, Herr Dekan von Dombrowski, ist mir ebenfalls unvergeßlich. Er hatte sehr viel Sinn für Humor und wußte mit jedem Schüler irgendeinen Spaß zu machen, der die ganze Klasse erheiterte. Er gab den katholischen Religionsunterricht, half aber auch in andern Fächern aus, z. B. in Latein und Griechisch, gelegentlich sogar in Mathematik. Dombrowski war ein Mann von tiefgründiger Bildung und ein großer Idealist, der hoch über den kleinen Dingen des Lebens stand. Wenn ich später Bilder von Kopernikus sah, fiel mir die große Ähnlichkeit der beiden Gesichter auf. Dombrowski war vielleicht eine Reinkarnation von Kopernikus. Ich lernte viel später in meiner ersten Prager Zeit (1909 bis 1920), der Glanzzeit meines Lebens, einen Benediktinermönch Clemens von Dombrowski kennen, der mich seiner besonderen Freundschaft würdigte. Er war für mathematische Dinge lebhaft interessiert und hatte viel Verständnis dafür. Ihm erzählte ich von jener Reinkarnation des Kopernikus. Er lächelte über meine Idee, sprach aber nicht dagegen, meinte sogar, jener Dekan von Dombrowski könnte sein Verwandter sein.

Der Dekan Dombrowski sprach übrigens ein wunderbares Französisch und erzählte in der Klasse oft von den Geistesheroen des französischen Volkes. Ihm danke ich es, daß ich schon damals eifrig französische Klassiker las. Später kam mir das sehr zugute. Hätte mich nur jemand in ähnlicher Weise für das Englische begeistert! Je früher man sich für eine Sprache interessiert, desto besser ist es.

Wer das Löbauer Progymnasium bis zu Ende durchmachte und das Abitur bestand, hatte damit die Berechtigung zum einjährig-freiwilligen Militärdienst erworben. Viele Schüler begnügten sich mit dieser Ausbildung. Unsere Eltern wollten uns studieren lassen. Daher entschlossen sie sich, uns überhaupt nicht erst das Löbauer Abitur aufzuerlegen. Als mein älterer Bruder in die Untersekunda versetzt wurde, gaben sie uns beide auf das Graudenzer Vollgymnasium. Diese Anstalt war sehr groß und hatte stark besetzte Klassen. Der Direktor Dr. Anger, von Hause aus Theologe, war eine ehrwürdige Persönlichkeit. Er betreute den evangelischen Religionsunterricht, außerdem hatte er in den oberen Klassen Deutsch zu lehren. Jeden Morgen gab es vor Beginn der Schulstunden eine Andacht. Mit Harmoniumbegleitung wurde ein Liedervers aus dem kleinen, von Direktor Anger herausgegebenen Religionsbuch gesungen. Dann las einer der Lehrer einen längeren Bibelabschnitt vor. Die Jugend hat für solche Dinge kein gutes Gedächtnis. Und doch hat eine solche Lesung einen so tiefen Eindruck auf mich gemacht, daß ich noch jetzt als 72jähriger Mann daran zurückdenke. Ein Lehrer mit Namen Preuß, der wegen seines eckigen, etwas unschönen Kopfes bei den Schülern den Spitznamen Ochsendassel hatte, las bei einer Morgenandacht das ganze 28. Kapitel des Buches Hiob vor:

„Es hat das Silber seine Gänge und das Gold, das man läutert, seinen Ort.

Eisen bringt man aus der Erde, und aus den Steinen schmelzt man Erz.

— — — —

Man findet Saphir an etlichen Örtern und Erdenklöße, da Gold ist.

— — — — —

Man wehrt dem Strome des Wassers und bringt, das darinnen verborgen ist, ans Licht.

Wo will man aber die Weisheit finden? Und wo ist die Stätte des Verstandes?

Niemand weiß, wo sie liegt, und sie wird nicht gefunden im Lande der Lebendigen.

Die Tiefe spricht: „Sie ist in mir nicht"; und das Meer spricht: „Sie ist nicht bei mir."

Man kann nicht Gold um sie geben noch Silber dar- wägen, sie zu bezahlen.

Es gilt ihr nicht gleich ophirisch Gold oder köstlicher Onyx und Saphir.

— — — — —

Woher kommt denn die Weisheit? Und wo ist die Stätte des Verstandes? Sie ist verhohlen vor den Augen aller Lebendigen, auch verborgen den Vögeln unter dem Himmel.

Der Abgrund und der Tod sprechen: „Wir haben mit unseren Ohren ihr Gerücht gehört."

Gott weiß den Weg dazu und kennt ihre Stätte.

Denn er sieht die Enden der Erde und schaut alles, was unter dem Himmel ist.

Da er dem Winde sein Gewicht machte und setzte dem Wasser sein gewisses Maß;

da er dem Regen ein Ziel machte und dem Blitz und
Donner den Weg:

da sah er sie und verkündigte sie, bereitete sie und er-
gründete sie und sprach zum Menschen: *Siehe, die Furcht
des Herrn, das ist Weisheit; und meiden das Böse, das ist
Verstand.*"

*

Graudenz war eine große Garnisonstadt, Sitz eines
Divisionsgenerals und zweier Brigadegenerale. Die Schüler
des Graudenzer Gymnasiums waren zu 80 v. H. Offizierssöhne. Sie behandelten uns andere, das muß ich anerkennen,
ohne Überheblichkeit und recht kameradschaftlich. Mit
vielen von ihnen war ich eng befreundet. Durch sie hörten
wir laufend alle Garnisonsneuigkeiten.

Als ich nach Graudenz kam, trat ich in die Untertertia
ein, mein Bruder in die Untersekunda. Beim ersten lateinischen Extemporale war ich der einzige unter 50 Schülern,
der überhaupt keinen Fehler gemacht hatte. Der Lehrer,
Dr. Trabandt mit Namen, war ganz überrascht und fragte
mich, bei wem ich so gut Latein gelernt hätte. Auch in
allen anderen Fächern war ich von Anfang an der Beste,
und so blieb es bis zum Ende. Dasselbe ist von meinem
Bruder zu sagen, trotz eines ihn sehr behindernden Ohren-
leidens, einer Folge jener Scharlachepidemie, die uns unsere
Schwester raubte. Er war ganz entschieden viel begabter
als ich, dabei ein Mensch von edelstem Charakter.

Unter meinen Graudenzer Lehrern muß ich besonders
hervorheben den Historiker Johann Gustav Cuno. Er war
ein bedeutender Forscher und hatte ein allgemein an-
erkanntes großes Werk über die Geschichte der Etrusker
geschrieben. Daraufhin war er mehrfach für die Berufung
an eine Universität in Betracht gekommen. Er stand im
Konversationslexikon. Aber für die Schule war dieser Mann
nicht recht geeignet. Er hatte ein zu hohes Niveau und bot
nur den wenigen wirklich Begabten eine wertvolle Förderung.

12

Seine Familie war ziemlich groß und belastete ihn mit vielen Sorgen. Der Schulunterricht bereitete ihm, wie man deutlich sah, keine Freude. Die wissenschaftliche Arbeit war sein Refugium und machte ihm das Leben lebenswert. Glücklicherweise hatten seine Kollegen volles Verständnis für seine wissenschaftliche Bedeutung und empfanden es als eine Ehre, daß ein solcher Mann zu ihnen gehörte. Sie räumten ihm, wo sie nur konnten, Hindernisse aus dem Wege, gaben ihm, wenn der Stundenplan gemacht wurde, die Stunden, die er sich wünschte, und entlasteten ihn nach Möglichkeit, damit er Zeit für seine Forschungsarbeit übrig behielt. Auch die Schüler behandelten ihn immer mit besonderem Respekt.

Die klassischen Sprachen wurden in Graudenz aufs beste gepflegt. Es gab damals noch den lateinischen Aufsatz. Auch wurde unter Kontrolle der Lehrer viel Privatlektüre getrieben. So habe ich den ganzen Homer, „Ilias" und „Odyssee", gelesen, Vergils „Aeneis" und vieles andere. Mein Gedächtnis war so gut, daß ich 20 Zeilen aus dem Vergil nach einmaligem Durchlesen auswendig hersagen konnte. Es wurden einmal in der Klasse Gedächtnisversuche gemacht. Dabei zeigte sich, daß außer mir nur ein einziger Schüler, namens Hirschfeld, nahezu die gleiche Gedächtniskraft besaß. Die andern folgten in sehr weitem Abstand. Es gab auch solche, deren Gedächtnis wie ein Sieb war.

Unter den Mathematiklehrern trat Dr. Rehdans besonders hervor, ein kerniger Westfale von hünenhafter Größe, der uns Schülern ganz besonders imponierte. Sein Unterricht war sehr gründlich und eindringlich. Er betreute auch die naturwissenschaftlichen Fächer, Physik und Chemie, die allerdings am humanistischen Gymnasium nicht in gebührender Weise gepflegt wurden. Trotzdem ist aus dem Graudenzer Gymnasium ein Mann wie Nernst hervorgegangen. Nernst hatte sein Abitur schon gemacht, als wir beiden Kowalewskis nach Graudenz kamen. Auch der berühmte Germanist Gustav Roethe, später ordentlicher Professor an der Berliner Universität, hat das Graudenzer Gymnasium besucht. Sein Vater besaß in Graudenz eine große Buchhandlung und einen Verlag, in welchem die vielgelesene Zeitung „Der Gesellige" erschien.

Oft erinnere ich mich noch aus der Primanerzeit an die mathematischen Hausarbeiten bei Dr. Rehdans. Es war damals in ganz Deutschland üblich, daß die Prüfungsaufgaben, die beim Abitur gestellt wurden, in den Schulprogrammen erschienen. Diese Schulprogramme tauschten die Anstalten aus. Es waren also z. B. in Graudenz ganze Berge solcher Programme von anderen Schulen vorhanden. Jedem Schüler händigte Dr. Rehdans ein solches Programm aus. Die Aufgaben mußten binnen acht Tagen gelöst werden. Wir waren ungefähr sechzig Unterprimaner. Da gab es dann acht Tage hindurch viel Kopfzerbrechen. Nur wenige waren imstande, ihre Aufgaben ganz allein zu bewältigen. Die Offizierssöhne ließen sich von ihren Vätern oder deren Adjutanten helfen. Besonders die Artillerieoffiziere waren gute Mathematiker. Eines Nachmittags erschien bei mir ein Bursche des Artillerieobersten G., dessen Sohn mein Klassengenosse war, mit einem Brief, ich möchte doch, wenn irgend möglich, zu ihnen kommen. Ich ahnte schon, worum es sich handelte. Am nächsten Tage war der Ablieferungstermin der mathematischen Hausarbeiten. Der arme G. hatte sich bis zur letzten Frist vergeblich bemüht, seine Aufgaben zu lösen, und suchte nun Hilfe. Andere Mitschüler hatten dies gleich in den ersten Tagen getan. Ich hatte auf diese Weise nicht nur meine eigenen vier Aufgaben fertig gemacht, sondern mindestens noch achtzig fremde. Nun kam vor Toresschluß noch G., der sich sonst immer allein geholfen hatte. Als ich in der Wohnung erschien, empfing mich eine vornehme alte Dame, die Großmutter von G., und sagte, der Ärmste hätte trotz aller Anstrengungen nicht eine einzige Aufgabe gelöst und wäre ganz verzweifelt. Ich möchte doch, wenn es irgend ginge, helfen, obwohl ja nur noch der eine Abend

zur Verfügung stände. Ich machte mich mit G. an die
Arbeit. Binnen einer Stunde hatten wir alles heraus und
konnten an die Reinschrift herangehen. Dr. Rehdans legte
Wert darauf, daß der Gang der Lösung immer schön dargelegt wurde. Die Reinschrift war in eineinhalb Stunden
vollkommen fertig. Da öffnete sich nach leisem Klopfen die
Tür, und die alte Dame fragte besorgt, wie es stände.
G. sprang auf und sagte freudestrahlend: „Alles ist fertig
und schon ins Reine geschrieben." Die Freude und das
Staunen der alten Dame waren groß. Sie hatte sich die Sache
viel schwieriger gedacht. Auch der Herr Oberst erschien
und sah sich unsere Arbeit an. Dann gab es einen Imbiß,
und ich ging, mit Lob und Dank überhäuft, nach Hause.
Später zeigte mir G. die Randbemerkungen, mit denen
Dr. Rehdans seine Arbeit versehen hatte. Dr. Rehdans
liebte drastische Ausdrücke. Da stand an einer Aufgabe:
„Mensch, wie sind Sie auf diesen guten Einfall gekommen?",
an einer anderen: „Mensch, da muß man ja staunen." Die
Gesamtnote war eine volle I.

Ich verdanke dieser menschenfreundlichen Betätigung
sehr viel. In meinem Abiturientenzeugnis steht die Bemerkung: „Er hat eine besondere Geschicklichkeit im Lösen
mathematischer Aufgaben."

Mit siebzehn Jahren habe ich, da mir auf Grund meiner
ausgezeichneten Leistungen die Oberprima geschenkt wurde,
schon mein Abitur machen können. Dieselbe Vergünsti-
gung war vor mir Roethe und Nernst gewährt worden. Es
mußte dazu vom Direktor ein besonderer Antrag beim
Provinzialschulrat Dr. Kruse in Danzig eingebracht werden.
Direktor Anger hatte mir, als er den Antrag einreichte,
davon Mitteilung gemacht. Nach kurzer Zeit kam die Ge-
nehmigung aus Danzig, und nun begann das schriftliche
Examen. Dieses fiel so gut aus, daß ich vom Mündlichen
dispensiert wurde.

Der Direktor ehrte mich durch eine große Entlassungsfeier, zu der er auch meine Eltern und die Freunde des

Gymnasiums einlud. Ich bin mein ganzes Leben hindurch nie stolz oder eingebildet gewesen. Vielmehr war meine Grundstimmung immer eine gewisse Niedergeschlagenheit. So habe ich auch von dieser für mich so ehrenvollen Entlassungsfeier und der schönen Ansprache, die der Direktor an mich hielt, keine deutliche Erinnerung mehr. Ich weiß nur, daß am Schlusse der Feier viele mir völlig unbekannte Herren und Damen ihre Glückwünsche aussprachen, mir und auch meinem Vater. Unter diesen Gratulanten befand sich der berühmte Leibnizforscher C. J. Gerhardt, Mitglied der Berliner Akademie der Wissenschaften. Die freundlichen Worte, die der alte Herr damals an mich richtete, machten auf mich einen tiefen Eindruck. Er meinte, bei meiner unverkennbaren Begabung für Mathematik müßte ich unbedingt Mathematiker werden, und zwar müßte ich zu Weierstraß nach Berlin gehen, an den er mir eine Empfehlung mitzugeben versprach. Von Weierstraß hatte uns auch Dr. Rehdans im mathematischen Unterricht manchmal erzählt. Ich neigte aber damals sehr stark zur klassischen Philologie und war entschlossen, alte Sprachen und Geschichte zu studieren.

C. J. Gerhardt lebte in Graudenz bei seiner Tochter, die mit einem Oberstleutnant von Ludwiger verheiratet war. Ludwigers hatten drei herrliche Söhne, die mit uns das Gymnasium besuchten, Horst, Helmut und Hasso, und eine ebenso sympathische und kluge Tochter, Hildegard. Die Vornamen aller vier Kinder begannen mit einem H. Die drei Söhne sind später Offiziere geworden. Im letzten Weltkrieg war nur noch einer am Leben, der zuletzt als Generalstabsoberst in Wien wirkte.

Universität Königsberg

Mein Bruder hatte schon ein Semester in Jena studiert und dann ein Semester in Berlin. Er bezog nun mit mir zusammen die Universität Königsberg, sozusagen unsere

Heimatuniversität. Mein Vater stammte aus Ostpreußen, war in dem Städtchen Gilgenburg aufgewachsen, hatte sich jahrelang als Landlehrer in Ostpreußen betätigt, mein Bruder war dort geboren. Wir durften also Ostpreußen als unsere Heimat betrachten. Unter unseren Vorfahren gab es einen sehr berühmten Mann, Cölestin von Kowalewski, der gleichzeitig mit Kant an der Königsberger Universität gewirkt hatte. Er war Jurist und bekleidete neben seiner Professur das Amt eines Kanzlers der Universität. Das Andenken Kowalewskis wurde an einem besonderen Erinnerungstage alljährlich geehrt. In der Aula wurde eine kleine Gedächtnisfeier abgehalten und bei dieser Gelegenheit der Kantpreis verliehen für irgendeine auf Kants Philosophie bezügliche Abhandlung eines Studierenden. Preisrichter war der klassische Philologe Arthur Ludwich, ein berühmter Homerforscher. Ich habe mich während meiner Königsberger Studienzeit zweimal um den Kantpreis beworben und ihn jedesmal erhalten. Auch meinem Bruder wurde er mehrmals zugesprochen.

Wir hörten in den ersten drei Königsberger Semestern klassisch-philologische und philosophische Vorlesungen, daneben auch historische Kollegs, z. B. ostpreußische Geschichte bei Prof. Lohmeyer. Dieser hatte von Geburt an keine Arme. Er schrieb mit dem rechten Fuß und blätterte mit den Lippen in seinen Büchern und Heften. Immer begleitete ihn ein Diener, der ihm die Türen öffnete, die Manuskripte aus der Aktentasche herausnahm und aufs Pult legte. Auch den berühmten Kenner der griechischen Geschichte, Prof. Rühl, hörten wir. Er war entsetzlich kurzsichtig. Wenn man ihn zu Hause besuchte, lag er auf einem Teppich und hatte dort seine Bücher ausgebreitet. Er wälzte sich mit großer Geschicklichkeit von einem Buch zum andern. Gewöhnlich ließ er den Besucher eine Zeit lang stehen, um erst einmal einen gewissen Abschluß zu finden. Dann konnte man sein Anliegen vorbringen und sehr nett mit dem überaus geistvollen Manne plaudern.

Professor für Griechisch war der schon genannte Arthur Ludwich, ein überaus bescheidener und schlichter Mann, Schüler von Karl Lehrs, einem großen Königsberger Philologen, von dem Ludwich immer mit hoher Verehrung sprach. Der Professor für Lateinisch, Ludwig Jeep, ebenfalls ein Schüler von Lehrs, war im Gegensatz zu Ludwich ein eleganter Weltmann. Wir beiden Kowalewskis, von unsern Eltern bescheiden und einfach erzogen, schlossen uns enger an Prof. Ludwich an, während Jeep uns kalt ließ. Jeep bewegte sich im Milieu der oberen Zehntausend, verkehrte in den Kreisen der Generalität, des hohen Beamtentums und des ostpreußischen Adels. Dort hätte sich ein Mann wie Ludwich nicht wohlgefühlt. Er führte ein spartanisches Leben, erfüllt von wissenschaftlicher Arbeit. Um seine Familie nicht zu stören, wählte er als Schlaf- und Arbeitszimmer einen möglichst abgesondert liegenden bescheidenen Raum. Er war ein Frühaufsteher. Im Sommer begann sein Tag um fünf Uhr. Er bereitete sich selbst sein bescheidenes Frühstück und setzte sich dann gleich an die Arbeit, die nur durch die Kollegstunden unterbrochen wurde. Das Mittagessen nahm er im Kreise seiner Familie ein; er hatte mehrere Töchter, aber keinen Sohn. Einen Spaziergang zu machen, dazu fand er keine Zeit. Nach dem Abendessen begab er sich wieder in sein Arbeitszimmer und konnte nun ungestört bis tief in die Nacht tätig sein. „Philologie braucht Zeit", pflegte er zu sagen. Alles, was er schuf, hatte Hand und Fuß. Es war wohlüberlegt, und Überlegen erfordert eben Zeit. Wir blickten zu diesem Manne mit großer Verehrung auf. Mein Bruder, der sich später als Philosoph in Königsberg habilitierte, blieb immer mit ihm in Verbindung. Einmal erzählte er uns in den Ferien, wobei ihm Tränen in die Augen traten: „Jetzt macht Prof. Ludwich täglich seinen Spaziergang. Seine Frau ist gestorben, und er besucht jeden Nachmittag ihr Grab." Nach dem Tode der Mutter haben die Töchter in vorbildlicher Weise für den Vater gesorgt. Die eine heiratete den Privatdozenten Dr. Tollkiehn, einen klassischen Philologen.

Wir hörten in Königsberg ein recht hübsches Kolleg über den Mimosdichter Herondas bei dem Privatdozenten Dr. Hoffmann, der ein überaus lebhafter Mann war und starke sportliche Interessen hatte. Wie sein späterer Kollege Dr. Vahlen hatte er das Steuermannsexamen gemacht. Er war also ein richtig ausgebildeter Seemann. Beide Herren unternahmen einmal eine Fahrt von Königsberg nach Kopenhagen im Segelboot, eine erstaunliche sportliche Leistung.

Ich habe in Königsberg auch Sanskrit gelernt bei dem berühmten Sprachvergleicher und Indologen Bezzenberger. Außer mir besuchte noch ein junger Philologe, der schon im Schuldienst beschäftigt war, dieses etwas trockene Kolleg, das zu viel grammatische Details brachte. Mein Bruder hatte in Berlin bei dem berühmten Indologen Geldner Sanskrit viel besser und leichter gelernt. Aber auch Geldners Kolleg bot den Hörern noch erhebliche Schwierigkeiten. Immer, wenn Geldner wieder einmal sein Sanskritkolleg für Anfänger hielt, erschien ein alter Herr, der schon oft versucht hatte, bis zum Ende durchzuhalten. Jedesmal blieb er nach einigen Wochen aus. Wieder einmal war sein Versuch fehlgeschlagen. Er wird dann wohl ohne Kenntnis dieser wunderbaren Sprache mit ihrer herrlichen Literatur ins Grab gegangen sein.

Die philologischen Studien erhielten eine starke Anregung durch die Berufung Alfred Gerckes nach Königsberg. Er kam zunächst nur mit einem Lehrauftrag zu uns. Nach einigen Semestern erhielt er eine ordentliche Professur in Greifswald. In Königsberg bestanden gewisse Schwierigkeiten für die Erlangung eines Ordinariats. Gercke hielt ein philologisches Proseminar für Anfänger. Darin behandelte er Senecas „Naturales quaestiones" und zeigte uns, wie der Philologe an Hand verschiedener Codices den Text eines Autors in Ordnung bringt. Er besaß ein durch-

schossenes Handexemplar, in welchem die Abweichungen
der einzelnen Handschriften mit verschiedenen Tinten ver-
zeichnet waren. Wir brachten es so weit, den Stammbaum
der Codices herauszupräparieren. Ein geistvolles Ovidkolleg
Gerckes ist uns unvergeßlich.

Gercke lud seine Studenten mehrfach ein. Dabei erzählte
er sehr interessant von seiner Studienzeit in Bonn und
Berlin. In Bonn hatte er bei Usener und Bücheler, zwei
weltbekannten Philologen, eine ausgezeichnete Ausbildung
erhalten, die er dann in Berlin bei Vahlen, Diels und dem
Archäologen Kékulé zum Abschluß brachte. Ganz besonders hatte ihn von Wilamowitz-Möllendorf beeinflußt, den
auch mein Bruder aus seiner Berliner Zeit kannte. Mein
Bruder fand, daß Gercke den großen Wilamowitz in vielen
Kleinigkeiten sichtlich kopierte. Dasselbe Urteil gab unser
Kommilitone Ulrich Friedländer ab. Dieser hatte auch in
Berlin studiert, war aber einige Semester älter als wir.
Trotzdem hatten wir Gercke sehr gern und waren ihm
äußerst dankbar. Als ich später in Bonn Professor wurde
und Bücheler dozieren sah, fand ich, daß Gercke auch ihn
bis ins kleinste kopierte.

Übrigens verdanke ich Alfred Gercke die Anregung, von
der klassischen Philologie abzuschwenken. Er meinte, daß
die absolute Wertschätzung der Antike eine unbegründete
Übertreibung sei, und bedauerte sogar, daß er selbst nicht
lieber irgendein anderes solides Fach gewählt hatte. Er
kannte meine Neigung zur Mathematik und sagte eines
Tages, wenn ich einmal ein großer Mathematiker wäre,
könnte ich meine philologischen Kenntnisse immer noch
verwerten. Ich könnte ein zweiter Heiberg werden, ein
Historiker der antiken Mathematik und Naturwissenschaft.
Aber doch gab er mir den Rat, zunächst einmal mit Weierstraß und Frobenius zu marschieren. Diese Namen waren
ihm aus seiner Berliner Zeit wohlbekannt, er nannte sie
mit großer Ehrfurcht.

*

Nun wurde ich also Mathematiker, aber zugleich auch
Astronom. Auf meiner Visitenkarte führte ich die Bezeichnung „stud. math. et astr." In meinem ersten mathematischen Semester hörte ich bei dem Astronomen Fritz Cohn
(damals Privatdozent in Königsberg) ein hübsches Kolleg
über Determinanten, bei Hilbert analytische Geometrie
und bei dem blinden Privatdozenten Victor Eberhard Dif-
ferntial- und Integralrechnung, erster Teil. Mein Bruder,
der in allen diesen Vorlesungen neben mir saß, hatte Dif-
ferential- und Integralrechnung bei Professor Knoblauch
in Berlin gelernt, mit dem die Studenten nur schwer
Schritt halten konnten. Hätte mein Bruder nicht das gute
Kompendium von Schlömilch zur Hand gehabt, so wäre
auch ihm durch das Knoblauchsche Kolleg nicht die rechte
Erleuchtung gekommen. Er fand Eberhards Darlegungen
im Vergleich zu jenem Kolleg geradezu wunderbar. Man
verstand mit größter Leichtigkeit alles. Eberhard war seit
seinem vierzehnten Lebensjahr blind, hatte aber trotzdem
Mathematik studiert und sich dann sogar als geometrischer
Forscher durch seine Polyedertheorie einen Namen gemacht. Er wurde von einem Diener ins Kolleg geführt und
hatte ein Kollegheft in Blindenschrift vor sich liegen, das
er aber nur sehr selten zu Rate zog. Ein junger Student
namens König, von uns andern „Mons" genannt, schrieb
die Formeln an. Es gab dabei selten eine Schwierigkeit.

Ich habe nie im Leben einen so von Grund aus fröh-
lichen Menschen kennengelernt wie diesen blinden Mathematiker Eberhard. Er hatte ein so wundervoll verwegenes
Lächeln. Darin lag so viel. Er behandelte auch die mathematischen Schwierigkeiten mit einem heiteren Übermut.
Als er später in Halle ao. Professor und ich Privatdozent
in Leipzig war, besuchte ich ihn manchmal. Er nahm mich
dann mit an seine Mittagstafel, wo er mit etwa sechs
netten Kollegen speiste. Immer war er in bester Laune
und zu allerlei Witzen und Späßen aufgelegt. Es gab in
Halle, wo überhaupt jeder sehr unter die Lupe genommen

wurde, Leute, die ihm diese Heiterkeit verübelten und ihn für recht oberflächlich hielten. Ich trat solchen Urteilen immer mit großem Nachdruck entgegen. Eberhard brauchte diese Heiterkeit, um sein seelisches Gleichgewicht aufrechtzuerhalten. Man stelle sich vor, was es bedeutet, in ewiger Nacht zu leben! Da muß unbedingt eine Kompensation gefunden werden, und dies war dem armen Eberhard gelungen. Später hat er sogar noch geheiratet.

In Königsberg gab es einen alten ao. Professor Saalschütz, der ein Schüler Richelots, also ein wissenschaftlicher Enkel Jacobis war. Er trug mit großer Begeisterung vor, aber mit übermäßigem Formelaufwand. Über Bernoullische Zahlen und Funktionen hatte er ein vielbeachtetes Buch geschrieben und sich auch mit dem technisch-mechanischen Problem des belasteten Balkens oder, wie er sagte, Stabes beschäftigt, das auch jetzt noch immer neue Bearbeiter findet und der Mathematik immer weitere Triumphe ermöglicht. In Königsberg bestand eine altberühmte wissenschaftliche Gesellschaft, die auch gedruckte Berichte herausgab. Sie führte den Titel: Physikalisch-ökonomische Gesellschaft. Wenn jemand irgend etwas Neues gefunden hatte, konnte er es hier vortragen und es dann ziemlich rasch gedruckt sehen. Die Vorträge standen nicht alle auf hohem Niveau. So erinnere ich mich eines Vortrages von Saalschütz über den Verlauf der Funktion x^x. Solche Fragen behandelt man in Anfängerübungen zur Differentialrechnung. Saalschütz sprach über dieses simple Problem mit übertriebener Begeisterung. Minkowski, vor kurzem von Bonn nach Königsberg berufen, führte den Vorsitz. Als Saalschütz zu Ende war, erhob sich Minkowski und sagte unter Anspielung auf das berühmte Buch von Bachet de Méziriac: „Was hier vorgetragen wurde, gehört zu den Problèmes plaisants et délectables qui se font par les nombres oder besser gesagt par le calcul infinitésimal." Für den alten Saalschütz war das etwas bitter. Hoffentlich hat er sich nichts daraus gemacht!

22

Wenn man bedenkt, daß zu jener Zeit Hilbert und Minkowski in Königsberg wirkten, so kann man alle damaligen Königsberger Mathematikstudenten nur beglückwünschen. Besser konnten sie es nirgends haben. Leider gab es ihrer nur sehr wenige. Minkowski hatte in seiner ersten Vorlesung (Höhere Algebra) nur zwei Zuhörer, die Brüder Kowalewski. Als er ins Auditorium trat, sagte er lächelnd: „Sie sind die Brüder Kowalewski. Ich habe schon viel von Ihnen gehört." Durch Minkowski lernte ich die Galoissche Theorie kennen, die im zweiten Teil seines vierstündigen Kollegs behandelt wurde. Er erzählte uns von dem tragischen Frühtod Galois', der in einem Duell fiel, erwähnte auch, daß Frobenius der Meinung sei, Galois habe von seiner Jugend „einen wenig weisen Gebrauch gemacht", hielt aber diese Meinung für durchaus abwegig. Da Minkowski in Kroneckers algebraischen Ideen gut zu Hause war, durch die Galois' Werk erst die richtige Aufhellung findet, so kann man ermessen, wieviel uns Minkowskis Kolleg gab. Es ist von unschätzbarem Wert für den jungen Studenten, dessen Aufnahmefähigkeit noch ungeschwächt ist, so wichtige Dinge wie Galois' Theorie gleich in den ersten Semestern kennenzulernen. Die gute Grundlage, die Minkowski mir gegeben hat, erleichterte mir später das Studium der Übertragungen Galoisscher Ideen auf andere Problemkreise. Ich war z. B. imstande, mit Leichtigkeit Jules Drach zu lesen. Auch als ich nachher in die großen Theorien von Sophus Lie hineinkam, war es von Wichtigkeit, daß ich vom algebraischen Gebiet her die gruppentheoretischen Grundbegriffe schon mitbrachte. Sophus Lie hat uns oft erzählt, daß er selbst vergeblich versucht habe, Galois' wissenschaftliches Testament, das dieser am Vorabend des todbringenden Duells niederschrieb, zu verstehen. Er habe es „immer wieder an die Wand geworfen".

Minkowski verdanke ich auch die Einführung in die Theorie der analytischen Funktionen und in die Differen-

tialgeometrie. Bei Stäckel, der dann auch noch nach Königsberg berufen wurde, lernte ich die Weierstraßschen Theo-
rien kennen. Er war ein Schüler von Hermann Amandus
Schwarz, dem großen Weierstraßianer. Stäckel trug aus
gezeichnet vor. Ganz besonders schön war sein großes
Kolleg über elliptische Funktionen, im Weierstraßschen
Sinne aufgebaut. Hier hörte man nichts von Riemannschen
Flächen. Ich danke aber Gott, daß ich auch bei Hilbert
ein großes funktionentheoretisches Kolleg gehört habe. Er
berücksichtigte in gebührender Weise die Riemannschen
Auffassungen. Ohne dieses Riemannsche Vitamin ist die
Funktionentheorie keine bekömmliche Kost. Deshalb darf
man es Felix Klein nie vergessen, daß er die Riemannsche
Funktionentheorie so sorgsam gepflegt hat, obwohl er sich
dadurch die Abneigung der Berliner Mathematiker zuzog.
Stäckel hat uns auch sehr schön in die algebraische Invariantentheorie eingeführt. Ich habe später die Bücher von
Gordan-Kerschensteiner gelesen und Studys Ternäre Formen. Merkwürdigerweise hat uns aber Stäckel nichts von
Hilberts großem Fundamentalsatz erzählt, obwohl dies
doch so nahe lag, weil wir Hilbert täglich sahen. Ich habe
ganz zufällig im Lesezimmer des mathematischen Seminars
die grundlegende Hilbertsche Abhandlung zu Gesicht bekommen. Hilbert hat seinen großen Fundamentalsatz als
junger Doktor gefunden und damit ein Problem gelöst, das
den Koryphäen der Invariantentheorie arges Kopfzerbrechen
bereitete. Bei einer binären algebraischen Form zweiter,
dritter, vierter Ordnung hatte man schon längst festgestellt,
daß alle Invarianten ganz und rational ausdrückbar sind
durch eine endliche Anzahl von Grundinvarianten. Es war
aber nicht gelungen, die Allgemeingültigkeit dieser Gesetz-
mäßigkeit zu beweisen, so daß ein so großer Invariantentheoretiker wie der englische Mathematiker Cayley sogar
Zweifel über diese Allgemeingültigkeit äußerte. Nun kam
Hilbert und bewies, daß der Satz doch allgemeingültig ist,
und zwar nicht nur bei einzelnen Formen, sondern auch

bei Formensystemen, mit n Veränderlichen, und auch dann, wenn man nicht nur Invarianten, sondern auch Kovarianten betrachtet. Das war eine mathematische Großtat allerersten Ranges. Gordan hat damals geäußert: „Das ist nicht mehr Mathematik, das ist Theologie." Immer, wenn eine so gewaltige Entdeckung gemacht wird, hat man das Gefühl, daß ein Lichtstrahl aus einer höheren Welt in unser irdisches Dunkel eindringt. Das wird wohl Gordan mit seiner Äußerung gemeint haben. Hilbert war sein ganzes Leben hindurch mit so großen Erleuchtungen gesegnet, mehr als irgendein anderer Mathematiker.

Ich habe in Königsberg auch Hilberts erstes Kolleg über Grundlagen der Geometrie gehört. Auf diesem Gebiet ist er in seinen Forschungen etwas langsamer vorwärts gekommen, als es ihm sonst vergönnt war. Sein Königsberger Kolleg hielt sich noch ganz im Rahmen des bekannten Buches von Moritz Pasch, dem Gießener Mathematiker. Was hat aber Hilbert später in Göttingen aus diesem bescheidenen Aufbau gemacht! Sein schönes Verfahren, die Unabhängigkeit eines Axioms von den übrigen durch Konstruktion eines Systems von Dingen zu prüfen, die diese befolgen und jenes nicht, ist in seiner Einfachheit doch überaus geistvoll. In der buchmäßigen Darstellung seiner neuen, weit über Pasch hinausgehenden Ideen blieb immer noch manches Verbesserungsfähige stehen, das von anderer Seite, zum Beispiel von Felix Hausdorff, korrigiert wurde. Ich sagte ja schon, daß Hilbert auf diesem Grundlagengebiet nicht so rasch vorzudringen vermochte. Noch mehr Schwierigkeiten ergaben sich, als er es unternahm, die mathematische Logik neu aufzubauen, Schwierigkeiten von solcher Größe, daß er manchmal Jahre hindurch die ganzen Probleme liegen ließ, um wieder richtige Mathematik zu machen. Er war immer geneigt, irgendein neues Problem anzugreifen und die alten liegen zu lassen. „Man kann nicht alle Tage Klopse essen", pflegte er zu sagen.

Auch wo er an eine Sache herankam, an deren Fertigstellung schon andere arbeiteten, gelang es ihm immer auf eine neue und überraschende Weise, schneller als jene zum Ziele zu kommen. Sein wunderbar eleganter Beweis für die Transzendenz der Zahl ist so ein Beispiel einer eindrucksvollen Überbietung alles Bisherigen, ebenso seine überraschend einfache Konstruktion einer nirgends differenzierbaren stetigen Funktion und so vieles, vieles andere.

Mit Minkowski verband Hilbert eine tief eingewurzelte Freundschaft. Hurwitz war der Dritte im Bunde. Minkowski bewunderten wir auch als Schöpfer der Geometrie der Zahlen. Was man in der Zahlentheorie mit anschaulichen Methoden erreichen kann, hatte schon Dirichlet gezeigt. Man erinnere sich an seine Reduktion der definiten quadratischen Formen unter Benutzung des Zahlengitters. Aber Minkowskis berühmter Ovalsatz war doch eine Leistung von viel stärkerer Größenordnung. Und welche Fülle von wichtigen Anwendungen strahlt dieser Satz aus! Es ist ein Satz von stärkster Radioaktivität. Minkowski gab uns in seinem einführenden zahlentheoretischen Kolleg den Beweis seines schönen Satzes, wobei er besonderen Nachdruck darauf legte, das Hineinspielen des Unendlichen hervorzuheben.

Wenn ich an meine Königsberger mathematischen Studien zurückdenke, so muß ich mit tiefstem Dankgefühl gegen meine damaligen Lehrer, die alle schon im Grabe ruhen, feststellen, daß sie mich wunderbare mathematische Herrlichkeiten haben schauen lassen. Ich durfte auch als einziger Student am mathematischen Kolloquium der Professoren teilnehmen, an dem sich außer den Mathematikern der Physiker E. Wiechert, damals Privatdozent, der Astronom Fritz Cohn, ebenfalls Privatdozent, und der berühmte Astronom Hermann Struve (Nachfolger von C. F. W. Peters) beteiligten.

Ich muß noch etwas von meinen astronomischen Studien in Königsberg erzählen. Bei C. F. W. Peters hörte ich eine

Einführung in die Astronomie und ein hübsches Kolleg
über sphärische Astronomie. Der astronomische Privatdozent Johannes Rahts, in Königsberg etwas ungerecht
behandelt, hatte einen wundervollen und überaus klaren
Vortrag. Bei ihm hörte ich noch ein zweites Mal sphärische
Astronomie. Er gab eine originelle Herleitung aller Grund-
formeln der sphärischen Trigonometrie, wie ich sie in ähnlicher Vollendung später nur noch bei Andoyer fand. Auch
ein für Hörer aller Fakultäten bestimmtes Kolleg über die
Kant-Laplacesche Theorie war sehr schön und stilistisch voll-
endet. Rahts, etwas klein und ein wenig beleibt, hieß bei
uns Studenten „klein Doktor". Wir hatten ihn sehr gern,
und sooft wir hörten, daß seitens der Fakultät irgend
etwas gegen ihn geschah, waren wir einmütig auf seiner
Seite und entrüsteten uns über die gegen ihn gesponnenen
Intrigen. Er konnte sich schließlich in Königsberg nicht
durchsetzen und legte seine Dozentur nieder, um eine
leitende Stellung im Charlottenburger statistischen Amt
anzunehmen.

Es gab in Königsberg neben der ordentlichen Professur
für Astronomie noch eine ao. Professur, die damals der
berühmte Mondforscher Franz bekleidete. Er war zugleich
Observator an der Sternwarte. Ich verdanke ihm die Einführung in die astronomische Praxis. Es waren nur zwei
Studenten, die diese praktischen Übungen bei Franz mit-
machten. Seine Vorlesungen über Bahnbestimmung der
Planeten und Kometen, über Störungstheorie und Theorie
der astronomischen Instrumente hörte ich ganz allein. Franz
war immer etwas vertieft in seine Mondtheorie und
manchmal sehr zerstreut. So kam es vor, daß er vergaß,
wie seine Stunden lagen, und immer zu einer falschen Zeit
im Hörsaal erschien. Nach einigen Tagen schrieb er mir
dann, er hätte mich die ganze Woche nicht im Kolleg
gesehen, ob ich krank wäre. Ich mußte ihm dann die
richtigen Kollegzeiten mitteilen, worauf es eine Zeitlang
wieder gut ging. Durch diesen Einzelunterricht habe ich

enorm viel gelernt. Auch bei Hermann Struve, der ein ganz ausgezeichneter Mathematiker war, hörte ich noch einiges, war aber doch schon ein vollkommen ausgebildeter Astronom.

Von Bessel wurde in den Königsberger astronomischen Kreisen ebensoviel und mit ebenso großer Ehrfurcht gesprochen wie in den mathematischen Kreisen von Jacobi. Die Erinnerung an diese Koryphäen gab den Studien eine höhere Weihe. Ich habe damals Jacobis Vorlesungen über Dynamik und seine Fundamenta nova theoriae functionum ellipticarum eifrig studiert, ebenso Bessels Pendelversuche und seinen Briefwechsel mit Gauß. Bücher standen uns reichlich zur Verfügung. Neben der großen Universitäts-bibliothek gab es eine im obersten Stockwerk des Universi-tätsgebäudes untergebrachte Handbibliothek unter Leitung des Bibliothekars Reicke, der ein Sohn des berühmten Kantforschers war. Dann hatte auch das mathematische Seminar, von Jacobi begründet, eine ansehnliche Bibliothek. Wir schleppten fast täglich neue Bücher nach Hause und trugen schon gelesene wieder zurück. Ich habe Salmons zweibändiges Buch über Kegelschnitte (deutsch von Fiedler) vollkommen durchgearbeitet und alle Aufgaben gelöst, ebenso die Theorie der höheren ebenen Kurven, die Algebra der linearen Transformation und die Raumgeometrie. Jordans „Cours d'Analyse" hatte uns Minkowski sehr empfohlen. Dieses Buch habe ich immer wieder gelesen. Auch Dirichlet-Dedekinds Zahlentheorie gehörte zu meinen Lieblingsbüchern.

Nun noch einiges über meine physikalischen Studien! In Königsberg hatte der berühmte Franz Neumann, der „Vater der theoretischen Physik", gewirkt. Er lebte damals noch und hatte den Titel Exzellenz. Täglich sah man ihn zu einer bestimmten Stunde spazierengehen. Der Inhaber des physikalischen Lehrstuhles, Prof. Pape, ein Schüler Franz Neumanns, stand tief unter seinem großen Meister. Seine Vorlesungen boten uns nicht viel. An sich ist es ja schon

ein Übelstand, daß das große Kolleg über Experimentalphysik auch für die Mediziner verständlich sein muß. Dadurch wird das Niveau stark herabgedrückt. Der theoretische
Physiker hat die schwere Aufgabe, diese Niveausenkung
einigermaßen auszugleichen. In Königsberg wirkte damals
als theoretischer Physiker Paul Volkmann. Er hatte eine
starke Neigung zur Philosophie und hielt ein sehr interessantes Kolleg „Erkenntnistheoretische Grundzüge der
Naturwissenschaften", das auch in Buchform erschienen
ist. Kein Fach hat in der letzten Zeit so starke Wandlungen
erfahren wie die Physik. Immer wieder hat man alles Er-
lernte über Bord werfen und Neues sich aneignen müssen,
und noch ist kein Ende abzusehen. In der Mathematik gibt
es doch viel mehr Wertbeständigkeit, viel mehr ewige
Wahrheiten, die durch nichts zu erschüttern sind. Da
lohnt es sich, eine Schatzkammer anzulegen. Der Physiker
muß immer wieder alten Plunder hinaustun. Wenn er
etwas Neues hinstellt, weiß er nie, wie lange er sich daran
freuen kann.

Von meinem Bruder wurde ich auch in die philosophischen Vorlesungen mitgenommen. Die beiden Philosophen Julius Walter und Günther Thiele waren grund-
verschiedene Menschen und kamen wenig miteinander in
Berührung. Walter, aus einer baltischen Theologenfamilie
stammend, war rein philologisch vorgebildet und hatte von
naturwissenschaftlichen Dingen keine Ahnung. Thiele dagegen war stolz darauf, daß er in Mathematik und Naturwissenschaften Bescheid wußte. Er hatte sogar ein Buch
über Zylinderfunktionen geschrieben. Walter arbeitete an
einem phantastisch großen Buch über Ästhetik, von dem
aber nur Band I erschienen ist, der eine Orientierung über
Grundbegriffe und Wortschatz der Ästhetik bieten will.
Die eigentliche Ästhetik sollte dann erst in den späteren
Bänden behandelt werden. Dieser erste Band war bedeutend
dicker als ein Band des Brockhausschen Konversationslexikons.
Wir nannten dieses übergroße Quantum Wissenschaft ein

„Jul", weil Prof. Walter mit Vornamen Julius hieß. Das Buch war in einem wunderbar schönen Stil geschrieben, an den Goethe, so sagten wir, nicht heranreichte. Auch in seinen Vorlesungen hatte Walter einen schönen Stil, nach meinem Geschmack etwas zu geschraubt. Er hatte die Gewohnheit, zu Beginn jedes Abschnitts eine kurze Zusammenfassung zu geben. Ich erinnere mich noch eines Satzes aus einer solchen Zusammenfassung, mit der er eine Vorlesung über Geschichte der Philosophie begann. Er sagte: „Als ersten Paragraphen bitte ich zu schreiben", und fuhr dann mit gehobener Stimme fort: „Der geschichtliche Zusammenhang und die Gemeinschaft der Aufgabe verbindet die alte Philosophie mit der mittelalterlichen und neueren zu einer fortschreitenden Kette geistiger Entwicklung." Er sprach das l wie ein slawisches ł aus und sagte nicht „Gemeinschaft" und „geistig", sondern „Gemeunschaft" und „geustig". Auch Herbart hatte in seinen Königsberger Vorlesungen solche Diktate gegeben. Sie verhindern die übertriebene Nachschreiberei, die den Studenten vom Zuhören allzusehr ablenkt. Thiele gab keine Diktate und sprach sehr klar. aber nicht in so gewähltem Deutsch. Er war hypernervös und zeigte alle Merkmale der Überarbeitung. Von ihm gab es ein Buch über Religionsphilosophie, worin aber die religiösen Fragen stark in den Hintergrund traten. Es war wie die Leute sagten, alles hineingestopft, was der Verfasser über Philosophie überhaupt zu sagen wußte.

Ich hätte gern in Königsberg ein großes Kantkolleg gehört. Das gab es aber nicht. Dafür las ich zusammen mit meinem Bruder Kants „Prolegomena" und die „Kritik der reinen Vernunft". Einen besseren Interpreten hätte ich nicht haben können. Mein Bruder verdankte seine philosophische Erweckung einem schönen Buche des altkatholischen Philosophen Friedrich Michelis, das nur wenige kennen. Der Titel lautet: „Das Endergebnis der Naturwissenschaften denkend erfaßt." Davon erzählte er mir viel. Wir stießen uns beide ein wenig an dem Ausdruck „Endergebnis" und meinten, bei einer Wissenschaft gäbe es überhaupt kein Ende. Auch ein Buch von Michelis über die platonischen Dialoge schätzte mein Bruder sehr hoch. Er hat später diesen wenig beachteten Philosophen in einer hübschen Broschüre gewürdigt. Ich habe in jenen Königsberger Semestern unter Anleitung meines Bruders auch Lamberts grundlegendes Werk studiert: „Neues Organon oder Gedanken über die Erforschung und Bezeichnung des Wahren und dessen Unterscheidung vom Irrtum und Schein." Malebranches „De la recherche de la vérité" haben wir ebenfalls zusammen gelesen. Wir arbeiteten nach dem Abendessen auf unserer Studentenbude bis tief in die Nacht hinein. Sehr angenehm war es, daß wir dank der Munifizenz unserer guten Eltern, die es an nichts fehlen ließen, zwei Zimmer hatten, ein Wohn- und ein Schlafzimmer, bei einer litauischen Dame, Frau Skambraks, in der Henschestraße. Zu Mittag aß man damals in Königsberg ganz ausgezeichnet in den Restaurants. Des Abends gingen wir selten aus und verzehrten unser bescheidenes Nachtmahl zu Hause. Dann setzten wir uns, wie gesagt, gleich wieder an die Arbeit. Sonntags fuhren wir im Sommer oft nach Cranz, Rauschen oder Neuhäuser, manchmal sogar auf die Kurische Nehrung.

In Königsberg habe ich meine erste mathematische Abhandlung verfaßt, die im Crelleschen Journal erschien. Wenn im Intervall $a \ldots b$ die beteiligten Funktionen stetig sind und $g(x) \geqq 0$ ist, so gibt es n positive Zahlen $\lambda_1, \ldots, \lambda_n$ mit der Summe 1 und n Stellen $x_1, \ldots, x_n$ in $a \ldots b$ derart, daß folgende Gleichungen bestehen:

$$\int_a^b f_\nu(x)\, g(x)\, dx = [\lambda_1 f_\nu(x_1) + \ldots + \lambda_n f_\nu(x_n)] \int_a^b g(x)\, dx.$$
$$(\nu = 1, \ldots, n)$$

So lautete der Satz, den ich damals gefunden hatte. Ich nannte das eine „simultane Darstellung von n Integralen".

Mein Freund Karl von Plessen war außer meinem Bruder der einzige, der an meiner ersten Autorfreude rührenden Anteil nahm. Karl von Plessen hatte in früher

Jugend beide Eltern verloren und kam als Knabe auf die Kadettenschule in Groß-Lichterfelde, um, wie sein verstorbener Vater, Offizier zu werden. Der Vormund hielt das für den einfachsten Weg, ihm eine Existenz zu sichern. Plessen stieg bis zur Selekta auf, schied aber kurz vor dem Abschlußexamen aus, weil er eine innere Abneigung gegen den militärischen Beruf fühlte. Er besuchte dann noch ein Gymnasium in Danzig und begann nach wohlbestandenem Abitur in Königsberg Mathematik und Naturwissenschaften zu studieren. Dort lernten wir ihn kennen. Er war viel reifer als wir andern. Das beruhte wohl auf der militärischen Erziehung in der Kadettenschule. Sein Benehmen war weit besser als das der übrigen Studenten. Als Selektaner hatte er Pagendienst bei Hofe geleistet, wovon er uns viel Interessantes erzählte.

Ich darf diese Königsberger Erinnerungen nicht schließen, ohne unserer mehrfachen Reisen nach Frauenburg zu gedenken. Dort hat der große Kopernikus als Domherr gelebt. Im Frauenburger Dom ist seine Grabstätte. Sein berühmtes Werk „De revolutionibus orbium coelestium" haben wir als Königsberger Studenten gelesen, wenigstens große Teile davon. Als ausgebildete klassische Philologen waren wir für die antiken Vorläufer des Kopernikus sehr interessiert und konnten unsern Freund Plessen darüber belehren. Wenn man durch Frauenburgs friedliche Straßen geht und den Blick auf das Frische Haff genießt, kann man verstehen, wie schön es gewesen sein muß, in dieser idyllischen Stille zu arbeiten. Unter dem mächtigen Schutze seiner Kirche stehend mit ihrer internationalen Weite konnte Kopernikus hier frei von allen irdischen Sorgen sich in seine Forschungen vertiefen und in langsamem, wohlüberlegtem Schaffen sein gewaltiges Werk zustande bringen.

Eine Persönlichkeit, die auf uns alle einen übermächtigen Eindruck machte, hätte ich beinahe zu erwähnen vergessen. Ich fürchte, daß mich auch sonst mein früher so gutes, jetzt aber doch schon etwas schlechter arbeitendes Gedächt-

nis in vielen Punkten im Stich gelassen hat und daß ich
manches Wichtige übersehen habe. Wer war also jene
große Persönlichkeit? Ich will erzählen, wie man, ohne es
zu wollen, auf diesen großen Mann aufmerksam gemacht
wurde. In der Umgebung der Königsberger Bahnhöfe wurde
man sehr oft von kaftantragenden Reisenden aus Rußland
angesprochen, die eben mit einem Zuge angekommen waren.
Sie fragten: „Wo wohnt hier Purez?" Die ersten Male konnte
ich ihnen nicht Auskunft geben. Ich wußte nicht, wer
Purez war. Sie schüttelten darob verwundert die Köpfe.
Später klärte mich mein Freund Erwin Liek, der Medizin
studierte, auf. Purez war der berühmte innere Mediziner
Professor Lichtheim, zu dem aus aller Herren Ländern
Heilung suchende Patienten kamen. Purez war irgendeine
hebräische Übersetzung seines Namens. Lichtheim besaß als
Diagnostiker einen ans Wunderbare grenzenden Scharfblick.
Von ärmeren Patienten oder solchen, die arm zu sein schie-
nen, nahm er kein Honorar. Einmal kam ein solcher Patient,
dem man nichts von einem Honorar gesagt hatte, nochmals
ins Ordinationszimmer zurück, hielt zwischen Daumen und
Zeigefinger ein goldenes Zwanzigmarkstück, trat strahlend
zu Professor Lichtheim und seinem Assistenten und sagte:
„Da, teilt's euch!" In Behandlung nahm Lichtheim fast nie
einen von auswärts zugereisten Patienten. Er machte seine
Diagnose und sagte dann: „Erzählen Sie das zu Hause Ihrem
Arzt und lassen Sie sich von ihm behandeln." Die Hauptsache
ist ja auch, zu wissen, welche Krankheit man hat. Es kam
natürlich auch vor, daß ein sofortiger chirurgischer Eingriff notwendig erschien. Dann schickte Lichtheim den
Patienten in die chirurgische Klinik. Ein solcher Fall, wo
es sich um den schwer leidenden Sohn eines armen Rabbiners
handelte, ereignete sich, als Erwin Liek schon Hilfs-
assistent in der chirurgischen Klinik war. Der Chirurg
führte dem Vater die ganze Schwere des Leidens vor und
sagte: „Wenn ich auch Ihren Sohn operiere, so wird er
vielleicht trotzdem nicht wieder arbeitsfähig sein. Wer

soll dann für ihn sorgen?" Darauf antwortete der Vater, und in seiner Stimme lag, wie Erwin Liek uns erzählte, eine wunderbare Mischung von Resignation und Zuversicht: „Dann wird Gott ihn versorgen." Es kam so, daß der arme Patient die Operation, die an sich gut gelang, zwar überstand, aber nach einigen Tagen starb. Gott hat ihn versorgt.

Auch der Vater von Erwin Liek hatte vor Jahren die diagnostische Kunst Lichtheims in Anspruch genommen. Er litt unter entsetzlichen Beschwerden und hatte manchmal Ohnmachtsanfälle. Lichtheim sah ihm aufmerksam in die Augen und sagte sogleich: „Ihre Nieren sind nicht in Ordnung." Dann folgte eine kurze Untersuchung mit dem Ergebnis „Brightsche Nierenkrankheit. Lassen Sie sich zu Hause von Ihrem Arzt behandeln! Die Krankheit ist leider schon sehr vorgeschritten. Aber verlieren Sie nicht den Mut!" Wenige Monate später starb der alte Liek. Damals waren wir noch Kinder, und schon war Leichtheims Name an unser Ohr gedrungen. Das tragische Schicksal seines Vaters hatte seinerzeit den Sohn zu dem Entschluß gebracht, später einmal ein guter Arzt zu werden und die Kranken gleich von Anfang an richtig zu behandeln.

Die innere Medizin ist ein in neuerer Zeit etwas vernachlässigtes Gebiet der medizinischen Wissenschaft. Die Chirurgie ist zu sehr in den Vordergrund getreten. Man hört sehr wenig von großen Internisten, desto mehr von berühmten Naturärzten, die manchmal keine ausgebildeten Ärzte sind. Da ist es eine Befriedigung, an Männer vom Format Lichtheims zurückzudenken.

Universität Greifswald

Mein Bruder war von den beiden Königsberger Philosophen Julius Walter und Günther Thiele nicht recht befriedigt und hielt Umschau nach Philosophen, die irgend etwas Neues schufen. Damals erschien gerade eine große Psychologie von Johannes Rehmke, dem jüngeren der beiden Greifswalder Ordinarien für Philosophie. Der ältere, Wilhelm Schuppe, war als Begründer einer neuen philosophischen Disziplin, die er erkenntnistheoretische Logik nannte, sehr bekannt. So entschlossen wir uns, nach Greifswald überzusiedeln.

Greifswald hatte als älteste preußische Universität, gegründet 1456, eine ruhmreiche Geschichte. Die Studenten führten dort ein herrliches Leben. Die Nähe des Meeres und der Insel Rügen und die waldreiche Umgebung boten große Annehmlichkeiten. Man mußte sich in Greifswald wohlfühlen.

Wir hatten bald eine nette Wohnung gefunden und im Hôtel du Nord gut zu Mittag gegessen. Wir saßen dann noch beim Kaffee an einem Fenstertisch nach dem Marktplatz zu, als wir draußen zu unserer Freude Professor Gercke vorübergehen sahen. Er grüßte mit tief gezogenem Hut und herzlichem Lächeln, gar nicht erstaunt, und hatte uns doch mindestens ein Jahr lang nicht mehr gesehen. Wir wußten, daß er in Greifswald war, hatten aber im Augenblick gar nicht mehr daran gedacht. Gleich am selben Abend besuchten wir ihn in seiner Wohnung. Er hatte inzwischen geheiratet, eine sehr sympathische Dame aus einer angesehenen Beamtenfamilie, der auch der spätere Admiral Albrecht entstammte. Auch Gerckes Vater war ein hoher Beamter gewesen, Ministerialrat im Eisenbahnministerium, einer der ersten hannöverschen Beamten, die nach der Einverleibung Hannovers in den preußischen Staatsdienst traten. Gercke war ein Mensch von heiterem Gemüt, der überall sehr geschätzt wurde. Nur wenige fanden ihn etwas zu sehr berlinerisch.

Sein philologischer Kollege in Greifswald war der berühmte Gräzist Eduard Norden, der in ganz jungen Jahren das Ordinariat erlangt hatte und später eine Zierde der

Berliner philosophischen Fakultät wurde. Dann gab es damals in Greifswald noch einen ganz alten Professor der klassischen Philologie, namens Susemihl. Er galt als ausgezeichneter Kenner der alexandrinischen Zeit. Wer ihn sah, der hatte sogleich den Eindruck, daß es sich hier um eines jener Originale handelte, wie sie in den Witzblättern verewigt sind. Susemihl hatte z. B. folgende Marotte: Wenn er sich einen neuen Anzug anfertigen ließ, machte er sich bei der Anprobe immer Sorgen, daß die Ärmel zu kurz wären, obwohl der Schneider das Gegenteil beteuerte. Wohl oder übel mußte der Schneider die Ärmel viel zu lang machen. Der alte Geheimrat war damit nicht unzufrieden. Er schlug die Ärmel an den Handgelenken um, obwohl man auf diese Weise das Futter sah. Aber er hatte seine langen Ärmel. Im Sommer fiel er, weil er da ohne Mantel ging, durch diese Eigentümlichkeit sehr auf. Das war ihm aber höchst gleichgültig. Bei seiner großen Kurzsichtigkeit erschienen ihm die Menschen, die auf der Straße an ihm vorübergingen, überhaupt nur als schattenhafte Figuren. Er folgte häufig den Einladungen der Korporationen zu ihren Stiftungsfesten und hielt dabei sehr nette humoristische Reden. So bekannte er sich einmal bei einer Festlichkeit des theologischen Vereins Wingolf als Pantheist und machte für die pantheistische Idee Propaganda, wobei Scherz und Ernst sehr hübsch durcheinandergemischt wurden. Es kam dabei die Äußerung vor: „Sie müssen mir verzeihen, wenn ich vielleicht die Gefühle irgendeines der Anwesenden verletze. Aber ich bin ja kurzsichtig und kann nicht erkennen, ob vielleicht mir gegenüber der Dekan der theologischen Fakultät sitzt."

Eine sehr markante Persönlichkeit unter den Philologen und Historikern war Otto Seeck, ein Balte von wunderbarem Temperament, ausgesprochener Atheist und grimmiger Theologenfeind. Er hat sich dadurch einen Namen gemacht, daß er darwinistische Ideen zur Erklärung großer historischer Katastrophen heranzog. Das altberühmte, auch von anderen Historikern behandelte Problem vom Untergang des Römischen Reiches suchte er auf diese Weise zu lösen. Er war der Ansicht, daß durch die Sklavenkriege zuviel echtes Römertum vernichtet worden sei. Solche Fälle einer negativen Auslese könnten, so meinte er, ein Volk ruinieren. Übrigens waren seine Kenntnisse über den Darwinismus doch sehr dilettantenhaft. So gab er z. B. folgende, von den Kennern belächelte Erklärung über das Augenzwinkern. Weshalb haben wir die Gewohnheit, ab und zu die Augenlider zu schließen? Ganz einfach! Man muß nur darwinistisch denken können und hat sofort die Erklärung. Unsere Urvorfahren lebten in Wäldern. Wenn sie durch das Dickicht streiften, schlugen ihnen die Zweige ins Gesicht. Wer da nicht richtig zwinkerte, der wurde blind und erlag im Kampf ums Dasein. Diese mitleidlose Auslese überlebten eben nur die Zwinkerer, und deshalb zwinkern wir heute noch alle. Seeck hielt, um die Theologen zu ärgern, auch Kollegia, die in deren Gebiet übergriffen. So interpretierte er z. B. das Johannesevangelium. Ein ordentlicher Professor hat von alters her das Privileg, über jeden beliebigen Gegenstand Vorlesungen zu halten. Niemand darf von ihm einen Befähigungsnachweis verlangen. Auf dieses Privileg stützte sich Seeck. Kein anderer Greifswalder Professor leistete sich solche Übergriffe auf fremde Gebiete.

Die theologische Fakultät in Greifswald war durch ihre positiv-christliche Einstellung berühmt. Es gab unter ihren Professoren keinen negativen Theologen. Später ist der schon einmal erwähnte Ministerialdirektor Althoff auf die Idee gekommen, diese Einseitigkeit etwas zu korrigieren. Er berief nach Greifswald den negativ gerichteten Theologen Stange. Ebenso setzte er den vorwiegend negativ eingestellten Bonner evangelischen Theologen einen Störungsprofessor auf in der Person des aus dem Pfarramt berufenen Herrn Ecke. Aber solche einzelnen Persönlichkeiten konnten doch, wenn sie auch noch so bedeutend waren, nichts am Gesamtcharakter einer Fakultät ändern. Sehr berühmt ist die Ernennung Seebergs in Berlin geworden, der dem großen Harnack entgegenwirken sollte. Als Harnack sein „Wesen des Christentums" herausgab, schrieb sein Antagonist Seeberg die „Grundwahrheiten des Christentums", die aber den positiv gerichteten Theologen immer noch viel zu liberal waren.

Aus meiner Greifswalder Studentenzeit erinnere ich mich noch sehr gern an die ehrwürdigen Greifswalder Theologen Zöckler, Cremer und von Nathusius. Das waren wirklich bedeutende Persönlichkeiten. Auch der aus der Schweiz stammende Professor Oettli übte eine starke Wirkung aus, ebenso Haußleiter. Zöckler war ein großer Polyhistor, der auch umfassende naturwissenschaftliche Kenntnisse besaß. Sein Gedächtnis war phänomenal. Man erzählte sich, daß er bei seiner ersten Reise nach Rom alle Stationen auswendig wußte, die er passiert hatte. Er war total schwerhörig. Trotzdem sah man ihn allsonntäglich im akademischen Gottesdienst. Seine Vorlesungen wurden sehr gern gehört, auch von Studierenden anderer Fakultäten. Sein großes Buch über die „Geschichte der Beziehungen zwischen Theologie und Naturwissenschaft" bildet ein dauerndes Monument für den Scharfsinn und Fleiß dieses ernsten Gelehrten.

In der medizinischen Fakultät fielen damals besonders ins Auge der Physiologe Landois und der Hygieniker Löffler. Landois war der Bruder des bekannten, so überaus humorvollen Münsterer Zoologen und neigte auch sehr stark zur heiteren Lebensauffassung. Wenn er einen Kandidaten prüfte und im Laufe des Fragens und Antwortens zu dem Entschluß kam, ihn durchfallen zu lassen, begann er ihn zu duzen. Schließlich wußten dies alle, und dann brauchte Landois den Kandidaten überhaupt nicht mehr zu sagen, ob sie bestanden hatten oder nicht. Das Duzen enthielt das Todesurteil. Auch seinen schon habilitierten ersten Assistenten Rosemann, den späteren Münsterer Ordinarius, pflegte er zu duzen, wenn irgend etwas für die Vorlesung nicht gut hergerichtet war. Landois' Lehrbuch der Physiologie erfreut sich einer großen Berühmtheit und hat zahlreiche Auflagen erlebt. Er war ein bewundernswürdiger Lehrer. Löffler, der berühmte Hygieniker, hat sich einen großen Namen gemacht durch die Beseitigung der Mäuseplage in Griechenland. Er ließ in Griechenland Kulturen des Erregers des Mäusetyphus ausstreuen. Die griechischen Mäuse erlagen rettungslos diesem tückischen Angriff. Löffler erhielt einen hohen griechischen Orden, der ihn neben vielen anderen großen Auszeichnungen bei den Feiern der Universität schmückte. Später sind Löffler und sein treuer Mitarbeiter Uhlenhuth stark hervorgetreten durch ihre Beiträge zur Blutgruppenforschung, die damals neu aufkam. Sie gehören zu den bahnbrechenden Forschern auf diesem Gebiet.

Für meinen Bruder waren die Greifswalder Philosophen besonders wichtig und interessant. Wilhelm Schuppe, der Schöpfer der erkenntnistheoretischen Logik, imponierte uns als ein äußerst scharfsinniger Denker. Für ihn gab es nur *eine* Wirklichkeit: das Bewußtsein mit seinem vielgestaltigen Inhalt. Wir jungen Studenten waren noch etwas zu sehr im naiven Realismus befangen, um uns zu diesem hohen Standpunkt aufzuschwingen. Karl von Plessen, der uns sehr bald nach Greifswald folgte, hat im philosophischen Seminar manche Debatte mit dem alten Schuppe geführt und immer wieder versucht, ihn zum naiven Realismus zu bekehren. Diese Debatten waren äußerst lehrreich. Jedesmal mußte unser Freund vor der überlegenen Dialektik Schuppes die Waffen strecken. Es blieb dabei, daß alle Dinge, die wir in den Nimbus der Wirklichkeit zu hüllen gewöhnt waren, als wäre diese Wirklichkeit irgend etwas vom Bewußtsein Unabhängiges, doch nur Bewußtseinsinhalte sind, die mit dem Bewußtsein stehen und fallen. Auch Rehmke hatte diese Grundanschauung vom Primat des Bewußtseins. Wir Königsberger hatten uns aus der kantischen Philosophie den Begriff des Dinges an sich angeeignet und unterschieden zwischen Dingen an sich und Erscheinungen (Phänomenen). Schuppe und Rehmke lehnten das Ding an sich ab und ließen nur die Erscheinung gelten. Sie waren eben Phänomenalisten. Ganz befriedigt hat uns dieser Standpunkt nie.

Mein Bruder brachte nach Greifswald eine fertige Doktorarbeit mit, die eine neue Kausalitätstheorie enthielt. Die beiden Philosophen bissen nicht recht darauf an und zwangen ihm ein anderes Thema auf: Arthur Colliers Clavis universalis. Collier war ein extremer englischer Phänomenalist. Meines Bruders Kausalitätstheorie erschien später als selbständiges Buch.

Die Mathematik war in Greifswald sehr gut vertreten. Ein Rheinländer L. W. Thomé, Schüler von Weierstraß und Schöpfer einer originellen Theorie der linearen Differentialgleichungen, die der berühmter gewordenen Theorie von Lazarus Fuchs durchaus ebenbürtig ist, war ein sehr guter Lehrer, nur vielleicht etwas zu trocken, so daß sich die weniger begabten Studenten in seinen Vorlesungen langweilten. Ein Geometer war er nicht. Seine Vorlesungen über analytische Geometrie waren doppelt unterstrichen analytisch und nur ganz schwach geometrisch. Der andere Ordinarius, Minnigerode, ein bekannter Alpinist, behandelte die Mathematik etwas burschikos und mit sportlicher Derbheit. Er hat sich durch verschiedene Arbeiten über Erdbeben einen Namen gemacht, und in den Alpen gibt es eine Minnigerodespitze.

Als Physiker wirkte damals in Greifswald Franz Richarz, ein Helmholtzschüler, der nicht nur Experimentalphysik in ganz ausgezeichneter Weise lehrte, sondern auch theoretische Physik. Wir wurden von ihm in die Maxwellsche Theorie eingeführt, ebenso in die andern wichtigen Zweige der theoretischen Physik, die er bei Helmholtz gelernt hatte und meisterhaft beherrschte. Auch seine physikalischen Praktika waren mustergültig aufgebaut.

40

Chemie hörten wir bei Limpricht und Schwanert. Limprichts Vortrag gefiel uns ganz besonders, ebenso sein Praktikum. Schwanert betreute hauptsächlich die Pharmazeuten.

Auch der Mineraloge Cohen und der Geologe Deecke (später nach Freiburg berufen) haben uns stark beeindruckt. Cohen war ein weltberühmter Kenner der Meteore. Aus allen Teilen der Welt kamen Probestücke von Meteoren, die man ihm zur Untersuchung übersandte. Er war ein Mann von sehr großem Bildungsumfang, und was er auch sagte, war immer geistreich.

Ich muß noch eines Mannes gedenken, zu dem alle Studenten mit großer Verehrung aufblickten. Es war der Physiker Holtz, der bekannte Erfinder der Influenzmaschine. Auf Grund dieser schönen Leistung war er zum ao. Professor ernannt worden, obwohl er nie den Doktor gemacht hatte. Er las auch über Astronomie und hatte eine Art kleiner Sternwarte im Turm des physikalischen Instituts. In späteren Zeiten, als er seinen 70. Geburtstag feierte, beantragte der ihm wohlgesinnte Kurator der Universität, Freiherr von Hausen, für den alten Holtz den Geheimratstitel. Dieser wurde bewilligt, und die vom Kaiser unterschriebene Urkunde traf beim Kurator ein, der sie nun dem alten Herrn mit herzlichen Glückwünschen überreichen wollte. Das war aber nicht so einfach. Der alte Holtz erklärte treuherzig: „Ich kann diesen Titel nicht annehmen, weil ich weder öffentlich noch im geheimen jemals von der Regierung um Rat gefragt wurde." Der Kurator versuchte ihm diese Auffassung auszureden. Auch die andern Geheimräte unter den Professoren wären nie im geheimen um Rat gefragt worden und hätten trotzdem die Auszeichnung angenommen. Der alte Holtz, wirklich in dieser Beziehung ein recht hartes, knorriges Holz, erwiderte: „Das muß jeder mit sich selbst abmachen. Ich für meine Person habe keine Verwendung für einen solchen irreführenden Titel." Schließlich bat der Kurator, Holtz möchte doch ihm zu Liebe den Titel nicht ablehnen. Er, der Kurator, käme durch die Ablehnung in große Schwierigkeiten, weil er den Titel beantragt und sich um die Durchsetzung des Antrages mit großem Eifer bemüht hätte. Auch dieses Argument machte auf Holtz keinen Eindruck. Er blieb bei der Ablehnung. Nichts konnte ihn davon abbringen. „So etwas nennt man Charakter", sagten wir Studenten.

Bei der Promotion meines Bruders wurde noch der alte Glanz, der in früheren Zeiten mit diesem Vorgang verbunden war, voll entfaltet. In zwei mit schönen Pferden bespannten Wagen fuhren der Doktorand und seine beiden Opponenten vor der Universität vor. Im ersten Wagen saßen die beiden Opponenten, Karl von Plessen und ich, im zweiten der Doktorand. Die Opponenten halfen dem Doktoranden beim Aussteigen und geleiteten ihn zur Aula. Dort erschien der Dekan in Amtstracht, begleitet vom Pedell der philosophischen Fakultät. Zuerst fand eine Disputation zwischen dem Doktoranden und seinen beiden Opponenten statt. Der Doktorand widerlegte unsere Einwände gegen seine Thesen aufs gründlichste. Dann ergriff der Dekan, der bekannte Geograph Credner, das Wort zu einer kurzen Rede, in der er die Dissertation als eine ausgezeichnete Leistung würdigte, ebenso die Disputation. Dann folgte in lateinischer Sprache der Doktoreid und die Verleihung des Doktorgrades unter Überreichung des Diploms. Darauf gratulierten die anwesenden Professoren, unter denen die beiden Philosophen und unser Gönner und Freund Gercke nicht fehlten. In späteren Zeiten wurden die Promotionen immer mehr ihres feierlichen Charakters entkleidet. Die Diplome waren nicht mehr lateinisch, sondern deutsch. Auch der lateinische, so schön stilisierte Doktoreid fiel fort. Am längsten blieben die alten Gebräuche an der Prager Deutschen Universität erhalten und an ihrer Tochtergründung, der Leipziger Universität. Davon wird später die Rede sein.

Ein Schulfreund, Adolf Gottschewski, den wir in den
Ferien öfter sahen, studierte in Leipzig Nationalökonomie.
Er erzählte mit großer Begeisterung von seinen beiden
Professoren Roscher und Bücher, auch von dem Historiker
Lamprecht und dem Philosophen Wundt. Seine Schilderungen wirkten faszinierend auf uns. Er behandelte mich
mit einem gewissen Bedauern, weil ich nur in Greifswald
und Königsberg studiert hatte. Meinen Bruder, der auch
in Jena und Berlin gewesen war, respektierte er schon
etwas mehr. Doch stand nach seiner Meinung Leipzig
sogar über Berlin. Kein Wunder, daß wir uns entschlossen,
unsere Studien in Leipzig fortzusetzen. Kant hat den
schönen Ausspruch getan, ,,daß es nie zu spät ist, ver-
nünftig und weise zu werden". Unser Freund tröstete uns
damit, daß wir ja höchstens drei Jahre verloren hätten.
Diese würden sich in Leipzig, diesem Treibhaus der
Wissenschaft, leicht nachholen lassen, und es könnte dann
immer noch, so meinte er, etwas Anständiges aus uns
werden. Er selbst hat später, um dies gleich vorweg zu
nehmen, bei Professor Bücher seinen Doktor gemacht, ist
dann aber nicht Nationalökonom geblieben, sondern zur
Kunstgeschichte übergegangen, mit der er sich auch in
Leipzig schon eingehend beschäftigt hatte. Er trat später
mit größeren kunstgeschichtlichen Werken hervor, heiratete
vorteilhaft und lebte als freier Forscher meist in Italien.
Wir kamen 1896 nach Leipzig. Mein Bruder trat sogleich bei Wilhelm Wundt in die Lehre, hörte aber auch
die Philosophen Heinze, Volkelt und von Schubert-
Soldern. Einige philosophische Vorlesungen besuchte ich
auch. Wundt machte auf uns einen starken Eindruck. Er
las in einem riesengroßen Auditorium, das sich in amphi-
theatralischem Aufbau durch zwei Stockwerke des
Augusteums erstreckte. Hörer aus aller Herren Ländern

waren bei ihm eingeschrieben. Über sein Spezialfach, die experimentelle Psychologie, trug er sehr selten vor. Diese wurde von seinen Assistenten in besonderen Übungen behandelt. Das experimentalpsychologische Institut war wunderbar ausgestattet. Es wurden dort mancherlei interessante Forschungen durchgeführt und viele Doktorarbeiten gemacht. Wundt, von Hause aus Mediziner, mathematisch-physikalisch nicht besonders gründlich vorgebildet, hat die von Fechner geschaffene Experimentalpsychologie in ungeahnter Weise weiterentwickelt. Sein Ansehen in der ganzen Welt war sehr groß. Er hatte sich aber im Laufe der Zeit immer mehr der reinen Philosophie zugewandt, ohne dort experimentelle Methoden zu Hilfe zu nehmen, wie dies später mein Bruder so erfolgreich versuchte. Wundt las z. B. Logik, Ethik und alle übrigen großen Kollegs genau im Stil der reinen Philosophen. Nur Geschichte der Philosophie konnte man bei ihm nicht lernen. Das war wieder die Domäne von Heinze. Dieser hatte sich früher als Prinzenerzieher betätigt, und es war ihm unschwer anzumerken, daß er aus jenen obersten Regionen herkam. Er erschien immer in schwarzen Glacéhandschuhen im Kolleg, die er erst auf dem Katheder auszog. Sein Organ klang etwas rauh, wie bei einem alten General. Heinze ist als Bearbeiter der Geschichte der Philosophie von Überweg (drei Bände) sehr bekannt geworden. Dieses Buch zeichnet sich durch überaus sorgfältige Literaturangaben aus. Auch ist darin die ausländische Philosophie unter Heranziehung geeigneter Mitarbeiter eingehend berücksichtigt. Volkelt vertrat neben der Philosophie auch die Pädagogik. Da in Sachsen alle Volksschullehrer, die ein gutes Seminarexamen aufweisen konnten, an der Universität Pädagogik studieren durften, erfreute sich Volkelt immer eines großen Auditoriums. Er war ein äußerst klarer Kopf und hatte einen wunderbaren Vortrag.

Wie war es nun damals in Leipzig mit der Mathematik bestellt? Es wirkten dort vier ordentliche Professoren: Carl

Neumann, Scheibner, Lie und Adolph Mayer, außerdem
der ao. Professor Friedrich Engel und der Privatdozent
Felix Hausdorff. Astronomie vertrat Bruns, ein weithin
bekannter Fachmann. Auch Hausdorff war nebenbei
Astronom und wurde als solcher von Bruns hoch geschätzt. Bei so vielen ausgezeichneten Lehrkräften konnte
man eigentlich erwarten, daß die Möglichkeit zu einer
vielseitigen mathematischen Ausbildung geboten wurde.
Und doch gab es einige ganz wichtige Spezialgebiete, die
man in Leipzig nicht studieren konnte. Vor allem war
unter den Leipziger Mathematikern keiner, der funktionen-
theoretische Vorlesungen und Seminarübungen im Weierstraßschen Sinne hätte halten können. Carl Neumann
wäre wohl imstande gewesen, uns in Riemanns Gedankenwelt einzuführen. Er hatte über Riemanns Theorie der
Abelschen Integrale ein Buch geschrieben (1865), das
seinerzeit eine starke Wirkung in ganz Deutschland übte.
Aber er war mit Riemann selbst nie in Berührung gekommen und hatte, ähnlich wie Durège, diese Theorie
nur indirekt kennengelernt, was immer ein Nachteil ist.
Auch las er in Leipzig nie darüber, vielleicht weil er
glaubte, daß diese Dinge für spätere Lehrer an höheren
Schulen viel zu hoch wären. Seine Vorlesungen paßten
sich gar zu sehr dem Durchschnittsniveau der Studenten
an. Auch seine eigenen bahnbrechenden Arbeiten über
die Randwertaufgaben der Potentialtheorie und über die
Korrekturbedürftigkeit des Newtonschen Gravitationsge-
setzes wurden von ihm sehr selten in Vorlesungen behandelt.
Seine Lehrverpflichtung erstreckte sich auch auf die mathematische Physik. Er war ja der Sohn des großen Königsberger Physikers Franz Neumann, den man, wie ich schon
erwähnte, den Vater der theoretischen Physik genannt hat.
Das Leben dieses berühmten Forschers hat seine Tochter,
Luise Neumann, in einem schönen Buche beschrieben.
Felix Kleins Berufung nach Göttingen hatte der Leipziger Mathematik einen schweren Schlag versetzt, von dem

sie sich nie erholen konnte. Klein war der einzige, der Riemanns Ideenwelt so beherrschte, daß er die Studierenden in angenehmer Weise in diese unsagbar wichtige Auffassung der Funktionentheorie einführen konnte. Sehr zum Schaden der Mathematik ist sie durch Weierstraß ganz zur Seite geschoben worden.

Klein war auch ein ausgezeichneter Algebraiker. Er beherrschte die Galoissche Theorie. Nach seinem Weggang von Leipzig blieb dort die höhere Algebra ein vollkommenes Brachfeld.

Zahlentheorie gab es in Leipzig ebenfalls nicht, und manches andere fehlte auch noch. Wie gut war es, daß ich in Königsberg bei Hilbert, Minkowski und Stäckel so viel Schönes gelernt hatte!

Scheibners Vortrag war sehr unruhig und verworren, während Neumann mit wunderbarer Klarheit dozierte, so daß auch die weniger Begabten alles verstanden. Die meisten sächsischen Mathematiklehrer verdanken ihm ihre Ausbildung. Sie schlossen sich während der Studienzeit ganz eng an ihn an, oft so eng, daß sie bei den anderen Mathematikern überhaupt nichts belegten. Dadurch entstand eine bedauerliche Einseitigkeit.

Um Scheibner schwebte ein mystischer Nimbus. Er hatte seinerzeit mit Zöllner und Fechner an den berühmten okkultistischen Experimenten mit dem Medium Slade teilgenommen, die in der ganzen Welt Aufsehen erregten. Es kam manchmal vor, daß ein amerikanischer Student ihn über diese Dinge interpellierte. Scheibner war in solchen Fällen sehr abweisend und nahm derartige Fragen direkt übel. Es war ihm offenbar unangenehm, daß man ihn mit den Okkultisten, die in Leipzig seit den Zeiten des Fürsten Aksakow immer noch ihre Séancen hielten, in Zusammenhang brachte. Er war von diesen Kreisen längst abgerückt. Der Verleger Oswald Mutze, bei dem damals meines Bruders Buch über das Kausalitätsproblem auf unsere eigenen Kosten gedruckt wurde, erzählte uns viel vom Okkultismus. Er druckte in seinem Verlag allerhand okkultistische Literatur, sogar eine Zeitschrift. Wir hatten aber wenig Interesse dafür.

Adolph Mayer stammte aus Bankierskreisen und war mit dem altangesehenen Bankhaus Frege durch verwandtschaftliche Beziehungen verbunden. Frau Professor Mayer war eine geborene von Frege. Eine Tochter Mayers war verheiratet mit einem Herrn von Dufour, der später die diplomatische Laufbahn einschlug. Der Bruder von Professor Mayer war Teilhaber des Bankhauses Frege, der einzige Sohn ebenfalls im Bankhaus Frege tätig. Obwohl Professor Mayer aus der Region der oberen Zehntausend stammte, hatte er doch ein warmes Herz besonders für die ärmeren Studenten und zeigte für ihre Sorgen und Nöte wahrhaft väterliche Teilnahme. Mayers Vortrag war ganz anders als der von Carl Neumann. Er hatte ein hohes wissenschaftliches Niveau. Außerdem strebte er eine gewisse Vollständigkeit an, brachte viele Literaturhinweise, sogar bis in die neueste Zeit. Oft kam es vor, daß er etwas aus einem eben erschienenen Heft der mathematischen Annalen oder des Crelleschen Journals zitierte. Mayer war immer ausgezeichnet vorbereitet und hatte eine wunderbare Beredsamkeit. Er ging so schnell vor, daß in jeder Stunde eine große Menge Stoff behandelt wurde. Nie versprach er sich trotz des raschen Tempos und nie verrechnete er sich. Wenn er eine Zahlenfolge x_1, x_2, x_3, ... oder eine unendliche Reihe x_1, $+ x_2$, $+ x_3 + ...$ ausschrieb, so wurden die Punkte, die das Fortlaufen ins Unendliche andeuten, derart rasch und kräftig gesetzt, daß es klang wie das Hacken eines Spechts. Es waren auch nicht drei, sondern mindestens sechs Punkte. Mayer hatte mehrere Semester in Königsberg unter Richelot studiert und die Jacobische Tradition in sich aufgenommen. Auch war seine Vortragsweise ganz im Stil Richelots, wie er selbst mir gelegentlich sagte. Dann hatte er in Königsberg die analytische Mechanik im Jacobischen Sinne gründlich gelernt.

In Jacobis wunderbarem Buch über Dynamik, das Clebsch
aus dem Nachlaß herausgab, war er vollkommen zu Hause.
Dadurch kam er dann von selbst zum tiefen Eindringen
in die Theorie der partiellen Differentialsysteme und der
Pfaffschen Systeme. Ebenso war schon in Königsberg seine
Liebe zur Variationsrechnung entstanden. Nur Jacobis
zahlentheoretische Arbeiten haben auf ihn nicht besonders
eingewirkt. Ebenso fehlte ihm jede Berührung mit der
Algebra. Seine eigenen, überall hoch anerkannten Forschungen bewegten sich hauptsächlich auf den drei vorhin
genannten Gebieten. Mit den elliptischen Funktionen war
er aus der Königsberger Zeit ebenfalls gut vertraut. Er
gehörte zu den Mathematikern, die Jacobis „Fundamenta
nova theoriae functionum ellipticarum" studiert hatten.
Selbstverständlich war er auch ein ausgezeichneter Kenner
der Determinantentheorie, die Jacobi so stark gefördert
und den Mathematikern in eindringlicher Weise nahe gebracht hatte. In Adolph Mayer steckte viel mathematische
Tradition. Er wußte auch in wunderbarer Weise in uns
Studenten die Begeisterung für große Mathematiker zu
wecken und zu steigern. Ich denke an Mayer mit tiefer
Dankbarkeit zurück, nicht nur an den großen Gelehrten,
sondern auch an den edlen Menschen. In meiner späteren
Leipziger Dozentenzeit saß ich einmal bei irgendeiner
großen Gesellschaft zufällig neben dem Bankier Mayer.
Dieser fragte mich im Laufe der sehr angeregten Unterhaltung, ob denn sein Bruder wirklich ein so großes
wissenschaftliches Ansehen in der Welt hätte, wie manche
Leute sagten. Es schien mir, als ob Mayers Verwandte
ihn wegen des Abschwenkens in die wissenschaftliche Laufbahn ein wenig bemitleideten. Warum hatte er seine hohe
Begabung nicht auch lieber dem Bankhaus Frege gewidmet! Ich hatte nun Gelegenheit, Mayers große wissenschaftliche Bedeutung ins rechte Licht zu stellen, und tat
dies mit so beredten Worten und solchem Nachdruck, daß
die Wirkung deutlich zu merken war. Sooft ich dem

Bankier Mayer später begegnete, kam er stets auf dieses Gespräch mit kurzen Worten der Anerkennung zurück. Es ist ja nicht leicht, einem Laien einen Begriff davon zu geben, von welcher Art die großen mathematischen Probleme sind. Aber es muß mir damals doch gelungen sein, den Eindruck zu erwecken, daß die mathematische Betätigung keine bloße Spielerei, sondern etwas überaus Wertvolles und Wichtiges ist.

Studium bei Sophus Lie

In Leipzig wirkte seit dem Weggange Felix Kleins der große norwegische Mathematiker Sophus Lie. Ich betrachte es als eine besondere Gnade Gottes, daß ich diesen hervorragenden Mann, den größten Mathematiker aller Zeiten, in Leipzig gehört und ihm auch persönlich sehr nahe gestanden habe. Das war für meine ganze Entwicklung von entscheidender Bedeutung.

Sophus Lie war wie Abel ein norwegischer Pfarrerssohn. Er hatte als Student in Christiania keine besonders hervorragenden Professoren gehabt. Durch eine kleine Arbeit über die „Repräsentation des Imaginären in der Geometrie" lenkte er die Aufmerksamkeit der Akademie der Wissenschaften auf sich und erhielt ein größeres Reisestipendium, mit dem er zunächst nach Berlin und dann nach Paris ging. In Berlin lernte er Felix Klein kennen, mit dem er sich eng befreundete. Schon damals schwebte Lie ein Gedanke vor, den er nachher in ungeahnter Weise weiterentwickeln konnte. Es war der Gedanke, solche Differentialgleichungen zu behandeln, die bei gewissen Transformationen invariant bleiben, und diese Transformationen zur Vereinfachung des Integrationsvorganges nach Möglichkeit auszunutzen. Es ist klar, daß die Transformationen, die ein Gebilde in sich überführen, folgende Grundeigenschaft haben: Wenn S und T zwei solche Transformationen sind, so wird die aus ihnen zusammengesetzte Transformation ST (zuerst S, dann T) ebenfalls jenes Gebilde in sich überführen. Man nennt dies die *Gruppeneigenschaft* und kann also sagen, daß alle Transformationen, die ein gewisses Ding invariant lassen, eine Gruppe bilden. Mit solchen Tranformationsgruppen hat Lie sich sein ganzes Leben hindurch beschäftigt und darüber ein dreibändiges Buch geschrieben, wobei er von Friedrich Engel tatkräftig unterstützt wurde. Klein hat den Gruppenbegriff auf einem anderen Gebiet behandelt. Lie nannte seine Gruppen kontinuierliche Transformationsgruppen. Klein betrachtete die diskontinuierlichen Gruppen, wie sie schon in spezieller Form bei Galois auftreten. Kleins Gruppenbegriff schließt aber auch Gruppen ein, die, wie z. B. die Modulgruppe, aus unendlich vielen Operationen bestehen. Wenn man die linear gebrochenen Transformationen

$$z_1 = \frac{a z + b}{c z + d} \; (a d - b c = 1)$$

betrachtet und a, b, c, d beliebige reelle Werte erlaubt, so liegt eine Liesche Transformationsgruppe vor. Beschränkt man dagegen a, b, c, d auf ganzzahlige Werte, so hat man eine Kleinsche Gruppe vor sich, und zwar die sogenannte Modulgruppe, die in der Theorie der elliptischen Funktionen vorkommt.

Lie beherrschte keine der großen Kultursprachen so gründlich, daß er eine Abhandlung darin schreiben konnte. Seine erste Publikation über die neue Theorie, die in den „Göttinger Nachrichten" erschien, war von Klein ausgearbeitet. Als er später, nach Norwegen zurückgekehrt, eine buchmäßige Darstellung seiner Theorie der Transformationsgruppen ins Auge faßte, schickte man ihm aus Leipzig Friedrich Engel zu Hilfe. Bald kam dann der erste Band des umfassenden Werkes heraus, das schon oben erwähnt wurde. Hierdurch trat Lie in die Reihe der großen

Mathematiker ein und konnte dann Kleins Nachfolger in Leipzig werden (1886). Man sieht, wie viel er seinem Freunde Klein verdankte, der ihm durch sein großes organisatorisches Talent wertvollste Hilfe leistete. Um so bedauerlicher ist es, daß in späteren Jahren eine starke Entfremdung zwischen den Freunden eintrat. Klein soll bei einer Übersiedlung Briefe von Lie mit allerhand wertlosen Papieren verbrannt haben, was Lie ihm sehr verübelte. Mit großem Bedauern liest man im Vorwort des dritten Bandes der Transformationsgruppen die bittern Worte: „Ich bin kein Schüler von Klein. Das Umgekehrte ist auch nicht der Fall, wenn es auch der Wahrheit näher käme". Auch zwischen Lie und Engel trat mit der Zeit eine gewisse Entfremdung ein. Als ich in Leipzig bei Lie hörte, war diese schon so stark, daß beide sich nur selten sahen. Dabei war Engel wie Lie ein Pfarrerssohn. Man hätte zwischen ihnen ein besonders gutes Verhältnis erwarten sollen. Vielleicht war Engel enttäuscht, daß er so endlos lange außerplanmäßiger Extraordinarius blieb und daß schließlich nur durch eine edle Tat Adolph Mayers besser für ihn gesorgt wurde. Mayer war immer nur persönlicher Ordinarius gewesen und bezog als solcher 3000 M. im Jahre. Auf dieses Geld verzichtete er eines Tages, aber unter der Bedingung, daß es zur Besoldung Engels verwendet werden möchte, der bis dahin nur ein mageres Assistentengehalt bezogen hatte. Die sächsische Regierung ging auf dieses hochherzige Angebot Mayers ein.

Die Entfremdung zwischen Lie und Engel hatte vielleicht einen tieferen Grund. Ich sagte schon, daß Lie keine der großen Kultursprachen genügend beherrschte, um darin schreiben zu können. Er beherrschte aber auch die damals in der Mathematik übliche Darstellungsart nicht genügend, um seine Gedanken den Mathematikern verständlich zu machen. Man verlangte eine analytische Einkleidung auch bei Dingen, die man durch rein geometrische oder durch allgemein begriffliche Betrachtungen gewonnen hatte, wie es bei Lie der gewöhnliche Weg war. Wie oft kam in seinen, stets in gebrochenem Deutsch gehaltenen Vorlesungen die Redewendung vor: „Räsonieren wir mit den Begriffen!" Wie oft trat eine Figur an die Stelle eines analytischen Beweises! Engel, der bei der Ausarbeitung des dreibändigen Werkes Lies Dolmetscher nicht nur in sprachlicher, sondern auch in mathematischer Hinsicht war, hatte außer in Leipzig auch in Berlin bei Weierstraß studiert. Er wußte genau, daß man beim Aufbau der neuen Theorie ein funktionentheoretisches Fundament nicht entbehren konnte, wenn man für die neuen Ideen Verständnis finden wollte. Man mußte sich auf analytische Gruppen beschränken, hatte dann zunächst mit Potenzreihen zu arbeiten und konnte im übrigen froh sein, daß es die analytische Fortsetzung gab, um aus der Enge der Konvergenzbereiche herauszukommen. Einem Lie, der kein Funktionentheoretiker war und es auch nicht sein wollte, mußte dieses Marschieren auf Weierstraßschen Stelzen äußerst unsympathisch sein. Als man ihn in späteren Jahren einmal fragte, weshalb er in den grundlegenden Kapiteln des ersten Bandes alles so sehr funktionentheoretisch zugeschnitten habe, erwiderte er lachend: „Ich wollte den Berlinern zeigen, daß auch ich langweilig schreiben kann." Wenn er in seinen Seminarübungen irgend etwas von seinen eigenen Publikationen brauchte, ließ er sich nie das dreibändige Buch reichen, sondern die Publikationen in den mathematischen Annalen. Da hieß es dann in seinem netten unbeholfenen Deutsch: „Der Kowalewski, geben Sie mich Annalen Band 25!" Sein eigenes großes Buch war ihm tatsächlich innerlich fremd. Von hier aus kann man es vielleicht verstehen, daß die Abneigung gegen das Buch sich auf den Mitarbeiter übertrug, dem er doch so sehr zu Dank verpflichtet war. Und wie viele schöne und bedeutende Beiträge zur Lieschen Gruppentheorie hat Engel uns gegeben! Er war ein Mathematiker von großem Format. Ich kann es nicht ganz billigen, wenn man im Gießener Gedenkband für Friedrich Engel sagt: „Engel war gewiß keines von den seltenen Genies unserer Wissenschaft." Ich schätze ihn, und, wie ich glaube, mit Recht, doch wesentlich höher ein. Mein Nachruf auf Engel, den ich in einer Sitzung der Leipziger Akademie halten sollte, ist vorläufig aufgeschoben worden, wird aber hoffentlich einmal nachgeholt werden können.

Lie trug in Leipzig hauptsächlich über seine eigenen Theorien vor. Nur selten entschloß er sich, ein großes allgemeines Kolleg andern Inhalts zu halten, z. B. über Differential und Integralrechnung oder analytische Geometrie. Aber er machte es nicht gern und auch keineswegs originell.

Ich hörte nur seine Vorlesungen über die eigenen Theorien. Sehr bald hatte er mich so gern, daß ich ihn nach den Vorlesungen, die gewöhnlich bis elf oder zwölf Uhr vormittags dauerten, in das bekannte Zeitungscafé „Merkur" begleiten mußte. Dort vertiefte er sich in die norwegischen Zeitungen. Der alte Zahlkellner Fritz, der sehr viele Professoren gut kannte, pflegte ihn an den Aufbruch zu erinnern, wenn es ungefähr ein Uhr war. Lie hatte in Leipzig eine sehr ungünstige Wohnung, in die wenig Sonne kam. Darunter hat er schwer gelitten. Sein Ideal war es, in Christiania (jetzt Oslo) zu wohnen mit einem schönen Ausblick auf den Fjord. Unter den Leipziger Professoren gab es nur ganz wenige, mit denen er wirklich befreundet war. Zu diesen gehörte der aus Kopenhagen berufene Theologe Buhl, mit dem er auch kleine Spaziergänge machte.

In seiner äußeren Erscheinung war Lie sehr vernachlässigt. Er trug einen überaus abgenutzten Hut. Einmal wurde auf Drängen der Familie ein neuer Hut gekauft und der alte sorgfältig versteckt. Zum Staunen der Hörer erschien Lie im Kolleg in einem ganz neuen Hut. Es war nämlich so, daß er im Auditorium den Hut aufbehielt, weil er unter einem Kältegefühl am Kopfe litt und von seinem einst so üppigen Haarwuchs nur wenig übriggeblieben war. Eines Tages hatte er plötzlich seinen alten Hut wieder auf! Die Hörer lächelten unwillkürlich, und auch er konnte ein Lächeln der Befriedigung nicht unterdrücken. Offenbar hatte er zu Hause so lange nach dem alten Hut gesucht, bis er ihn glücklich wiederfand, und den neuen an dessen Platz gelegt. Irgendwie war ihm der neue Hut unbequem gewesen. Er war vielleicht nicht so weich wie der alte.

Eine Krawatte hatte Lie niemals an. Sein Vollbart bedeckte den Platz, den sie hätte einnehmen sollen. Auch die schönste Krawatte wäre da nicht zur Geltung gekommen. Gleich zu Beginn der Vorlesung entledigte sich Lie mit einem geschickten Griff des Kragens, wobei er zu sagen pflegte: „Ich liebe die Freiheit." Dann begann er seinen Vortrag mit den Worten: „Bitte, meine Herren, zeigen Sie mich Ihre Hefte, damit ich erinnere, was ich letzt Mal gemacht habe." Irgendeiner aus der vordersten Reihe sprang auf und hielt ihm das aufgeschlagene Kollegheft hin, worauf er mit befriedigtem Kopfnicken sagte: „So, jetzt erinnere ich." Bei schwierigeren Problemen, besonders in seinen tiefgründigen Integrationstheorien, kam es vor, daß der große Meister, der selbstverständlich ohne jede Vorbereitung sprach, in irgendeine Schwierigkeit geriet, sich, wie man zu sagen pflegt, verhaspelte. Dann rief er einen von seiner Garde zu Hilfe. Da hieß es dann z. B.: „Der Kowalewski, kommen Sie zu mir und sagen Sie mich, was wir machen müssen!" Wir im Auditorium hatten in aller Ruhe den ganzen bisherigen Aufbau verfolgen können und waren imstande, den Meister mit ein paar Worten und Formeln wieder auf die richtige Bahn zu bringen. Nie kam es vor, daß wir ihm nicht helfen konnten. Andern großen Mathematikern ist es oft schlechter gegangen. Wer den berühmten Berliner Professor Lazarus Fuchs gehört hat, wird es vielleicht miterlebt haben, daß am Schluß einer langen analytischen Rechnung manchmal die Iden-

tität 0 = 0 herauskam. Fuchs merkte schon einige Zeit
vorher das Nahen dieser Katastrophe und wurde ganz
unruhig. Wenn sich dann schließlich alles forthob, sagte
er mit resigniertem Lächeln: „Nun, falsch ist es ja nicht.
Aber es hilft uns nicht weiter." Was bedeuten schon solche
Kleinigkeiten neben all dem Großen, das uns solche hervorragenden Männer gegeben haben! Man muß immer
bedenken, wie unendlich wertvoll es ist, von den Meistern
der Forschung in ihre Wissenschaft eingeführt zu werden,
anstatt von Leuten, die selbst nur Lehrlinge sind. Wie
dankbar müssen wir ihnen sein, daß sie sich überhaupt
zum Lehren hergeben! Was Lie betrifft, so lehrte er gern,
besonders, wenn es sich um die eigenen Theorien handelte.
Von Gauß wissen wir, daß er es auch dann nicht einmal
gern tat. Er hatte eine ganz ausgesprochene Abneigung
gegen das Unterrichten. Lie stand mit seinen Schülern,
unter denen es viele Amerikaner, aber auch Franzosen,
Russen, Serben und Griechen gab, in lebendigem Kontakt.
Er hatte die Gewohnheit, während des Vortrags Fragen an
uns zu richten. Dabei pflegte er jeden mit seinem Namen
anzureden. Der Name des Griechen Papazachariu, eines
Schülers von Kyparissos Stephanos, war ihm zu schwer.
Ihn nannte er immer bei seinem Vornamen Konstantin.
„Der Konstantin! Können Sie sagen, was ein vollständiges
System ist?" Lie nahm es nicht schwer, wenn der Gefragte
keine Antwort wußte, und wandte sich dann an einen
von der Elite. Zu dieser Elite gehörten neben mir die
amerikanischen Studenten Blichfeldt, Bouton, die Gebrüder
Arnold, van Etten-Westfall, der Russe Sintzow und mehrere
andere. Bei uns erlebte er nie, daß eine Frage unbeant-
wortet blieb. „Mit den Grundbegriffen meiner Theorie
müssen Sie exerzieren wie der Soldat mit dem Gewehr",
pflegte er den Studenten zu sagen.

Ich schreibe ein großes Buch: „Lie und seine mathematischen Schöpfungen." Darin versuche ich, das Lebenswerk meines großen Lehrers voll zu würdigen. Nach

und nach sind in Deutschland Lies Hauptschüler alle ins Grab gesunken. Ich bin der letzte Mohikaner und hoffe, daß es mir vergönnt sein wird, das geplante Buch noch zu Ende zu führen.

*

Hier will ich aus Lies Vorlesungen nur einige besonders eindrucksvolle Einzelheiten herausheben. Sehr gern sprach er über sein monumentales Integrationsproblem, das ihn eigentlich sein ganzes Leben hindurch beschäftigt hat. Wir haben es schon oben kurz erwähnt. Jacobi besaß bereits den Begriff des vollständigen Systems. Ein solches System besteht aus p Differentialgleichungen von der Form

$$\alpha_1(x_1, \ldots, x_n)\frac{\partial f}{\partial x_1} + \ldots + \alpha_n(x_1, \ldots, x_n)\frac{\partial f}{\partial x_n} = 0.$$

Die linke Seite einer solchen Gleichung wird gewöhnlich durch das Symbol $A f$ dargestellt, wobei A die Operation andeutet, die hier mit f vorgenommen wird (Multiplikation der Ableitungen $\frac{\partial f}{\partial x_1}, \ldots, \frac{\partial f}{\partial x_n}$ mit den Funktionen $a_1, \ldots, a_n$ und Summation dieser Produkte). Die p Gleichungen des vollständigen Systems kann man so schreiben:

$$A_1 f = 0, \ldots, A_p f = 0.$$

Jede Funktion, die diesen Gleichungen genügt, erfüllt auch die Gleichungen

$$A_r(A_s f) - A_s(A_r f) = 0,$$

wobei r und s irgend zwei Zahlen aus der Reihe $1, \ldots, p$ sind. Jacobi hatte bereits bemerkt, daß auf der linken Seite die mit den zweiten partiellen Ableitungen behafteten Glieder sich fortheben, daß also die linke Seite wieder von der Form $A f$ ist. Man nennt dieses $A f$ den Klammerausdruck aus $A_r f$ und $A_s f$ und schreibt dafür seit Jacobi $(A_r A_s)$. Jetzt sind wir soweit, kurz sagen zu können, wann $A_1 f = 0, \ldots, A_p f = 0$ ein vollständiges System ist. Das Kennzeichen hierfür liegt darin, daß alle $(A_r A_s)$ lineare Verbindungen von $A_1 f, \ldots, A_p f$ sind, sich also in der Form $\varphi_1(x_1, \ldots, x_n) A_1 f + \ldots + \varphi_p(x_1, \ldots, x_n) A_p f$ darstellen lassen. Die Gleichungen $A_1 f = 0, \ldots, A_p f = 0$ darf

man als unabhängig voraussetzen, das heißt, man darf
annehmen, daß kein $A_r f$ eine lineare Verbindung der
übrigen ist. Adolph Mayer kam nun auf die einfache Idee,
die Gleichungen des Systems nach p der Ableitungen
$\frac{\partial f}{\partial x_1}, \ldots, \frac{\partial f}{\partial x_n}$ aufzulösen, und erreichte dadurch eine
neue Schreibung $A_1^* f = 0, \ldots, A_p^* f = 0$, bei welcher
die einzelnen Klammerausdrücke $(A_r^* A_s^*)$ identisch verschwinden. Man hat ihm zu Ehren für solche Systeme die
Bezeichnung „Mayersche Systeme" eingeführt. Soviel über
den Begriff des vollständigen Systems, der schon bei Jacobi
auftritt und in noch viel stärkerem Maße bei Lie zur
Geltung kommt. Jacobi hatte bereits erkannt, daß ein
p-gliedriges vollständiges System mit n Veränderlichen
$x_1, \ldots, x_n$ genau $n-p$ unabhängige Lösungen $\varphi_1, \ldots, \varphi_{n-p}$
besitzt. Setzt man $\varphi_1 = c_1, \ldots, \varphi_{n-p} = c_{n-p}$, unter
$c_1, \ldots, c_{n-p}$ willkürliche Konstanten verstehend, so zerlegt sich der n-dimensionale Raum, in welchem $x_1, \ldots, x_n$
die cartesischen Koordinaten sind, in ∞^{n-p} p-dimensionale
Mannigfaltigkeiten, die Integralmannigfaltigkeiten des
vollständigen Systems. Das Integrationsproblem besteht bei
einem vollständigen System darin, diese Integralmannigfaltigkeiten zu bestimmen. Dieses Problem ist durch Lie
und Mayer in besonders eleganter Weise behandelt worden.
Erleichterungen treten dabei ein, wenn infinitesimale
Transformationen bekannt sind, die das vollständige System
in sich überführen. Mit der Ausnutzung solcher Transformationen hängt das große Liesche Integrationsproblem
zusammen, dem der unermüdliche Forscher so viel Gedankenarbeit gewidmet hat. Durch die infinitesimalen
Transformationen (Transformationen im Kleinen) kam Lie
zu einer Betrachtungsweise, die von ganz ähnlicher Art ist
wie die Leibniz-Newtonsche Infinitesimalmethode und auch
eine ebenso starke Wirkungskraft zeigt wie diese. Wenn
Lie uns Studenten erklären wollte, was unter einer infinitesimalen Transformation zum Beispiel im gewöhnlichen

Raume zu verstehen ist, so pflegte er zu sagen, daß bei einer solchen Transformation jeder Punkt x, y, z des Raumes eine infinitesimale Verschiebung erfährt, deren Komponenten $\delta x, \delta y, \delta z$ sich in der Form $\xi\,(x, y, z)\,\delta t, \eta\,(x, y, z)\,\delta t$, $\zeta\,(x, y, z)\,\delta t$ ausdrücken. Man kann sich denken, daß δt das Zeitelement ist und die infinitesimalen Verschiebungen der Raumpunkte innerhalb des Zeitintervalles δt erfolgen. Es ist gut, sich vorzustellen, daß die Raumpunkte die Teilchen einer kompressiblen Flüssigkeit sind, die sich in einem Strömungszustand befindet, wobei noch die Besonderheit besteht, daß an jeder Stelle des Raumes immer dieselbe Geschwindigkeit herrscht, von der das an diese Stelle jeweils gelangende Teilchen erfaßt wird. Lie nannte das eine stationäre Strömung. Die Hydrodynamiker brauchen dafür vielfach die Bezeichnung permanente Strömung. Eine glückliche Idee von weittragender Bedeutung war es, daß Lie die drei Gleichungen

$$\delta x = \xi\,\delta t,\ \ \delta y = \eta\,\delta t,\ \ \delta z = \zeta\,\delta t$$

in eine einzige zusammenfaßte. Er nahm eine „willkürliche Funktion" $f\,(x, y, z)$ zu Hilfe und betrachtete ihr infinitesimales Inkrement

$$\delta f = \frac{\partial f}{\partial x}\,\delta x + \frac{\partial f}{\partial y}\,\delta y + \frac{\partial f}{\partial z}\,\delta z = \left(\xi\,\frac{\partial f}{\partial x} + \eta\,\frac{\partial f}{\partial y} + \zeta\,\frac{\partial f}{\partial z}\right)\delta t.$$

Das Liesche Symbol der vorliegenden infinitesimalen Transformation ist $\xi\,\dfrac{\partial f}{\partial x} + \eta\,\dfrac{\partial f}{\partial y} + \zeta\,\dfrac{\partial f}{\partial z}$. Weiß man, daß es gleich $\dfrac{\delta f}{\delta t}$ ist, so kann man durch die Spezialisierungen $f = x$ oder $f = y$ oder $f = z$ sofort finden $\dfrac{\delta x}{\delta t} = \xi, \dfrac{\delta y}{\delta t} = \eta, \dfrac{\delta z}{\delta t} = \zeta$. Das Liesche Symbol $Xf = \xi\,\dfrac{\partial f}{\partial x} + \eta\,\dfrac{\partial f}{\partial y} + \zeta\,\dfrac{\partial f}{\partial z}$ kennzeichnet also mit aller Vollständigkeit die infinitesimale Transformation. Für $\dfrac{\partial f}{\partial x}, \dfrac{\partial f}{\partial y}, \dfrac{\partial f}{\partial z}$ brauchte Lie gewöhnlich die Bezeichnungen p, q, r und konnte dann einfach von der infinitesimalen Transformationen $\xi\,p + \eta\,q + \zeta\,r$ sprechen, wenn er sich nicht mit den Symbolen Xf oder Yf oder Zf usw. begnügen wollte.

Der Kalkül der infinitesimalen Transformationen war, wie schon gesagt, für Lie dasselbe wie für Leibniz der Differentialkalkül. Mit diesem einfachen Instrument hat er ganz erstaunliche Erfolge erzielt. Die Hauptsache war dabei, daß er immer an das anschauliche Korrelat einer infinitesimalen Transformation dachte. Sie war für ihn, wie schon erwähnt wurde, der δt-Abschnitt einer permanenten Strömung. Der Greifswalder Philosoph Johannes Rehmke, dem wir einen interessanten Neuaufbau der Psychologie, ja überhaupt der ganzen Philosophie verdanken (Philosophie des Bewußtseins), hat den δt-Abschnitt in dem Veränderungsablauf irgendeines Dinges als „Dingaugenblick" bezeichnet. Er wollte alle Kunstausdrücke deutsch formulieren. Unter Benutzung dieses Rehmkeschen Ausdrucks könnte man eine infinitesimale Transformation als „Strömungsaugenblick" bezeichnen. Ich erzählte Lie einmal von diesen Rehmkeschen Begriffen. Er erwiderte mit Recht, Rehmke hätte ebensogut sagen können „Dingdifferential". Aber Rehmke wollte eben alles deutsch benennen. Auch glaube ich immer, daß er doch mit seinen „Dingaugenblicken" und „Seelenaugenblicken" etwas anderes gemeint hat als δt-Abschnitte. Es waren nicht Differentiale, sondern Ableitungen, sozusagen Querschnitte durch den Ablauf des Geschehens. Auf alle Fälle hat er bei der Schöpfung dieser Begriffe mathematisch gedacht, ohne selbst Mathematiker zu sein, und das imponierte auch Lie.

Die amerikanischen Studenten, die gleichzeitig mit mir bei Lie hörten, waren von ihren Professoren ermahnt worden, besonders darauf zu achten, wie Lie sich die kontinuierliche Anwendung einer infinitesimalen Transformation Xf vorstellte. In der Tat spielt dieser Vorgang, den er auch die Erzeugung endlicher Transformationen durch infinitesimale nannte, in Lies Theorien eine große Rolle. Wenn man an die zu Xf gehörige Strömung denkt, so entsteht durch kontinuierliche Anwendung von Xf während der Zeit t_1 bis t_2 einfach ein endlicher Abschnitt, der $(t_1 \ldots t_2)$-Abschnitt dieser Strömung. Achtet man nur auf Anfangs- und Endlage der Flüssigkeitsteilchen, so hat man die von Xf im Zeitraum $t_1 \ldots t_2$ erzeugte endliche Transformation vor sich. Es handelt sich hier um einen Integrationsprozeß. Der Begriff einer von Xf erzeugten endlichen Transformation ist nicht komplizierter als der gewöhnliche Integralbegriff. Die von Xf im Laufe der Zeit erzeugten endlichen Transformationen bilden eine eingliedrige Gruppe. Die Strömungslinien der zu Xf gehörigen Strömung bezeichnet Lie als die Bahnkurven von Xf.

Wenn nun ein vollständiges System $A_1 f = 0$, ..., $A_p f = 0$ vorliegt, so sind seine Integralmannigfaltigkeiten Gewebe. Die Bahnkurven jeder infinitesimalen Transformation $\lambda_1(x_1, \ldots, x_n) A_1 f + \ldots + \lambda_p(x_1, \ldots, x_n) A_p f$ sind Webfäden in diesem Gewebe. Insbesondere gilt das von den Bahnkurven der infinitesimalen Transformationen $A_1 f, \ldots, A_p f$ selbst. Schoenflies, auch einer der großen modernen Mathematiker, hat einmal sehr treffend gesagt: „Lie hat uns in der Theorie der Differentialgleichungen sehen gelehrt."

Wir kommen nach diesen vorbereitenden Bemerkungen auf das große Liesche Integrationsproblem zurück. Wie erkennt man zunächst, ob eine infinitesimale Transformation Xf das vollständige System $A_1 f = 0$, ..., $A_p f = 0$ invariant läßt? Sind φ_1, ..., φ_{n-p} unabhängige Lösungen dieses Systems, so wird durch $\varphi_1 = c_1, \ldots, \varphi_{n-p} = c_{n-p}$ eine Integralmannigfaltigkeit des Systems bestimmt. Jede derartige Mannigfaltigkeit muß durch Xf wieder in eine solche übergeführt werden. Das wird dann und nur dann der Fall sein, wenn $X \varphi_1, \ldots, X \varphi_{n-p}$ Funktionen von $\varphi_1, \ldots, \varphi_{n-p}$ sind, das heißt Lösungen des vollständigen Systems. Dies wird durch die Gleichungen $A_r(X \varphi_s) = 0$ ausgedrückt. Da nun $A_r \varphi_s = 0$ ist, so kann man auch schreiben $A_r(X \varphi_s) - X(A_r \varphi_s) = 0$. Man ersieht hieraus, daß

$\varphi_1, \ldots, \varphi_{n-p}$ die Gleichung $(A_r X) = 0$ erfüllen. Daher wird $(A_r X)$ eine lineare Verbindung aus $A_1 f, \ldots, A_p f$ sein, also

$$(A_r X) = \omega_{r1} A_1 f + \ldots + \omega_{rp} A_p f.$$
$$(r = 1, \ldots, p)$$

Wenn $X f$ selbst eine lineare Verbindung von $A_1 f, \ldots, A_p f$ ist, so sind diese Bedingungen offenbar auch erfüllt. Solche $X f$ sind aber für die Integration des vollständigen Systems in keiner Weise förderlich. Daß sie keine Dienste leisten können, ist von vornherein zu erwarten, weil man sie ohne Mühe angeben kann. Sie sind dadurch gekennzeichnet, daß sie jede Integralmannigfaltigkeit in sich überführen. Sind doch ihre Bahnkurven als Webfäden in jeder solchen Mannigfaltigkeit enthalten.

Wenn man nun das vollständige System in der Mayer-schen Form

$$A_1{}^* f = \frac{\partial f}{\partial x_1} + \ldots = 0, \ldots, A_p{}^* f = \frac{\partial f}{\partial x_p} + \ldots = 0$$

schreibt und $\quad X f = \xi_1 \dfrac{\partial f}{\partial x_1} + \ldots + \xi_n \dfrac{\partial f}{\partial x_n} \quad$ ist, so wird gleichzeitig mit $X f$ auch

$$X^* f = X f - \xi_1 A_1 f - \ldots - \xi_p A_p f$$

das vollständige System invariant lassen. In $X^* f$ kommen offenbar keine Glieder mit $\dfrac{\partial f}{\partial x_1}, \ldots, \dfrac{\partial f}{\partial x_p}$ vor. Dasselbe gilt von $(A_r{}^* X^*)$. Da dieser Ausdruck sich andererseits linear auf $A_1{}^* f, \ldots, A_p{}^* f$ aufbauen soll, muß er also identisch verschwinden. Die Bedingungen für die Invarianz des Mayerschen Systems bei $X^* f$ nehmen also die einfache Gestalt an:

$$(A_1{}^* X^*) = 0, \ldots, (A_p{}^* X^*) = 0.$$

Wenn man zwei infinitesimale Transformationen hat, die das vollständige System $A_1 f = 0, \ldots, A_p f = 0$ invariant lassen, $X f$ und $Y f$, so kann man beide durch die reduzierten Transformationen $X^* f$, $Y^* f$ ersetzen. Es zeigt sich nun, daß gleichzeitig mit $X^* f$ und $Y^* f$ auch $(X^* Y^*)$ das vollständige System invariant läßt. Dies ergibt sich sofort mit Hilfe der Jacobischen Identität. einer bereits von Jacobi aufgestellten Beziehung zwischen drei infinitesimalen Transformationen Xf, Yf, Zf, die so lautet:

$$((XY)Z) + ((YZ)X) + ((ZX)Y) = 0.$$

Wendet man sie auf $A_r{}^*f$, X^*f, Y^*f an, so findet man, da $(A_r{}^*X^*)$ und $(A_r{}^*Y^*)$ identisch verschwinden, $((X^*Y^*)A_r{}^*) = 0$, womit die Behauptung bewiesen ist.

Wenn nun m infinitesimale Transformationen

$$X_\mu{}^*f = \xi_{\mu,\,p+1} \frac{\partial f}{\partial x_{p+1}} + \ldots + \xi_{\mu n} \frac{\partial f}{\partial x_n}$$

vorliegen, die das Mayersche System $A_1{}^*f = 0. \ldots, A_p{}^*f = 0$ invariant lassen, so könnte es sein, daß eine von ihnen eine lineare Verbindung der übrigen ist. Natürlich muß man ausschließen, daß diese lineare Verbindung lauter konstante Koeffizienten aufweist; denn cXf ist im wesentlichen dasselbe wie Xf, da es uns freisteht, das Zeitelement δt mit einem konstanten Faktor zu versehen. Außerdem ist es selbstverständlich, daß gleichzeitig mit Xf und Yf auch $Xf + Yf$ das vorliegende vollständige System invariant läßt. Nehmen wir nun an, daß X_m^*f eine lineare Verbindung von $X_1{}^*f$, ..., $X_k{}^*f$ ist, also

$$X_m^* f = \omega_1 X_1{}^*f + \ldots + \omega_k X_k{}^*f,$$

während $X_1{}^*f$, ..., $X_k{}^*f$ linear unabhängig sind. Dann werden die Faktoren ω_1, ..., ω_k nicht alle konstant sein. Da $(A_r{}^* X_1{}^*)$, ..., $(A_r{}^* X_m^*)$ alle verschwinden, so ergibt sich

$$A_r{}^* \omega_1 X_1{}^*f + \ldots + A_r{}^* \omega_k X_k{}^*f = 0,$$

also wegen der linearen Unabhängigkeit von $X_1{}^*f$, ..., $X_k{}^*f$

$$A_r{}^* \omega_1 = 0, \ldots, A_r{}^* \omega_k = 0.$$
$$(r = 1, \ldots, p).$$

Jedes nicht konstante ω gibt uns also eine Lösung des vollständigen Systems. Es kann sogar vorkommen, daß man auf diesem Wege alle Lösungen des vollständigen Systems erhält. Der Umstand, daß die infinitesimalen Transformationen $X_1{}^*f$, ..., X_m^*f das vollständige System invariant lassen, erspart uns in diesem optimalen Falle die ganze Integrationsarbeit. Wir wollen uns einmal den entgegengesetzten Fall denken, den Fall also, wo uns überhaupt keine Lösungen so mühelos ohne Integration in den Schoß fallen, und außerdem wollen wir auch noch annehmen, daß die Gewinnung neuer infinitesimaler Transformationen durch die Klammeroperation bereits voll ausgenutzt ist. Dann wird die Sachlage folgende sein: Wir haben die infinitesimalen Transformationen $X_1{}^*f$, ..., $X_k{}^*f$, die das vorliegende vollständige System invariant lassen. Keine von ihnen drückt sich linear mit funktionalen Faktoren durch die übrigen aus. Die Klammerausdrücke $(X_r{}^* X_s{}^*)$ sind lineare Verbindungen von $X_1{}^* f$, ..., $X_k{}^* f$ mit konstanten Koeffizienten:

$$(X_r{}^* X_s{}^*) = c_{rs1} X_1{}^* f + \ldots + c_{rsk} X_k{}^* f.$$

So kommt man von dem großen Lieschen Integrationsproblem, das in der Integration eines vollständigen Systems mit bekannten infinitesimalen Transformationen besteht, auf die Relationen des zweiten Fundamentalsatzes oder des Hauptsatzes der Lieschen Gruppentheorie. Die obigen Klammerrelationen sind nämlich kennzeichnend dafür, daß die k infinitesimalen Transformationen eine Gruppe erzeugen.

Was an dieser aus Lies Vorlesungen stammenden Darstellung im einzelnen noch fehlt, hat Engel in seinen wertvollen Anmerkungen zur großen Ausgabe der Lieschen Abhandlungen mit aller wünschenswerten Gründlichkeit nachgetragen. Lie selbst hat auch in seinen Abhandlungen niemals Präzisionsarbeit geleistet. Es muß da überall poliert und gefeilt werden, um die Darstellung einwandfrei zu machen. Dieser mühsamen Nachbesserungsarbeit hat sich Engel mit großer Selbstlosigkeit unterzogen, und sie ist ihm auch durchweg gelungen.

Die oben erwähnte von $X_1{}^*f$, ..., $X_k{}^*f$ erzeugte Gruppe „beherrscht" nun das Integrationsproblem in ähnlicher Weise, wie die Galoissche Gruppe das Auflösungsproblem einer algebraischen Gleichung. Ebenso wie bei Galois spielt bei Lie die Zusammensetzung der Gruppe eine ausschlaggebende Rolle. Lie hat aber seine Integrationstheorie ohne jedes Hinüberschielen zur Galoisschen Theorie aufgebaut. Er vermochte schon deshalb aus dem Galoisschen Vorbild keinen Nutzen zu ziehen, weil er sich, wie schon früher erwähnt wurde, nie dazu aufraffen konnte, Galois zu lesen. „Wie oft habe ich ihn an die Wand geworfen!", pflegte er resigniert zu sagen. Er ließ sich manchmal von mir erklären, was bei Galois die Resolvente bedeutet und wie man am einfachsten auf die Galoissche Gruppe kommt. Aber er war so sehr in seine eigenen Ideen eingesponnen, daß er solche fremden Dinge bald wieder vergaß und nach einiger Zeit nochmals darüber Auskunft verlangte. Algebraische Probleme waren für ihn etwas Fremdes, obwohl er doch ein Landsmann Abels war und mit Sylow Abels Werke neu herausgegeben hatte (1881). Ich will nicht unterlassen, noch ein Wort über den einfachsten Spezialfall des Lieschen Integrationsproblems zu sagen, wo es sich um die Integration einer Gleichung $A f = \alpha \frac{\partial f}{\partial x} + \beta \frac{\partial f}{\partial y} = 0$ handelt, die bei der infinitesimalen Transformation $X f = \xi \frac{\partial f}{\partial x} + \eta \frac{\partial f}{\partial y}$ invariant bleibt, $X f$ aber nicht von der Form $\lambda A f$ sein darf. Ist φ die Lösung von $A f = 0$, so wird $X \varphi = \omega(\varphi)$ sein. Es gelten also die Gleichungen

$$\alpha \frac{\partial \varphi}{\partial x} + \beta \frac{\partial \varphi}{\partial y} = 0,$$

$$\xi \frac{\partial \varphi}{\partial x} + \eta \frac{\partial \varphi}{\partial y} = \omega(\varphi),$$

wobei $\omega(\varphi) \neq 0$ sein muß, damit nicht $X f = \lambda A f$ wird. Aus obigen Gleichungen folgt

$$\frac{\partial \varphi}{\partial x} = \frac{-\beta \omega}{\alpha \eta - \beta \xi}, \quad \frac{\partial \varphi}{\partial y} = \frac{\alpha \omega}{\alpha \eta - \beta \xi},$$

mithin

$$\frac{d \varphi}{\omega(\varphi)} = \frac{\alpha \, d y - \beta \, d x}{\alpha \eta - \beta \xi}.$$

Die mit $A f = 0$ äquivalente gewöhnliche Differentialgleichung $\alpha \, d y - \beta \, d x = 0$ hat, wie man hieraus sieht, den

Eulerschen Multiplikator $1 : (a\eta - \beta\xi)$. Das ist Lies berühmtes Multiplikatortheorem, schon 1874 von ihm durch eine rein geometrische Betrachtung gefunden. Bei allen gewöhnlichen Differentialgleichungen erster Ordnung, die man durch besondere Kunstgriffe integriert hat, läßt sich manchmal schon aus dem mit der Differentialgleichung verknüpften Richtungsfeld eine infinitesimale Transformation erkennen, welche die Differentialgleichung in sich überführt, so daß Lies Multiplikatortheorem zur Geltung kommt. „Alle diese einzelnen Integrationen bringt mein kapitales Theorem unter einen Hut", pflegte er in seinen Vorlesungen zu sagen. Weniger einsichtsvolle Hörer verbreiteten das Gerücht, Lie hätte eine Methode, alle gewöhnlichen Differentialgleichungen erster Ordnung auf Quadraturen zu reduzieren. Ich hatte Mühe, Carl Neumann darüber aufzuklären, daß dieses von ihm als Marktschreierei betrachtete Gerücht sich in keiner Weise auf Lie stützen konnte und auf einem glatten Mißverständnis beruhte.

Eine hübsche Einzelheit, die im Zusammenhang mit Lies Multiplikatortheorem in seinen Vorlesungen zur Sprache kam, will ich hier erwähnen. $\xi p + \eta q$ ist eine konforme Transformation, wenn die Cauchyschen Relationen $\xi_x = \eta_y$, $\xi_y = -\eta_x$ erfüllt sind. Auf Grund dieser Relationen haben die beiden Differentialgleichungen

$$\eta\, dx - \xi\, dy = 0, \quad \xi\, dx + \eta\, dy = 0$$

den gemeinsamen Multiplikator $\dfrac{1}{\xi^2 + \eta^2}$. Es ist nämlich infolge jener Relationen

$$\left(\frac{\eta}{\xi^2 + \eta^2}\right)_y = -\left(\frac{\xi}{\xi^2 + \eta^2}\right)_x, \quad \left(\frac{\xi}{\xi^2 + \eta^2}\right)_y = \left(\frac{\eta}{\xi^2 + \eta^2}\right)_x.$$

Man kann nach dieser Feststellung setzen

$$\frac{\eta}{\xi^2 + \eta^2} = \varphi_x, \quad \frac{-\xi}{\xi^2 + \eta^2} = \varphi_y,$$

$$\frac{\xi}{\xi^2 + \eta^2} = \psi_x, \quad \frac{\eta}{\xi^2 + \eta^2} = \psi_y.$$

Wenn man auf $\xi p + \eta q$ die Transformation $\mathfrak{x} = \varphi$, $\mathfrak{y} = \psi$ anwendet, so wird

$$\xi p + \eta q = (\xi \varphi_x + \eta \varphi_y) \mathfrak{p} + (\xi \psi_x + \eta \psi_y) \mathfrak{q} = \mathfrak{q}.$$

Die Transformation $\mathfrak{x} = \varphi$, $\mathfrak{y} = \psi$, die auf Grund der Beziehungen $\varphi_x = \psi_y$, $\varphi_y = \psi_x$ eine konforme ist, führt, wie man sieht, die infinitesimale konforme Tranformation $\xi p + \eta q$ in die infinitesimale Translation q über. Innerhalb der Gruppe aller konformen Transformationen, die ein Beispiel einer unendlichen Gruppe bildet, sind demnach alle infinitesimalen Transformationen miteinander äquivalent. Den gemeinsamen Multiplikator, mit dem wir oben operierten, fand Lie durch seine geometrische Deutung des Eulerschen Multiplikators.

Wenn Lie von seiner Theorie der Translationsflächen sprach, so pflegte er zu sagen: „Diese Dinge drängen in Richtung auf Abels Theorem." Dieser Zusammenhang, dessen Auffindung eine mathematische Großtat ersten Ranges ist, hat Lie und auch seine Zuhörer geradezu mit Begeisterung erfüllt. Das Abelsche Theorem wurde hierdurch in ein ganz neues Licht gerückt und sozusagen im innersten Kern erfaßt.

*

Als Lie, wie schon erwähnt, mit seinem norwegischen Stipendium in Paris weilte, leider nicht so lange wie beabsichtigt, weil der deutsch-französische Krieg dazwischen kam, machte er eine ganz große mathematische Entdeckung. Er fand seine berühmte Berührungstransformation, die Geraden in Kugeln und daher Asymptotenlinien in Krümmungslinien verwandelt. Um zu erklären, was im Raume x, y, z eine Berührungstransformation ist, braucht man den Begriff des Flächenelements. Ein solches Flächenelement ist ein Elementarstückchen einer Fläche, das an einer Stelle x, y, z der Fläche $z = f(x, y)$ liegt. Setzt man mit Euler $\dfrac{\partial f}{\partial x} = p$, $\dfrac{\partial f}{\partial y} = q$, so daß die Gleichung der Tangentialebene $Z - z = p(X - x) + q(Y - y)$

lautet, so werden x, y, z, p, q als Koordinaten des Flächenelements betrachtet. Ein Flächenelement, so kann man
auch sagen, ist ein Punkt und eine Ebene in vereinigter
Lage. Man stellt sich am besten nur ein kleines Stückchen
der Ebene in der Umgebung des Punktes vor. So erhält
man eine kleine Schuppe, die Lie immer als das wahre
Abbild eines Flächenelements ansah. Wie die Haut eines
Fisches mit ihren Schuppen, so ist auch jede Fläche eine
Art Schuppenpanzer, und die Schuppen sind die Flächenelemente. Die Fläche kann zu einem äußerst dünnen
Schlauch oder zu einer Kugel von verschwindendem Radius
werden. Flächen, Kurven und Punkte sind, als Flächen-
elementgebilde betrachtet, vollkommen gleichartige Dinge.
Diese Auffassung bringt nebenbei bemerkt ganz neues
Licht in die Integrationstheorie der partiellen Differential-
gleichungen erster Ordnung.

Eine Berührungstransformation im Raume ist nun für
Lie nichts anderes als eine Transformation der ∞^5
Flächenelemente, bei der die besondere Beziehung, die
zwischen zwei unendlich benachbarten Flächenelementen
einer Fläche oder Kurve oder eines Punktes besteht,
erhalten bleibt. Diese Beziehung, von Lie vereinigte
Lage genannt, drückt sich in der Gleichung $dz - p\,dx$
$- q\,dy = 0$ aus und besagt, daß der Punkt des Flächenelements $x + dx$, $y + dy$, $z + dz$, $p + dp$, $q + dq$ in der
Ebene des Flächenelements x, y, z, p, q liegt. Die Berührungstransformationen sind demnach Tranformationen in
x, y, z, p, q, welche die Pfaffsche Gleichung $dz - p\,dx$
$- q\,dy \cdot 0$ invariant lassen. So ist also eine Transformation
der Flächenelemente

$$X = X\,(x, y, z, p, q), \quad Y = Y\,(x, y, z, p, q), \quad Z = Z\,(x, y, z, p, q),$$
$$P = P\,(x, y, z, p, q), \quad Q = Q\,(x, y, z, p, q)$$

eine Berührungstransformation, wenn sie die Bedingung

$$dZ - P\,dX - Q\,dY = \varrho\,(dz - p\,dx - q\,dy)$$

erfüllt, wobei ϱ eine Funktion von x, y, z, p, q ist. Wenn
auch die Berührungstransformationen schon bei Jacobi vor-

kommen, so doch nicht in der scharfen und klaren Lieschen Formulierung.

Als Elementvereine bezeichnet Lie solche Mannigfaltigkeiten von Flächenelementen, die der Pfaffschen Gleichung $dz - p\,dx - q\,dy = 0$ genügen. Die höchste Parameterzahl weisen diejenigen Elementvereine auf, die aus den ∞^2 Flächenelementen einer Fläche oder einer Kurve oder eines Punktes bestehen. Dann gibt es noch einparametrige Elementvereine, die auch als Streifen bezeichnet werden.

Eine Berührungstransformation verwandelt jeden Elementverein wieder in einen solchen. Zwei Elementvereine, die ein Element x, y, z, p, q gemein haben, sich also berühren, behalten diese Eigenschaft. Daher kommt der Name Berührungstransformation.

Lie war in der Lage, alle Berührungstransformationen hinzuschreiben. Dabei ergaben sich im dreidimensionalen Raume drei Möglichkeiten. Eliminiert man aus den fünf Transformationsgleichungen die vier Größen p, q, P, Q, so kommt man auf eine Gleichung

$$f(x, y, z, X, Y, Z) = 0,$$

die aequatio directrix (Richtgleichung). Es kann aber auch sein, daß sich zwei aequationes directrices

$$f(x, y, z, X, Y, Z) = 0, \quad g(x, y, z, X, Y, Z) = 0$$

ergeben oder sogar drei solche:

$$f(x, y, z, X, Y, Z) = 0, \; g(x, y, z, X, Y, Z) = 0, \; h(x, y, z, X, Y, Z) = 0.$$

Im *letzten* Falle lassen sich X, Y, Z durch x, y, z ausdrücken. Es liegt also eine Punkttransformation vor, bei der die Einwirkung auf die Flächenelemente in Betracht gezogen wird (Erweiterung auf die Flächenelemente). Im *ersten* Falle muß gefordert werden, daß die für Berührungstransformationen kennzeichnende Beziehung

$$dZ - P\,dX - Q\,dY - \varrho\,(dz - p\,dx - q\,dy) = 0$$

eine Folge von

$$f_x\,dx + f_y\,dy + f_z\,dz + f_X\,dX + f_Y\,dY + f_Z\,dZ = 0$$

ist. Die linken Seiten dürfen also nur um einen Faktor λ differieren. Dies führt zu folgenden Aussagen:

$$\varrho\, p = \lambda f_x,\ \varrho\, q = \lambda f_y,\ -\varrho = \lambda f_z,\ -P = \lambda f_X,\ -Q = \lambda f_Y,\ 1 = \lambda f_Z,$$

woraus man entnimmt

$$p = -\frac{f_x}{f_z},\ q = -\frac{f_y}{f_z},\ P = -\frac{f_X}{f_z},\ Q = -\frac{f_Y}{f_z}.$$

Diese vier Gleichungen bestimmen zusammen mit $f = 0$ die Berührungstransformation. Auch im *zweiten* der oben erwähnten drei Fälle läßt sich die Berührungstransformation aus den Richtgleichungen $f = 0$, $g = 0$ herauspräparieren. Hier muß der Ausdruck $dZ - P\,dX - Q\,dY - \varrho\,(dz - p\,dx - q\,dy)$ in der Form $\lambda\,df + \mu\,dg$ darstellbar sein, was zu folgenden Aussagen führt:

$$\varrho\, p = \lambda f_x + \mu g_x,\ \varrho\, q = \lambda f_y + \mu g_y,\ -\varrho = \lambda f_z + \mu g_z,$$
$$-P = \lambda f_X + \mu g_X,\ -Q = \lambda f_Y + \mu g_Y,\ 1 = \lambda f_Z + \mu g_Z,$$

woraus man entnimmt

$$p = -\frac{\nu f_x + g_x}{\nu f_z + g_z},\ q = -\frac{\nu f_y + g_y}{\nu f_z + g_z},$$
$$P = -\frac{\nu f_X + g_X}{\nu f_z + g_z},\ Q = -\frac{\nu f_Y + g_Y}{\nu f_z + g_z}$$

Durch Elimination von ν entstehen drei Relationen zwischen x, y, z, p, q, P, Q, die zusammen mit $f = 0$, $g = 0$ die Berührungstransformation bestimmen.

Der zweite Band des dreibändigen Lieschen Hauptwerks über Transformationsgruppen ist den Berührungstransformationen gewidmet. Später trat noch das schöne, unter Mitwirkung von Georg Scheffers bearbeitete Buch „Geometrie der Berührungstransformationen" hinzu, das einen sehr reichen Inhalt aufweist und die ungeheure Fruchtbarkeit der Lieschen Ideen äußerst eindrucksvoll hervortreten läßt. Scheffers besaß eine große pädagogische Begabung. Als ich in Leipzig studierte, war er leider nicht mehr dort. Ich habe ihn später einmal in Berlin besucht, wo er an der Technischen Hochschule die darstellende Geometrie vertrat. Er hat in diese sehr zur Erstarrung neigende Disziplin neues Leben hineingebracht, ähnlich wie der Wiener darstellende Geometer Emil Müller. Der darstellende Geometer sollte immer zugleich ein guter allgemeiner Geometer sein. Sonst kann er für die Zuhörer zu einer wahren Plage werden. Ein so großer Geometer wie Chasles, der in Paris als erster einen geometrischen Lehrstuhl (nicht für darstellende Geometrie) bekleidete, hat sich sehr abfällig über die darstellende Geometrie ausgesprochen. Im alten Österreich wurde mit der darstellenden Geometrie ein wahrer Kultus getrieben. Ich habe das alles miterlebt in meiner Prager Professorenzeit. Auf den höheren Schulen war die darstellende Geometrie ein wichtiges und sehr angesehenes Fach. Das beste Lehrbuch der darstellenden Geometrie (für höhere Schulen, aber auch für Hochschulen sehr zu empfehlen) ist in Prag geschrieben worden von einem Mittelschulprofessor namens Schwefel. Das wissen die wenigsten. Ich habe mich selbst überzeugt, daß es wirklich ein ganz ausgezeichnetes Buch ist, und habe es überall empfohlen.

Über die Liesche Berührungstransformation, die Geraden in Kugeln verwandelt, ist auch von anderer Seite mancherlei geschrieben worden. Zwei unendlich benachbarte vereinigt liegende Flächenelemente bilden eine wichtige Figur, die ich in meinen späteren Arbeiten als Streifenelement bezeichnet habe. Dieser Begriff ist auch für die Theorie der partiellen Differentialgleichungen von größter Bedeutung. Ein Streifenelement gehört einer Geraden an (aufgefaßt als Verein von ∞^2 Flächenelementen), wenn die Bedingung $dx\,dp + dy\,dq = 0$ erfüllt ist. Es gehört einer Kugel an, wenn der Bedingung

$$p\,q\,dx\,dp - (1 + p^2)\,dx\,dq + (1 + q^2)\,dy\,dp - p\,q\,dy\,dq = 0$$

Genüge geschieht. Diese Kugelbedingung ist ebenso wie die Geradenbedingung bilinear in dx, dy und dp, dq. Die Liesche Berührungstransformation muß die eine in die andere Bedingung überführen. Von dieser Seite bin ich an die Liesche Transformation herangegangen. Man kommt da in den Strudel eines großen Problems hinein, des Äquivalenzproblems quadratischer Differentialformen. Aber die Schwierigkeiten lassen sich bequem meistern.

Die Liesche Invariantentheorie, über die der große Meister sehr gern vortrug, machte einen starken Eindruck auf uns, besonders wenn es sich, wie bei der Flächenverbiegung, um eine unendliche Gruppe handelt. Der polnische Mathematiker Zorawski erwarb bei Lie seinen Doktorgrad mit einer Arbeit über Biegungsinvarianten, die in den Acta mathematica, dieser angesehenen schwedischen Zeitschrift, veröffentlicht wurde. Eine so wunderbare Sache wie das Theorema egregium von Gauß wird durch die Lieschen Methoden ebenfalls erfaßt. Diese Methoden leisten überall ganze Arbeit. Es kann ihnen nichts entgehen. Und besonders eindrucksvoll ist es, daß alle Invariantenbestimmungen durch Integration vollständiger Systeme geleistet werden. Dieses Universalinstrument kommt immer wieder zur Anwendung. Der schwäbische Mathematiker Maurer behandelte auch die *algebraische* Invariantentheorie mit Lieschen Methoden. Übrigens hat Maurer auch zur allgemeinen Lieschen Theorie wertvolle Beiträge geliefert und wurde innerhalb der Lieschen Schule stets hoch geachtet.

Die Lieschen Integrationstheorien haben in viele von den übrigen Mathematikern mit Zufallserfolgen behandelte Probleme eine überraschende Systematik hineingebracht. So konnte Lie, um nur ein großes Beispiel zu nennen, beim Dreikörperproblem den inneren Grund dafür angeben, daß sich über die schon bekannten Integrale hinaus trotz aller Bemühungen keine weiteren angeben lassen.

Die Lieschen Theorien führen auch auf große algebraische Probleme. Eine Liesche Transformationsgruppe mit r Parametern hat r infinitesimale Grundtransformationen $X_1 f, \ldots, X_r f$, aus denen sich jede infinitesimale Transformation der Gruppe linear, d. h. in der Form $e_1 X_1 f + \ldots + e_r X_r f$ aufbaut. Diese infinitesimalen Grundtransformationen erfüllen nach dem Lieschen Hauptsatz Klammerrelationen von der Form

$$(X_i X_k) = \sum_s c_{iks}\, X_s f \quad (i, k = 1, \ldots, r)$$

Die Konstanten c_{iks} kennzeichnen das, was Lie die *Zusammensetzung* der Gruppe nennt. Für alle Untergruppenfragen sind diese Zusammensetzungskonstanten von Bedeutung. Es gibt r^3 solcher Konstanten, da i, k, s von 1 bis r laufen. Da aber $(X_i X_k) = - (X_k X_i)$ ist, so bestehen zunächst die linearen Relationen $c_{iks} + c_{kis} = 0$. Insbesondere ist $c_{iis} = 0$. Man hat es hier als mit r schiefsymmetrischen Matrizen

$$\mathfrak{C}_s = \begin{pmatrix} c_{11s} \cdots c_{1rs} \\ \cdot \quad \cdot \quad \cdot \\ c_{r1s} \cdots c_{rrs} \end{pmatrix}$$

zu tun und kann die Klammerrelationen des Lieschen Hauptsatzes auch in Matrizenform so schreiben:

$$\begin{pmatrix} (X_1 X_1) \ldots (X_1 X_r) \\ \cdot \quad \cdot \quad \cdot \quad \cdot \\ (X_r X_1) \ldots (X_r X_r) \end{pmatrix} = \sum_s \mathfrak{C}_s\, X_s f.$$

Außer den linearen Relationen $c_{iks} + c_{kis} = 0$ gibt es zwischen den Zusammensetzungskonstanten noch gewisse quadratische Relationen. Für drei Symbole $X_i f$, $X_j f$, $X_k f$ gilt nämlich die Jacobische Identität

$$((X_i X_j)\, X_k) + ((X_j X_k)\, X_i) + ((X_k X_i)\, X_j) = 0.$$

Da nun die Relationen

$$(X_i X_j) = \sum_s c_{ijs}\, X_s f,\; (X_j X_k) = \sum_s c_{jks}\, X_s f,\; (X_k X_i) = \sum_s c_{kis}\, X_s f$$

bestehen, so ergibt die Jacobische Identität zunächst

$$\sum_s [c_{ijs}\, (X_s X_k) + c_{jks}\, (X_s X_i) + c_{kis}\, (X_s X_j)] = 0.$$

Hier kann man nun wieder einsetzen

$$(X_s X_k) = \sum_t c_{skt}\, X_t f,\; (X_s X_i) = \sum_t c_{sit}\, \overline{X_t f,\; (X_s X_j)} = \sum_t c_{sjt}\, X_t f.$$

Da der Gesamtkoeffizient jedes einzelnen $X_t f$ verschwinden muß, so kommt man schließlich auf folgende Relationen:

$$\sum_s (c_{ijs}\, c_{skt} + c_{jks}\, c_{sit} + c_{kis}\, c_{sjt}) = 0. \quad (t = 1, \ldots, r).$$

Diese quadratischen Relationen treten neben die linearen, die oben erwähnt wurden. Lie konnte zeigen, daß zu jedem System von r Konstanten, die diese linearen und quadratischen Relationen erfüllen, wirklich eine Transformationsgruppe gehört.

Für Lies Integrationstheorien ist es nun von besonderer Wichtigkeit, alle Zusammensetzungen zu kennen, die zu *einfachen* Transformationsgruppen gehören, d. h. zu solchen Gruppen, die keine invariante Untergruppe aufweisen. Dieses wichtige Problem, das mit außerordentlichen Schwierigkeiten behaftet ist, hat der berühmte Münstersche Mathematiker Killing ganz unabhängig von Lie gelöst. Seine Ergebnisse wurden, da die Herleitung in verschiedenen Punkten anfechtbar erschien, nachgeprüft durch Elie Cartan, der auch bei Lie, aber vor meiner Zeit, studiert hatte. Er griff das Problem in ganz neuer Weise an. Diese hochbedeutende Untersuchung bildet den Gegenstand seiner Thèse, mit der er in Paris den Doktorgrad erwarb. Cartan hat später unter den französischen Mathematikern ein immer größeres Ansehen gewonnen und ist jetzt zweifellos der größte lebende Mathematiker der Welt. Er war immer von der Wichtigkeit der Lieschen Theorien überzeugt und hat äußerst wertvolle Beiträge zu ihrem Ausbau geliefert. Seine größte Leistung auf diesem Gebiet ist wohl darin zu erblicken, daß es ihm gelang, den Begriff der Zusammensetzung auf unendliche Gruppen zu übertragen. Im Gegensatz zu den endlichen Gruppen, die mit einer endlichen Anzahl von Parametern behaftet sind, bieten die unendlichen Gruppen Mannigfaltigkeiten von Transformationen dar, die sich nicht mit Hilfe endlich vieler Parameter kennzeichnen lassen. Beispiele solcher Gruppen sehen wir in den konformen Transformationen der Ebene und den volumtreuen Transformationen irgendeines Raumes vor uns. Als Lie versuchte, seine Theorie der endlichen kontinuierlichen Gruppen im Gebiete der unendlichen Gruppen nachzubilden, geriet er, ganz abgesehen vom Zusammensetzungsbegriff, an den er vorläufig gar nicht heranging, in unerwartete Schwierigkeiten. Erst nach längeren vergeblichen Bemühungen kam ihm ein rettender Gedanke, nämlich die Beschränkung auf solche Gruppen, die sich durch Differentialgleichungen definieren lassen. Als er sich mit dieser Beschränkung abgefunden hatte, ging es wieder vorwärts, und er war z. B. in der Lage, für den Fall zweier Veränderlicher alle Typen unendlicher Gruppen zu bestimmen. Bei den endlichen Gruppen war das Problem der Gruppenbestimmung am Anfang auch noch recht schwierig gewesen. Ganze Berge von Papier türmten sich auf, als Lie die endlichen Gruppen der Ebene bestimmte. Seine Methoden wurden erst viel später so vervollkommnet, daß man nicht mehr so entsetzliche Rechnungen nötig hatte. Im Falle einer Veränderlichen fand er schon in den Siebzigerjahren das überraschende Resultat, daß es da nur drei Typen endlicher kontinuierlicher Gruppen gibt, deren infinitesimale Grundtransformationen so lauten:

$$\boxed{p}\ , \quad \boxed{p,\ x\,p}\ , \quad \boxed{p,\ x\,p,\ x^2\,p}\ .$$

Lie hatte die Gewohnheit, die Grundtransformationen in ein Rechteck einzuschließen. „Wir machen", pflegte er zu sagen, „für die Gruppe ein Haus". In endlicher Form lauten diese drei Gruppen so:

$$\boxed{x_1 = x + a}\ , \quad \boxed{x_1 = a\,x + b}\ , \quad \boxed{x_1 = \frac{a\,x + b}{c\,x + d}}\ .$$

Die erste ist die Translationsgruppe, die zweite die Affingruppe, die dritte die projektive Gruppe. Das sind also bis auf eine Variablenänderung die einzigen endlichen kontinuierlichen Gruppen im Eindimensionalen. Dieses überraschend einfache Ergebnis gab Lie den Mut, an die Bestimmung aller Gruppentypen in der Ebene und im Raume heranzugehen. In höheren Räumen hat er sich auf gewisse wichtige Klassen von Gruppen beschränkt. Sehr

am Herzen lag ihm das Problem, alle primitiven Gruppen
in n Veränderlichen zu ermitteln. Primitive Gruppen lassen
keine Zerlegung des Raumes in niedere Mannigfaltigkeiten
invariant, also kein m-gliedriges vollständiges System
$(1 \leqq m < n)$. In der Ebene bedeutet die Primitivität, daß
es keine invariante Kurvenschar $\varphi\ (x,\ y)\ =\ c$ gibt. Im
Raume ist bei einer primitiven Gruppe weder eine invariante Flächenschar $\varphi\ (x,\ y,\ z)\ =\ c$ noch eine invariante
Kurvenschar $\varphi\ (x,\ y,\ z)\ =\ c_1, \psi\ (x,\ y,\ z)\ =\ c_2$ vorhanden.
Lie fand in der Ebene nur drei Typen endlicher primi-
tiver Gruppen,

$$\boxed{p,\ q,\ xp,\ xq,\ yp,\ yq,\ x\ (xp+yq),\ y\ (xp+yq)}\,,$$

$$\boxed{p,\ q,\ xp,\ xq,\ yp,\ yq}\,, \quad \boxed{p,\ q,\ xp-yq,\ yp,\ xq}\,,$$

die projektive Gruppe, die allgemeine und die spezielle
Affingruppe. In drei Dimensionen ist die Anzahl der primitiven Gruppentypen schon etwas größer. In vier Dimensionen hat ein amerikanischer Schüler Lies, Mr. Page, die
primitiven Gruppen bestimmt. In fünf Dimensionen habe
ich das Problem erledigt, in sechs Dimensionen meine
spätere Bonner Schülerin Wanda Beutner, deren Arbeiten
in den Berichten der Wiener Akademie erschienen sind.
Weiter ist man bis jetzt nicht gegangen.

Bei der Ermittelung aller Typen einfacher endlicher
Gruppen handelt es sich zunächst um das algebraische
Problem, die Zusammensetzungstypen solcher Gruppen zu
bestimmen. Dieses ist, wie schon erwähnt wurde, von
Killing und Cartan vollständig gelöst worden, und für
jeden Zusammensetzungstypus hat Cartan auch die Gruppe
selbst angegeben, und zwar in möglichst wenig Veränderlichen. Jede solche Gruppe braucht einen Lebensraum mit
einer gewissen Mindestzahl von Dimensionen. In niederen
Räumen kann sie nicht existieren. Es ergeben sich da
hochinteressante Gruppen, von denen man vorher keinerlei
Ahnung hatte. Ich nenne als Beispiel die berühmte 14-

gliedrige einfache Gruppe in fünf Veränderlichen, die von
Engel zum erstenmal in analytischem Gewand den Mathematikern vorgestellt wurde, nachdem Killing zunächst nur
ihre Zusammensetzung angegeben hatte.

*

Gleichzeitig mit mir studierten, wie ich schon erwähnte,
zahlreiche Amerikaner bei Lie. Charles L. Bouton erhielt
einmal von Lie die Aufgabe, gewisse projektive Differentialinvarianten durch Integration der zugehörigen vollständigen Systeme zu bestimmen. Die Rechnungen waren
so umfangreich, daß Bouton mehrere große Bogen Papier
zusammenklebte und auf dieser Riesenfläche, die er über
den Fußboden seines Zimmers ausbreitete, seine Rechnungen in liegender Stellung durchführte. Er nahm mich
manchmal mit, damit ich sehen sollte, wie er das machte.
Als ich ihn bedauerte, sagte er: „Ach, es ist nicht so
schlimm. Ein Grubenarbeiter muß auch in liegender Stellung seine Arbeit machen." Die Ergebnisse Boutons sind
in kurzer Fassung im Bulletin der amerikanischen Mathe-
matikervereinigung erschienen. Man sieht es dem hübschen
Aufsatz nicht an, welche athletische Arbeit dahinter steckt.
Bei dieser Gelegenheit erinnerten wir uns beide an eine
Begebenheit, von der wir durch Wilhelm Ahrens gehört
hatten, der, ein etwas älterer Schüler von Lie, des öfteren
zum Besuch nach Leipzig kam. Gauß hatte als 19jähriger
Student die berühmte Entdeckung gemacht, daß man das
reguläre p-Eck mit Zirkel und Lineal konstruieren kann,
wenn die Primzahl p von der Form $2^{2^n} + 1$ ist. Für
$n = 0, 1, 2, 3, 4, \ldots$ erhält man die Werte $p = 3, 5, 17,$
$257, 65\,537, \ldots$ Dies sind auch wirklich Primzahlen. Fer-
mats Meinung, daß $2^{2^n} + 1$ stets eine Primzahl ist, wurde
schon durch Euler widerlegt, der feststellte, daß bereits
$2^{2^5} + 1$ keine Primzahl mehr ist. Doch das nebenbei.
Gauß hatte die Konstruktion des 17-Ecks vollkommen
durchgeführt. Später fand sich ein unerschrockener Rechner,

der nach den allgemeinen Angaben von Gauß die Konstruktion des 257-Ecks behandelte. Es war dazu viel Geduld und Ausdauer nötig. Das Manuskript dieser Arbeit hatte einen solchen Umfang, daß zum Transport ein Handwagen kaum hinreichte. Eines Tages erschien im Büro der Berliner Akademie ein älterer Herr und fragte, ob die Akademie Interesse für die Konstruktion des regulären 257-Ecks hätte und eventuell die Publikation einer hierauf bezüglichen Arbeit ermöglichen würde. „Haben Sie das Manuskript mitgebracht?" hieß es da. „Jawohl, wenn Sie wünschen, bringe ich es herauf. Ich habe es unten." Dann führte er den Frager ans Fenster und zeigte ihm den Handwagen mit dem großen Manuskriptballen. Natürlich war die Publikation undurchführbar. Wie hätte wohl der Manuskriptballen im Falle des 65 537-Ecks ausgesehen! Was wir Mathematiker ausführbar nennen, ist doch oft im Hinblick auf die engen Grenzen, die den menschlichen Kräften gezogen sind, eine reine Unmöglichkeit. So ist es häufig auch bei rein numerischen Rechnungen. Die moderne amerikanische Rechenmaschine Eniac, fast schon eine Art Denkmaschine, stellt einen kühnen Versuch dar, diese dem menschlichen Schaffen gesetzten Schranken zu durchbrechen.

Wilhelm Ahrens hatte schon damals den Plan, ein großes Buch über mathematische Spiele zu schreiben, und sammelte Material dazu. Charles L. Bouton war um dieselbe Zeit ebenfalls mit Problemen der Spielmathematik beschäftigt und hatte eine wunderbar elegante mathematische Theorie des Nimspiels entwickelt. Lange Jahre später habe ich in meinem Buch „Alte und neue mathematische Spiele" eine andere Theorie dieses hübschen Spiels entwickelt. Das Nimspiel kann mit kleinen Hölzchen oder Steinen oder irgendwelchen Spielmarken durchgeführt werden. In seiner einfachsten Form besteht das Spiel darin, daß drei Haufen aus den Spielsteinen gebildet werden. Die beiden Spieler treten abwechselnd in Aktion, und jedesmal darf von einem, aber nur von einem Haufen irgendeine Anzahl von Spiel-

steinen fortgenommen werden, eventuell auch der ganze
Haufen. Wer die letzten Spielsteine einheimst, so daß der
andere dem Nichts gegenübersteht, hat gewonnen. Bouton
schrieb die Steinzahl jedes Haufens in dyadischer Form auf
(Grundzahl 2 statt 10). Sind

$$a_1 a_2 \ldots a_n, \; b_1 b_2 \ldots b_n, \; c_1 c_2 \ldots c_n$$

diese dyadischen Schreibungen, also alle a, b, c Nullen oder
Einsen, so nannte er die drei Haufen ein gutes Trio. wenn
die Summen $a_\nu + b_\nu + c_\nu$ sämtlich gerade sind,
andernfalls ein schlechtes Trio. Es ist ziemlich leicht zu
sehen, daß ein gutes Trio durch Verringerung eines Haufens notwendig in ein schlechtes verwandelt wird. Dagegen
läßt sich ein schlechtes Trio durch passende Verringerung
eines Haufens stets in ein gutes verwandeln. Wenn nun
zuerst ein gutes Trio vorliegt und der Spieler A den
ersten Zug macht, so wird der Spieler B, von dem wir
annehmen, daß er Boutons Theorie kennt, in der Lage
sein, das entstandene schlechte Trio wieder in ein gutes
zu verwandeln. A wird, was er auch tun mag, ein schlechtes
Trio hinterlassen, das B wieder in ein gutes verwandeln
kann. So geht es fort, bis B schließlich das gute Trio 0,
0, 0 herstellt und damit zum Sieger geworden ist. Man
hat es hier, wie Bouton in seiner Publikation sagt (Annals
of Mathematics 1901), mit einem Spiel zu tun, das eine
vollständige mathematische Theorie zuläßt. Der wissende
Spieler muß, wenn zu Anfang ein gutes Trio vorliegt, dem
andern Spieler den Vortritt einräumen. Liegt ein schlechtes
Trio vor, so muß er irgendeinen Vorwand suchen, um
selbst den ersten Zug zu machen, und diesen so ausführen,
daß ein gutes Trio entsteht. Dann hat er den Sieg in
der Tasche. Es ist für den glatten Ablauf des Spiels notwendig, daß er die guten Trios auswendig weiß.

Wilhelm Ahrens trat später auch durch seine Bücher
„Scherz und Ernst in der Mathematik" und „Mathema-
tikeranekdoten" stark hervor. In den Lieschen Theorien
hat er sich besonders mit dem Ausbau der Analogie zwi-

schen kontinuierlichen Gruppen und Substitutionsgruppen beschäftigt, was für beide Gebiete wertvoll ist. Er hat leider kein hohes Alter erreicht. Sein Leben war erfüllt mit mancherlei selbstgeschaffenem Leid. Er war ein knorriger Mecklenburger, der nicht mit sich spaßen ließ. Ihering, der berühmte Jurist und Verfasser der populären Broschüre „Der Kampf ums Recht", hätte seine Freude an ihm gehabt. Aber glücklich sind solche Kämpfer nicht. Man kommt besser durchs Leben als unstarrer Körper, der hier und da irgendeinem äußeren Druck nachgibt. Ich habe meinem Freund Ahrens oft von Tolstois Lehrsatz „Du sollst dem Bösen nicht widerstehen" erzählt und von den Ratschlägen Christi: „Wenn dich jemand nötigt, eine Meile mit ihm zu gehen, so gehe zwei mit ihm. Wenn er dir den Mantel nimmt, so gib ihm auch den Rock. Schlägt er dich auf die linke Backe, so biete ihm sogleich auch die rechte dar." Das ist das genaue Gegenteil vom Kampf ums Recht, den uns Ihering predigt. Ahrens wirkte viele Jahre an einer technischen Mittelschule in Magdeburg. Diese wurde von der Stadt finanziert. Eines Tages ging sie aber in staatliche Regie über. Alle andern Lehrkräfte ließen sich diese Umstellung ohne weiteres gefallen und begrüßten sie sogar. Nur Ahrens bestand darauf, daß er als städtischer Beamter angestellt sei und Anspruch darauf habe, von der Stadt versorgt zu werden. Er wollte, da eine Verwendung als Lehrkraft an einer andern städtischen Schule nicht möglich war, von der Stadt aus ein Ruhegehalt haben. Als dieser Antrag abgelehnt wurde, verklagte er die Stadt. Der Prozeß, mit großer Hartnäckigkeit durch mehrere Instanzen geführt und von schlauen Rechtsberatern immer aufs neue vorwärts getrieben, verschlang sämtliche Ersparnisse des armen Kämpfers ums Recht und endete mit einer völligen Niederlage. Anstatt nun doch, wie ihm angeboten wurde, wieder an die verstaatlichte Schule zurückzukehren, lehnte er dies hartnäckig ab und wurde Privatgelehrter, der von seiner Feder lebte. Er ließ sich in Rostock nieder, schrieb viel für Zeitungen, machte z. B. sehr schöne Kongreßberichte und gab seine vielgelesenen Bücher heraus. Seine Kampfnatur und die mißtrauische Art des Mecklenburgers ließen ihn aber auch dann nicht zur Ruhe kommen. Er geriet in einen schweren Konflikt mit seinem Verleger B. G. Teubner. Wieder gab es einen großen Prozeß, der Geld kostete und doch nicht den gewünschten Erfolg brachte. Ein mir befreundeter Direktor aus dem Verlagshaus Walter de Gruyter, der als Sachverständiger bei diesem Prozeß mitgewirkt hatte, erzählte mir später des öftern davon und hatte mit Ahrens, der schließlich sogar noch den gekränkten Verleger um Verzeihung bitten mußte, aufrichtiges Mitleid. Im Leben des Einzelnen ist es wie im Leben der Völker. Das Kämpfen ist eine heroische Sache. Aber wie oft gibt es ein bitteres Ende! „Wer das Schwert nimmt, soll durch das Schwert umkommen." In diesem Heilandsspruch steckt eine tiefe Wahrheit.

Promotion in Leipzig

Vom Anfang meines Studiums an hatte ich die Absicht, einmal Privatdozent zu werden. Es gehört zu einem solchen Vorhaben eine gewisse Kühnheit. In damaliger Zeit gab es für Privatdozenten keinerlei staatliche Beihilfe. Daher konnten eigentlich nur Söhne aus reichen Familien die akademische Laufbahn einschlagen. Wer diesen Rückhalt nicht hatte, mußte sich durch ein Staatsexamen eine spätere Anstellung im Staatsdienst sichern. Ich hätte hierzu das Examen fürs höhere Lehramt machen müssen. Sophus Lie gab mir den Rat, dies nicht zu tun und nur auf den Doktorgrad hinzuarbeiten. Er erzählte mir von seinen Arbeiten über Grundlagen der Geometrie und ließ mich die betreffenden Abschnitte des dreibändigen Hauptwerks studieren, ebenso die einschlägigen Abhandlungen aus den Leipziger Akademieberichten. Schließlich kamen wir auf ein im Mittelpunkt dieser Betrachtungen stehendes Problem, das Lie selbst nur für den dreidimensionalen Raum gelöst hatte. Er wollte gern wissen, wie die Sachlage in höheren Räumen sein möge. Dies interessierte ihn auch im Zusammenhang mit seinen kritischen Einwänden gegen Helmholtz' Gedanken über Grundlagen der Geometrie. Ich sollte in vier und fünf Veränderlichen alle Transformationsgruppen bestimmen, bei denen zwei Punkte eine und im wesentlichen nur eine Invariante haben und die Invarianten von mehr als zwei Punkten sich durch Invarianten von Punktepaaren ausdrücken. Die euklidische und die nichteuklidischen Bewegungsgruppen haben diese Eigenschaft. Im dreidimensionalen Raume gibt es aber, wie Lie festgestellt hatte, eine stattliche Reihe anderer Gruppen, die sich ebenso verhalten, so daß also jene Eigenschaft keineswegs für die Bewegungsgruppen kennzeichnend ist.

Lies Vermutung, daß in den höheren Räumen die Zahl der Konkurrenzgruppen bedeutend geringer sein würde, hat sich durch meine Untersuchung vollkommen bestätigt. Es gelang mir, die Herleitung so zu vereinfachen, daß auch der Weg, den Lie im dreidimensionalen Raume eingeschlagen hatte, sich wesentlich abkürzte. Meine Ergebnisse hat Engel später in einer umfangreichen Abhandlung „Gruppentheorie und Grundlagen der Geometrie", die er im Jahre 1924 für die große russische Lobatscheffskij-Ausgabe beisteuerte, in ihrer Bedeutung gewürdigt. Während es im dreidimensionalen Raume nicht weniger als sieben Konkurrenzgruppen gibt, stellte ich fest, daß in vier und fünf Veränderlichen die Zahl der Konkurrenzgruppen auf zwei herabsinkt. Dies gilt auch, wie Lie sogleich vermutete, für alle höheren Räume, was sich mit den in meiner Doktorarbeit entwickelten Hilfsmitteln bestätigen ließ. Engel hat in der oben erwähnten Abhandlung, die man in dem Ullrich-Faberschen „Gedenkband für Friedrich Engel"

(Gießen, 1945) abgedruckt findet, noch den Gedanken durchgeführt, die Abstandsbedingung durch eine Winkelbedingung zu verstärken. Zwei durch einen Punkt hindurchgehende Linienelemente sollen eine und nur eine Invariante haben, und wenn eine Mehrzahl solcher Elemente betrachtet wird, so sollen ihre Invarianten sich durch die Invarianten von Linienelementpaaren ausdrücken. Nimmt man diese Winkelbedingung mit hinzu, so gibt es zu den Bewegungsgruppen nur noch eine Konkurrenzgruppe. Dies gilt übrigens auch im dreidimensionalen Raume. Man muß Engels Idee als eine sehr glückliche Vereinfachung begrüßen.

Beim mündlichen Doktorexamen mußte man damals in Leipzig drei Fächer haben und als Dr. phil. sogar noch Philosophie mit hinzunehmen. Reine und angewandte Mathematik zählten als zwei Fächer. Außerdem wurde ich noch in Physik geprüft. Meine Prüfer waren lauter berühmte Männer. In Philosophie prüfte mich der schon oben erwähnte Wilhelm Wundt. Er ging sehr rücksichtsvoll auf meine mathematische Einstellung ein und unterhielt sich mit mir vorwiegend über solche Philosophen, die wie Leibniz zugleich große Mathematiker waren. Auch besprach er Georg Cantors Mengenlehre, wobei mich seine Vertrautheit mit der Theorie der Ordnungszahlen geradezu in Staunen setzte. Von Bolzano war ebenfalls die Rede. Ich hatte einiges aus den Paradoxien des Unendlichen in guter Erinnerung. Wundt war mit dem Examen überaus zufrieden und sprach mir seine besondere Anerkennung aus. Ich war zwar als Studiengenosse meines Bruders tief in die Philosophie eingedrungen, aber doch in eine andere Philosophie als die Wilhelm Wundts. Über Kant hätte ich mich lieber befragen lassen als über Leibniz. Kant war uns Kowalewskis, nicht nur den beiden Brüdern, sondern auch dem Vater, das philosophische tägliche Brot und ist es auch immer geblieben. Mein Bruder mit seinem wunderbaren Gedächtnis galt später als Königsberger Professor für einen der besten Kenner Kants. Es besuchten ihn Philosophen aus aller Herren Ländern, um sich dieses oder jenes über Kant von ihm sagen zu lassen. Aus aller Welt erhielt er Anfragen.

In Physik prüfte mich der berühmte Gustav Wiedemann, weltbekannt durch sein großes Handbuch („Lehre von der Elektrizität"), an dem auch viele seiner Schüler mitarbeiteten. Er examinierte mich nicht nur in Experimentalphysik, sondern auch in theoretischer Physik. Ich erinnere mich noch lebhaft, wie eingehend er u. a. die Hauptsätze der Thermodynamik mit mir besprach. Ich konnte alles haarscharf erklären, weil ich die Clausiusschen Originalarbeiten studiert und auch ein schönes Buch von Carl Neumann über mechanische Wärmetheorie gelesen hatte. Die allgemeinen Prinzipien der Mechanik kamen ebenfalls an die Reihe. Ich stürzte mich sogleich auf das Hamiltonsche Prinzip und konnte darüber alles Erforderliche sagen. Die allgemeinen Bewegungsgleichungen von Lagrange boten mir neue Gelegenheit, meine vollkommene Sicherheit auf diesem Gebiet zu zeigen. Ich hatte ja die Mécanique analytique mit großer Andacht durchstudiert. Lächelnd sagte Wiedemann zum Schluß: „Nun wollen wir aber aufhören. Ich sehe, bei Ihnen ist nirgends ein Vakuum zu finden."

In Mathematik prüften mich Sophus Lie und Adolph Mayer. Lie galt bei dieser Prüfung, da er die Professur für Geometrie bekleidete, als der angewandte Mathematiker. Mayer fragte sehr tiefgreifend. Wir kamen auf Jacobis Theorem vom letzten Multiplikator, besprachen allgemein Jacobis Verdienste um die Theorie der partiellen Differentialgleichungen und die Variationsrechnung. Das Pfaffsche Problem wurde erörtert, zu dessen Behandlung Jacobi ebenfalls einen bedeutenden Beitrag geliefert hat. Ich mußte erklären, was ein Pfaffsches Aggregat ist, welche Eigenschaften es mit einer Determinante gemein hat. Dann folgten Fragen über Funktionaldeterminanten und deren geometrische Deutung. Interessant war es, daß Mayer sogar auf die Weierstraßsche Funktionentheorie und seine Behandlung der elliptischen Funktionen zu sprechen kam und mir Gelegenheit gab, von σu, ζu, $p u$ zu erzählen und über Vorteile und Nachteile im Vergleich zur Jacobischen Theorie zu sprechen. „Haben Sie einmal Jacobis ‚Fundamenta nova' in der Hand gehabt?" Bei dieser Frage machte Mayer ein etwas ungläubiges Gesicht. Ich sagte nun, ich wäre immer ein guter Lateiner gewesen und hätte deshalb die Fundamenta nova sehr gern gelesen. Man merkte es Adolph Mayer an, wie gern er über Jacobi sprach und sprechen hörte.

Sophus Lie erklärte mir gleich zu Anfang der Prüfung, er wäre so genau über meine Kenntnisse orientiert, daß er mich eigentlich gar nicht zu fragen brauchte. Es müßte aber der Form wegen doch geschehen. Er ließ sich dann von Dingen erzählen, die ganz außerhalb seiner Theorien lagen, z. B. von den verschiedenen Konvergenzkriterien für unendliche Reihen und Produkte, von Bertrands Folge immer schärfer werdender Kriterien, wobei es dann aber doch Reihen gibt, bei denen alle diese Kriterien versagen. Dann kamen wir auf die uneigentlichen Integrale, auf die Cauchyschen Hauptwerte, denen Lie (wie alle andern Mathematiker) keine besondere Bedeutung beimaß. Um auch das Kerngebiet der angewandten Mathematik zu berühren, wurde von Interpolation und mechanischer Quadratur gesprochen. Ich mußte das Prinzip des Amslerschen Planimeters darlegen. Auch gab mir Lie Gelegenheit, die Methode der kleinsten Quadrate auseinanderzusetzen, die von Legendre und Gauß begründet wurde. Man hat Gauß vorgeworfen, die Priorität Legendres nicht beachtet zu haben. Gauß wußte, wie er seinen Freunden erklärte, daß der Göttinger Astronom Tobias Mayer schon 1748 in einer Abhandlung über die Rotation des Mondes Gleichungssysteme ungefähr, wenn auch nicht ganz, im Sinne dieser Methode behandelt hatte. Früher war das Verfahren so gewesen, daß man nach Belieben unter den vorliegenden Gleichungen so viele, wie man brauchte, auswählte und die überzähligen fortließ. Tobias Mayer, ein überaus imponierender Mann, der sich als Autodidakt zuerst zum Kartographen, dann zum Professor emporgearbeitet hatte, stellte als einer der ersten ein Prinzip zur rationellen Verwertung überzähliger Gleichungen auf. Von da aus war dann der Weg zur Methode der kleinsten Quadrate nicht mehr weit. So konnte also Gauß mit gutem Recht behaupten, daß Legendre ebenfalls Prioritäten übersehen hatte. Als ich Lie von diesem Sachverhalt erzählte, war er sehr interessiert und kam bei späteren Gesprächen wiederholt darauf zurück.

Ich hatte nun das Doktorexamen hinter mir. In meinem Diplom hieß es: ... tradita dissertatione egregia quae inscribitur „Über eine Kategorie von Transformationsgruppen einer vierdimensionalen Mannigfaltigkeit" et examine summa cum laude superato. Dekan war damals der große Chemiker Wilhelm Ostwald, Prokonzellar (d. h. mit der Durchführung der math.-nat. Doktorprüfungen betraut) der Mineraloge Ferdinand Zirkel. Die philosophische Fakultät war noch ungeteilt. Als Rektor fungierte der klassische Philologe Kurt Wachsmuth. Das Diplom trägt als Datum den 20. Juni 1898. Ich war damals 22 Jahre alt.

Lie übergab mir später einen Brief, der folgenden Wortlaut hatte:

Dr. Gerhard Kowalewski hat in drei Semestern mit größtem Eifer und Erfolg meine Theorien unter meiner Leitung studiert. Er hat ferner den Doktorgrad mit den besten, Noten (I, I) hier in Leipzig genommen. Unter meinen deutschen Schülern steht er in, erster Linie. Unter meinen direkten deutschen Schülern sind die Professoren Engel und Scheffers und Dr. Ahrens die einzigen, deren mathematische Begabung auf derselben Höhe wie Kowalewskis stehen dürfte.

*Ich interessiere mich daher lebhaft für Herrn Kowalewski
und wünsche aufrichtig, daß es ihm gelingt, sich bald an
einer größeren Universität zu habilitieren.*

Professor Sophus Lie.

Leipzig, 1. August 1898.

Ungefähr gleichzeitig mit mir machten einige meiner
amerikanischen Freunde und Studiengenossen „ihren Grad",
wie sie es nannten. Charles L. Bouton hatte eine schöne
Arbeit über Invarianten linearer Differentialgleichungen
geschrieben. Seine Aufgabe bestand darin, die Ergebnisse
von Cockle mit Lies Methoden herzuleiten und zu vervoll-
ständigen. Dann promovierten auch Rohtrock, der bereits
Professor an der Universität des Staates Indiana war, und
van Etten-Westfall. Blichfeldt, zweifellos der begabteste
unter allen meinen Freunden, ging ohne Grad wieder nach
Amerika zurück. Er ist später ein berühmter Professor an
der Stanford-University in Kalifornien geworden und durch
bedeutende Arbeiten stark hervorgetreten, weilt aber jetzt
nicht mehr unter den Lebenden. Sein Vater war aus Dänemark ausgewandert und hatte sich in dem gesegneten
Kalifornien als Gärtner betätigt. Auch der junge Blichfeldt
hatte in seiner Jugend in der Gärtnerei gearbeitet. In
seinem Wesen lag eine stark ausgeprägte Sanftheit, wie
man sie bei allen Leuten beobachtet, die mit Pflanzen zu
tun haben. Da mein Großvater väterlicherseits auch Gärtner
war, gab es zwischen uns von vornherein eine Verbindung.
Wir verstanden uns sehr gut. Auch daß meine Vorfahren
mütterlicherseits Bauern waren und aus Schweden her-
stammten, gefiel Blichfeldt sehr und machte mich ihm
sympathisch. So wie Blichfeldt damals war, muß man sich
den jungen Gauß vorstellen. Ich kam mir, wenn wir zusammen spazieren gingen und Blichfeldt dabei nur wenig
sprach, so vor wie Bolyai. Blichfeldt war eine gewinnende
Erscheinung mit edlen Gesichtszügen. Lie sagte einmal:
„Heute gehe ich mit Buhl spazieren. Sie haben ja auch

Ihren Dänen." Während Lie sehr lebhaft war und viel
sprach, war Professor Buhl, der schon einmal erwähnte
Theologe, ernst und schweigsam.

Meine Doktorarbeit erschien in den Leipziger Akademieberichten, die damals bei B. G. Teubner gedruckt wurden.
Ich hatte, abgesehen von der Ehre, daß meine Arbeit der
Akademie vorgelegt wurde, noch den Vorteil, mit geringen
Kosten davonzukommen. Es brauchte nur das Papier für
die abzuliefernden Dissertationsexemplare bezahlt zu werden, wobei mir noch die Firma B. G. Teubner, besonders
der Prokurist Quelle, größtes Entgegenkommen zeigte.
Sekretär der math.-phys. Klasse der Akademie war damals
der berühmte Chemiker Wislicenus. Die Leipziger Akademie ist eine Gründung von Leibniz, ihr größtes Fest
alljährlich der Leibniztag.

Ich blieb zunächst in Leipzig und hörte weiter bei Lie
und Engel. Lie benutzte mich zu vielerlei kleinen Dienst-
leistungen. Doktoranden, die ihn zu sehr mit Fragen be-
stürmten und die ganze Doktorarbeit aus ihm herausholen
wollten, verwies er an mich. Auch wenn ein ausländischer
Gelehrter nach Leipzig kam, um den großen Meister zu
sprechen, gab Lie mir den Auftrag, mit ihm Spaziergänge
zu machen und ihm dieses und jenes zu zeigen. So lernte
ich eine Menge interessanter Persönlichkeiten kennen, zum
Beispiel den schwedischen Mathematiker Wiman, der später
ein berühmter Professor an der großen Universität Uppsala
wurde, Schwedens Hauptuniversität. Wiman hatte schon
damals wichtige Beiträge zur algebraischen Gruppentheorie
geliefert. Ihn interessierten besonders die in den Lieschen
Theorien auftretenden algebraischen Probleme. Wiman
gehörte zu den schweigsamen Schweden. Es gibt auch
Schweden mit sehr lebhaftem Temperament, die wie Franzosen wirken. Aber auch in Frankreich sind ja große Land-
striche mit schweigsamen Leuten bevölkert. In jedem Land
wird es wohl diese beiden Klassen geben, die Schweigsamen

und die Redelustigen. Ja sogar in einer und derselben
Familie trifft man beide Arten an. Mein Bruder zum Beispiel gehörte entschieden zu den Schweigsamen, ich wieder
rechne mich zu den Redelustigen, obwohl ich innerlich sehr
ernst bin.

Lies Krankheit und Rückkehr in die Heimat

Lie fühlte sich damals, als ich bei ihm studierte und den
Doktor machte, niemals ganz wohl. Er litt an zerebraler
Anämie, hatte oft schlaflose Nächte, Schmerzen und Kältegefühl im Kopf. Sein Gesicht sah manchmal ganz gelb aus.
Die Stimmung war sehr deprimiert. Um diese Zeit trat
die norwegische Regierung an ihn mit einem glänzenden
und sehr ehrenvollen Angebot heran. Es sollte ihm in
Christiania eine Professur für Transformationsgruppen-
theorie errichtet werden, so daß er also nur über seine
eigenen Theorien zu lesen brauchte. Dieser Ruf war ihm
sehr willkommen. In seinem leidenden Zustand hatte er
große Sehnsucht nach der nordischen Heimat. Er ahnte
wohl nicht, daß sein Leben sich dem Ende näherte. Oder
hatte er doch irgendein Vorgefühl davon und sehnte sich
deshalb so sehr nach der Heimat? Man beobachtet es ja so
oft bei Kranken, daß sie plötzlich nach Hause wollen, und
die Ärzte wissen dann, wie es um sie steht.

Ich habe damals fast täglich mit Lie gesprochen. Mir
sagte er immer, es wäre noch nicht sicher, daß er nach
Christiania ginge. Er wußte, wie sehr ich seinen Weggang
bedauern würde. Die Fakultät machte große Anstrengungen, ihn in Leipzig zu halten. Der sächsische Kultusminister, Dr. von Seydewitz, kam persönlich nach Leipzig
und suchte Lie zum Verbleiben zu bewegen. Man stellte
ihm äußerst günstige Bedingungen. Schließlich entschied
er sich nach langem Schwanken doch für die Heimat. In

rührender Weise nahm er von mir Abschied und sagte, er
würde immer seine Hand über mir halten. Auch habe er
mit Adolph Mayer wegen meiner Habilitation alles Nötige
besprochen.

In seinen letzten Leipziger Jahren beschäftigte sich Lie mit
Integralinvarianten. Poincaré hatte seit längerer Zeit mit
diesem Begriff operiert und wurde von vielen als dessen
erster Urheber betrachtet. Für Lie waren die Integralinvarianten aber wirklich nichts Neues. Sobald man nämlich
von einer Integralinvariante nur den Elementarbestandteil
betrachtet, hat man eine Differentialinvariante vor sich.
So ist für die Bewegungsgruppe der Ebene $\int \sqrt{1 + y'^2}\, dx$
eine Integralinvariante und $\sqrt{1 + y'^2}\, dx$ eine Differentialinvariante. Lie hatte nämlich schon immer nicht nur Differentialinvarianten betrachtet, die sich neben x, y aus Ableitungen
aufbauen, wie im Falle der Bewegungsgruppe $(1 + y'^2)^{-\frac{3}{2}} y''$,
sondern auch solche, in denen neben den Ableitungen dx
mit vorkommt. Auch $dx\, \delta y - dy\, \delta x$ war für ihn eine
Differentialinvariante der Bewegungsgruppe. Alle diese
Invarianten konnte er durch Integration vollständiger
Systeme bei jeder Gruppe bestimmen. Er brauchte nur die
infinitesimalen Transformationen der Gruppe in geeigneter
Weise zu erweitern. Bei Gruppen in höheren Räumen ist
die Mannigfaltigkeit der invarianten Gebilde größer als
in der Ebene. Bei einer räumlichen Transformationsgruppe
gibt es zum Beispiel außer Invarianten, die sich auf Kurven beziehen, auch solche, die sich an Flächen anschließen,
und schließlich noch solche, die sozusagen dreidimensional
sind, wie im Falle der Bewegungsgruppe das Volumelement.
Es macht keinen Unterschied, ob neben Ableitungen noch
Differentiale auftreten. Integralinvarianten sind, wenn man
sich auf die Betrachtung des Elementarbestandteils beschränkt, eben nichts anderes als Differentialinvarianten.
Deshalb kam in Lies Arbeiten der Ausdruck Integralinvariante bisher nicht vor. Erst als man überall von

Poincarés neuer wichtiger Begriffsbildung zu sprechen begann, brauchte auch Lie das Wort Integralinvariante. Er schrieb aber, um zu zeigen, daß diese Gebilde ihm nichts Neues waren, in den Leipziger Akademieberichten den kurzen Aufsatz „Die Theorie der Integralinvarianten ist nur ein Corollar der Theorie der Differentialinvarianten". Lie hat sich dann in mehreren nachgelassenen Arbeiten, von denen ein Teil in dankenswerter Weise durch Stoermer veröffentlicht worden ist, sehr eingehend mit Integralinvarianten und ihrer Verwertung für verschiedene Zwecke befaßt. Sicher wäre ihm auf diesem Gebiet noch viel Großes und Schönes gelungen, wenn der Tod ihm nicht die Feder aus der Hand gerissen hätte. Man muß anläßlich so brutaler Eingriffe des Schicksals in unsere menschlichen Unternehmungen an den wehmütigen Ausspruch von Leibniz denken, der sich in einem seiner Briefe aus dem Jahre 1696 findet (20 Jahre vor seinem Tode): „Aber der Tod kümmert sich nicht um unsere Entwürfe noch um den Fortschritt der Wissenschaften."

Wenige Jahre später haben amerikanische Ärzte ein wunderbares Heilverfahren gegen zerebrale Anämie erfunden, die bekannte Leberdiät. Als Hilbert von der tückischen Krankheit befallen wurde, konnte man ihn dadurch retten. Außerdem half man ihm auch durch eine Bluttransfusion, wobei Professor Courant sich als Blutspender zur Verfügung stellte.

Die norwegische Regierung gewährte Sophus Lie, der seinem Vaterland so viel Ehre gemacht hatte, ein Staatsbegräbnis. Ein schönes Denkmal ist ihm durch die Herausgabe seiner gesammelten Abhandlungen gesetzt worden, die Engel und Heegaard bearbeitet haben. Engel hat durch umfangreiche Anmerkungen dafür gesorgt, daß dem Leser der Inhalt der Lieschen Arbeiten voll erschlossen wird. Jede Dunkelheit ist durch ihn geklärt worden, was in vielen Fällen schwerste Arbeit erforderte. Noch nie hat man die Werke eines großen Mathematikers in so vollkommener

Weise herausgegeben. Es war gut, daß Engel diese gewaltige Aufgabe ganz allein erledigte, obwohl zum Beispiel Scheffers sicher wertvolle Hilfe hätte leisten können. Dadurch ist in die Ausgabe eine klare und einheitliche Linie hineingekommen. Es war Engel vergönnt, die große Arbeit, die ihn über zwanzig Jahre hindurch in Anspruch nahm, im wesentlichen zu Ende zu bringen. Sechs Bände sind in den Jahren 1922 bis 1937 erschienen. Ein siebenter Band, den Engel aus dem Lieschen Nachlaß zusammengestellt hatte, wurde von ihm 1938 vollkommen abgeschlossen. Dieser Band kam aber infolge verschiedener mißlicher Umstände erst nach Engels Tode zum Druck, der dann schon in den Krieg fiel. 1943 wurde die Druckerei der Firma B. G. Teubner durch einen Bombenangriff zerstört. Das Manuskript blieb glücklicherweise erhalten und ist in den Händen der Firma.

Lie hatte noch große literarische Pläne. Erstens sollte von dem schönen durch Scheffers bearbeiteten Buche „Geometrie der Berührungstransformationen" ein zweiter Band erscheinen, für den Lie schon einige Manuskripte vorbereitet hatte. Zweitens plante er ein großes Werk über Differentialinvarianten, das ihm sehr am Herzen lag. Drittens war es sein sehnlicher Wunsch, das dreibändige Hauptwerk über Transformationsgruppen noch einmal in ganz neuer Fassung herauszubringen. Alle diese Pläne sind mit ihm ins Grab gesunken.

Habilitation in Leipzig

Als Thema für meine Habilitationsschrift hatte ich mir die Bestimmung aller primitiven Transformationsgruppen in fünf Veränderlichen gewählt. In vier Veränderlichen war dieses Problem von Page, einem amerikanischen Schüler Lies, gelöst worden, wie ich schon erwähnte. Es

hatten sich dabei fast unüberwindliche Rechenschwierig-
keiten ergeben, so daß die Arbeit nicht mit allen Details
veröffentlicht werden konnte. Inzwischen war Engel auf
ein schönes Theorem gekommen, wonach mit einem Pfaffschen System andere derartige Systeme invariant verknüpft sind. Ist $P_1 = 0, \ldots, P_{n-q} = 0$ das vorliegende
Pfaffsche System, wobei P_ν eine lineare Differentialform
in $x_1, \ldots, x_n$ bedeutet, so kann man zunächst q infinitesimale Transformationen $A_1 f, \ldots, A_q f$ angeben, die dem
Punkt (x) dasselbe Bündel von Linienelementen zuordnen
wie das Pfaffsche System, dessen Gleichungen übrigens als
unabhängig vorausgesetzt werden. Nun ist mit $A_1 f, \ldots,$
$A_q f$ invariant verknüpft, das durch Hinzufügung aller
$(A_\varrho A_\sigma)$ entstehende System. Ihm entspricht ein weniger
umfangreiches Pfaffsches System, das mit dem Ausgangs-
system invariant verknüpft ist. So lautet das Engelsche
Theorem, das für jemand, der in Lies Ideen lebt, kaum
eines Beweises bedarf. Dieses Theorem spielt bei der Bestimmung primitiver Gruppen eine sehr nützliche Rolle.
Primitiv heißt eine Gruppe in $x_1, \ldots, x_n$, um es noch einmal zu sagen, wenn sie kein unbeschränkt integrables
Pfaffsches System invariant läßt. Geometrisch bedeutet
dies, daß der Raum sich nicht in ∞^{n-q} q - dimensionale
Mannigfaltigkeiten zerlegen läßt, die von den Transformationen der Gruppe nur untereinander vertauscht werden, so daß die Zerlegung selbst invariant bleibt.

Die primitiven Gruppen eines Raumes werden nun von
Lie in der Weise klassifiziert, daß er darauf achtet, wie die
Linienelemente eines festgehaltenen Punktes transformiert
werden. Dies geschieht durch eine projektive Gruppe. Alle
primitiven Gruppen, bei denen die erwähnten Linienelemente auf dieselbe Weise transformiert werden, bilden
eine Klasse. Es ist schon eine mühsame Arbeit, die verschiedenen Klassen, die hier möglich sind, zu bestimmen.
Bei jeder Klasse sind dann noch besondere Schwierigkeiten
zu überwinden. Das war auch der Grund, weshalb Lie nicht

über den dreidimensionalen Raum hinausging. Er konnte sich bei den primitiven Gruppen nicht so lange aufhalten, weil eine Unmenge anderer Probleme, die ihm noch wichtiger erschienen, der Erledigung harrten. Es lag ihm am Herzen, auf allen Teilgebieten seines weit ausgedehnten Arbeitsfeldes wenigstens die Grundlagen zu schaffen, auf denen dann die andern weiterbauen konnten.

Lie hat den Abschluß meiner Habilitationsschrift nicht erlebt. Er wußte aber, daß ich alle Schwierigkeiten, die damit verknüpft waren, überwinden würde. Das sagte er mir noch kurz vor der Abreise. Später, als ich Professor an der Bonner Universität war, hat, wie ich schon erzählte, eine meiner dortigen Schülerinnen, Fräulein Beutner, alle primitiven Gruppen in sechs Veränderlichen bestimmt. Mit der einen Hälfte der umfangreichen Arbeit promovierte sie bei Professor Engel in Gießen. Die andere Hälfte erschien als Abhandlung in den Berichten der Wiener Akademie. Seitdem ist auf diesem Gebiet kein weiterer Fortschritt erzielt worden, obwohl die von mir eingeführte Methode der Gewichtsfigur die Bewältigung des Problems in n Dimensionen wesentlich erleichtert und auch Cartans Bestimmung aller projektiven Gruppen, die nichts Ebenes invariant lassen, eine wertvolle Hilfe bietet, so daß die Ermittlung primitiver Gruppen ohne invariantes Pfaffsches System auf alle Fälle durchführbar ist, während bei den andern primitiven Gruppen meine Untersuchungen über Pfaffsche Systeme mit primitiver Gruppe den Weg weisen.

Meine Habilitationsschrift wurde durch die Professoren Mayer und Engel sehr günstig beurteilt. Es blieb nur noch das Habilitationskolloquium übrig. Hierbei war es nach den Statuten notwendig, daß ich nicht nur in Mathematik, sondern auch in Physik geprüft werden mußte. Diese Bestimmung soll offenbar dazu dienen, eine gar zu große Einseitigkeit des Habilitanden auszuschließen. Man soll eben auch über die angrenzenden Gebiete Bescheid wissen. In Mathematik prüften mich Mayer und Engel. Beide kannten mich seit Jahren. Ich konnte über alles, was sie von mir wissen wollten, bestens Auskunft geben. Der Physiker, der mich zu begutachten hatte, war der neu berufene Professor Otto Wiener, ein ausgezeichneter Experimentalphysiker, der sich durch Herstellung stehender Lichtwellen einen Namen gemacht hat. Seine Antrittsvorlesung „Die Erweiterung unserer Sinne" wurde in Leipzig mit starkem Beifall aufgenommen. Wiener, der noch nie an einem Habilitationskolloquium beteiligt' gewesen war, hatte sich von den andern Professoren beraten lassen, was er da machen sollte. Sie hatten ihm gesagt, er müßte, da es sich um einen Mathematiker handelte, hauptsächlich Fragen aus der theoretischen Physik stellen. Dieses Gebiet lag ihm aber ziemlich fern. Glücklicherweise war ich wieder durch meinen Lehrer Franz Richarz sehr gut in die Experimentalphysik eingeführt worden. So konnte ich jedesmal, wenn Wiener etwas aus der theoretischen Physik fragte, auch Dinge aus der Experimentalphysik mit heranziehen, was auf ihn den besten Eindruck machte.

Nach Ablegung des Kolloquiums mußte nun noch vor einem größeren Professorenkreis der Fakultät eine Probevorlesung gehalten werden, wozu der Habilitand drei Themen vorzuschlagen hatte. Die Fakultät griff aus meinen Vorschlägen das Thema „Integralinvarianten" heraus. Lie hätte sicher Freude daran gehabt, mich gerade hierüber sprechen zu hören. Ich erwähnte schon, daß die Integralinvarianten sein letztes mathematisches Problem bildeten. Es war kurz vor dieser Probevorlesung, die am 5. Mai 1899 in dem sogenannten Czermakeion stattfand, wo auch Lie immer gelesen hatte, eine schöne Arbeit von Cartan erschienen, die mit Integralinvarianten zusammenhing. Ich erinnere mich an die Einzelheiten dieser Probevorlesung nicht mehr so genau. Aber ich weiß noch, daß es mir sehr schön gelang, Lies Grundanschauung, bei einer Integralinvariante den Elementarbestandteil als das Wesentliche zu

betrachten, gut herauszuarbeiten und sein Verfahren zur
Bestimmung aller Arten von Integralinvarianten darzu-
legen. Unter den Beispielen kam eines vor, das viele besonders interessiert hat, wie ich nachher erfuhr. Ich ermittelte
zunächst die Einwirkung der Bewegungsgruppe p, q
$- y p + x q$ auf die Geraden der Ebene. Schreibt man die
Gleichung einer solchen Geraden in der üblichen Form
$u x + v y + 1 = 0$, so werden die Geraden u, v durch die
projektive Gruppe

$$u \left(u \frac{\partial f}{\partial u} + v \frac{\partial f}{\partial v} \right), \quad v \left(u \frac{\partial f}{\partial u} + v \frac{\partial f}{\partial v} \right), \quad - v \frac{\partial f}{\partial u} + u \frac{\partial f}{\partial v}$$

transformiert. Diese Gruppe ist nichts anderes als die Bewegungsgruppe ins Dualistische übersetzt oder, anders
ausgedrückt, die Bewegungsgruppe geschrieben in Linien-
koordinaten. Berechnet man hier nach Lies allgemeiner
Methode die niedrigste zweidimensionale Integralinvariante, so ergibt sich

$$\iint \frac{du \, dv}{(u^2 + v^2)^{\frac{3}{2}}}.$$

Hat man nun zum Beispiel ein Gebiet, das der Einfachheit halber durch eine konvexe Jordansche Kurve begrenzt
sei, so kann man obiges Doppelintegral über die Mannigfaltigkeit aller Geraden erstrecken, die das Gebiet treffen,
das heißt: eine Strecke, eventuell eine Nullstrecke, mit ihm
gemein haben. Das Ergebnis ist eine Invariante des Gebiets.
Um den geometrischen Sinn dieser Invariante zu erkennen,
kann man sich folgender Betrachtung bedienen: Der Anfangspunkt O befinde sich im Innern des Gebietes. Durch
ihn legen wir einen Strahl, der aus der positiven x-Achse
durch die Drehung α entsteht. Dann werden die Geraden
$x \cos \alpha + y \sin \alpha - p = 0$, bei welchen $0 \leq p \leq P$ ist, dem
Integrationsbereich angehören, und P muß so gewählt
werden, daß die Gerade $x \cos \alpha + y \sin \alpha - P = 0$ die Jordansche Kurve berührt. P ist eine Funktion von α, und α
geht von 0 bis 2π. Da offenbar

$$u = -\frac{\cos \alpha}{p}, \quad v = -\frac{\sin \alpha}{p}$$

ist, so hat man

$$\frac{\partial(u,v)}{\partial(\alpha,p)} = \frac{1}{p^3}, \quad (u^2 + v^2)^{\frac{3}{2}} = \frac{1}{p^3},$$

also

$$\iint \frac{du\,dv}{(u^2 + v^2)^{\frac{3}{2}}} = \iint dp\,d\alpha = \int_0^{2\pi} P\,d\alpha.$$

Man kann weiter schreiben

$$\int_0^{2\pi} P(\alpha)\,d\alpha = \int_0^{\pi} P(\alpha)\,d\alpha + \int_{\pi}^{2\pi} P(\alpha)\,d\alpha$$

oder, wenn man im letzten Integral die Substitution $\alpha = \pi + \beta$ macht und nachher wieder β durch α ersetzt,

$$\int_0^{2\pi} P(\alpha)\,d\alpha = \int_0^{\pi} \left\{ P(\alpha) + P(\pi + \alpha) \right\} d\alpha,$$

$P(\alpha) + P(\pi + \alpha)$ ist die Breite $B(\alpha)$ des betrachteten Jordanschen Gebietes in der durch α gekennzeichneten Richtung. Somit ist

$$\frac{1}{\pi} \iint \frac{du\,dv}{(u^2 + v^2)^{\frac{3}{2}}}$$

als die *mittlere Breite* des Gebietes anzusehen.

Ich habe in meiner Probevorlesung noch einige andere hübsche Beispiele vorgeführt und dabei einen Ausspruch von Sophus Lie zitiert: „Meine Gruppentheorie setzt ihren Finger auf die wichtigen Punkte." Leider ist diese Vorlesung nicht veröffentlicht worden. Sie brachte mir, wie ich ohne Überhebung sagen kann, einen vollen Erfolg. Nach kurzer Beratung kehrten die Professoren ins Auditorium zurück, und der Dekan verkündigte nur, daß ich nunmehr im Besitze der Venia legendi wäre. Man beglückwünschte mich, und der Astronom Bruns, der in seinen optischen Arbeiten mit Lieschen Ideen stark in Berührung gekommen war und die Lieschen Theorien sehr schätzte, schlug mir vor, meinen Schwerpunkt in die Astronomie zu verlegen.

Er würde dafür sorgen, daß man die Venia legendi entsprechend erweiterte, und mir sogleich eine bezahlte Stellung an der Sternwarte geben. Er wußte aus meiner bei den Akten befindlichen Vita, daß ich voll ausgebildeter Astronom war. Ich dankte ihm für sein Wohlwollen und versprach, mir die Sache zu überlegen. Zweifellos hätte ich durch Bruns, der einer der angesehensten Astronomen Deutschlands war, große Förderung erfahren. Außerdem wäre ich von Anfang an aller materiellen Sorgen überhoben gewesen. Jeder, der sich in jener Zeit habilitierte, mußte einen Revers unterzeichnen, worin schwarz auf weiß stand, daß man auf Grund der Habilitation keinerlei Beförderungsanspruch habe. Außerdem war es allgemein bekannt, daß der sächsische Kultusminister aus Prinzip keinen Dozenten am Ort aufrücken ließ. Man hatte die einzige Chance, nach etwa fünfjähriger Dozentur den Titel ao. Professor zu erlangen, wenn man nicht so glücklich war, einen Ruf „ins Ausland" zu erhalten, wie die Sachsen es nannten. Leipzig galt für alle, die sich dort habilitierten, als eine Sackgasse.

Wenn man das Personalverzeichnis der Leipziger Universität in die Hand nahm, so erschrak man über die große Zahl der Privatdozenten und der Titularextraordinarien. Alle diese Männer arbeiteten ohne jede Entschädigung an der Hochhaltung der deutschen Wissenschaft. War das nicht ein ganz phantastischer Idealismus? Man muß allerdings bedenken, daß viele von diesen Idealisten aus sehr reichen Familien stammten und daher keinerlei materielle Sorgen kannten. Ich habe manche von ihnen nicht nur in Leipzig, sondern auch später, als ich schon Professor war, in Greifswald, Bonn, Prag und Dresden, zu meinen Freunden gezählt. In den Kreisen ihrer Verwandten wurden sie zwar wegen des wissenschaftlichen Nimbus, der sie umschwebte, etwas bewundert. Man betrachtete sie aber doch mit einem gewissen Mitleid, manchmal wurden sie sogar als Entgleiste angesehen. Was hätte aus ihnen werden können, wenn sie mit ihrer Begabung im richtigen Milieu geblieben wären! Wir andern, die wir nicht aus den reichen Schichten stammten, wir waren ja nun wirklich unglaubliche Idealisten, wir waren sozusagen reine Toren. Wir arbeiteten, einem inneren Drange folgend, in den höchsten Regionen der Wissenschaft, frei von jeder Erwerbssucht, getragen von dem Glauben und Vertrauen, daß wir doch irgendwie unsern Weg machen würden. Was mich selbst anbetrifft, so ging mein Idealismus so weit, daß ich sogar auf jenes gute und wohlwollende Angebot von Professor Bruns nicht einging. Ich bat den Professor, mir noch einige Semester Zeit zu lassen zur Durchführung verschiedener, mir sehr dringend erscheinender mathematischer Arbeiten. Er stellte sich zu dieser Bitte sehr wohlwollend und sagte, ich könnte jeder zeit auf seine Hilfe rechnen. Bruns war in den Kreisen der Leipziger Professoren nicht sehr beliebt. Sie nahmen ein wenig Anstoß an seinem Berlinertum. Ich bin mit ausgesprochenen Berlinern immer bestens ausgekommen. Auf mich wirkt ihre von vielen verurteilte Überheblichkeit nicht so abstoßend. Ich halte sie mehr für eine Temperamentssache als für einen Charakterfehler. Sie wirkt auf mich sogar manchmal erfrischend und aufmunternd. Jedenfalls habe ich sie stets für naiv und harmlos angesehen. Gerade die hinterlistigen und raffinierten Menschen binden sich oft die Maske der demütigen Bescheidenheit vor und erzielen damit unglaubliche Erfolge. Ein naiver Frechling ist viel einfacher zu behandeln und lange nicht so gefährlich. Harmlos ist im Grunde auch die übergroße Liebenswürdigkeit des Sachsen, obwohl er sich selbst als „heflich, awr diggsch" (höflich, aber tückisch) bezeichnet. Übertriebene Liebenswürdigkeit hat zwar leicht einen Beigeschmack von Falschheit (il est trop poli pour être honnête), ist aber meist nur ein Selbstschutz der Schwächlichkeit.

In meinem ersten Semester hielt ich ein kleines Kolleg

über Zahlentheorie. Keine Vorlesung ist so angenehm wie diese, solange man nicht in die oberen Regionen eindringt, wo es z. B. in der Körpertheorie Dinge gibt, die sich sehr schwer vortragen lassen. Wer wollte es wohl heute unternehmen, die Beweise von Fueter und Furtwängler für die Existenz des Klassenkörpers vorzutragen? Mit diesen Beweisen hat es eine ganz eigenartige Bewandtnis. Man hegt in Fachkreisen sogar Zweifel an ihrer Richtigkeit. Ich hatte später als Bonner Professor das Glück, Furtwängler persönlich kennenzulernen. Er wirkte damals an der landwirtschaftlichen Hochschule in Bonn-Poppelsdorf, die unter der Leitung des Freiherrn von der Goltz eine hohe Blüte erreicht hatte. Es wurden dort nicht nur Landwirte, sondern auch Geodäten ausgebildet. Furtwängler glich darin unserem Gauß, daß er die höchsten Gipfel der Zahlentheorie erstiegen hatte, zugleich aber auch in der Geodäsie forschend tätig war, die ja im wesentlichen eine Schöpfung von Gauß ist. Furtwängler hat lange in Potsdam am geodätischen Institut gearbeitet. In Bonn habe ich mich viel mit ihm unterhalten. Dabei sagte er mir ganz offen, er hätte Fueters Beweis nie gelesen.

In meiner kleinen Zahlentheorie hatte ich, weil ich erst nach Erlangung der Venia legendi anfangen konnte, nur ganz wenige Zuhörer. Das Semester war schon in vollem Gange. Unter diesen Zuhörern befand sich aber ein besonders prominenter, mein späterer Freund Heinrich Liebmann. Er war der Sohn des berühmten Philosophen Otto Liebmann, der die Parole aufgestellt hatte, ,,Es muß auf Kant zurückgegangen werden!", zu einer Zeit, als die Philosophie sich in einer Art Verwilderung befand. Dann hatte Otto Liebmann, der zuerst in Straßburg, dann in Jena wirkte, ein wunderbares Buch ,,Zur Analysis der Wirklichkeit" geschrieben, ferner ein poetisches Werk ,,Weltwanderung". Mein Bruder hatte in Jena Eucken, aber noch fleißiger Liebmann gehört und kannte alle seine Bücher und Abhandlungen. Durch ihn war auch ich besonders mit der „Analysis der Wirklichkeit" gut vertraut. Das gab von vornherein eine gute Verbindung zu Heinrich Liebmann, der sich kurz nach mir ebenfalls in Leipzig für Mathematik habilitierte. Wir waren nachher sogar Duzfreunde. Auch mit Hausdorff, dem etwas älteren Mathematikdozenten, standen wir beiden andern auf bestem Fuß und hörten seine höheren Vorlesungen, z. B. ein wundervolles Kolleg über Wahrscheinlichkeitsrechnung. Hausdorff hat sich unter dem Pseudonym Paul Mongré als Dichter und Philosoph betätigt. Sein etwas im Nietzsche-schen Geist geschriebenes Werk „Das Chaos in kosmischer Auslese" hat viel Beachtung gefunden. Auch der Einakter „Der Arzt seiner Ehre" brachte ihm großen Erfolg, ebenso ein Band formvollendeter Gedichte unter dem Titel „Ekstasen". Hausdorff gehörte zu der schon vorhin er-wähnten Klasse der reichen Privatdozenten, die sich keinerlei materielle Sorgen zu machen brauchten. Das Zu-sammensein mit diesem geistvollen Mann, der alle Dinge der Welt mit einer wohlwollenden Ironie betrachtete, gab uns viele Anregungen. Mathematisch war er nur in Leipzig ausgebildet. Lie hatte ihn weniger interessiert, und die andern Professoren konnten ihm vieles nicht bieten, was zum Rüstzeug des Mathematikers doch unbedingt gehört. Er selbst klagte oft darüber, daß man in Leipzig höhere Algebra und Funktionentheorie nie ordentlich hätte lernen können. Außerdem war Hausdorff dann nebenbei Astronom gewesen, so daß ihm für die Mathematik weniger Zeit übrigblieb. Seine überaus rasche Auffassungsaufgabe und sein außergewöhnlicher Scharfsinn halfen ihm aber über alles hinweg. Ich werde später noch auf Hausdorff zurück-kommen und erzählen, wie es mir gelang, ihn aus der Leipziger Sackgasse herauszubringen.

Mit Liebmann hatte ich eine Art Arbeitsgemeinschaft. Wir studierten z. B. viele Monate hindurch die Weier-straßsche Elementarteilertheorie an Hand des Buches von Paul Muth, das allerdings in das Wesen der Sache nur unvollkommen einführt und zu sehr im Formalen hängen bleibt. Es handelt sich bei der Elementarteilertheorie um ein Äquivalenzproblem. Man hat zwei Paare bilinearer Formen, ein erstes Paar

$$\sum a_{rs}\, x_r\, y_s, \quad \sum b_{rs}\, x_r\, y_s$$

und ein zweites Paar

$$\sum A_{rs}\, X_r\, Y_s, \quad \sum B_{rs}\, X_r\, Y_s.$$

Man will wissen, unter welchen Bedingungen es möglich ist, durch lineare Transformation der x und der y (beidemal mit nicht verschwindender Transformationsdeterminante) das erste Paar in das zweite zu verwandeln. Die Paare heißen in solchem Falle äquivalent. Man kann die Sache auch so ansehen, daß es sich um die Äquivalenz der beiden Formenbüschel

$$\lambda \sum a_{rs}\, x_r\, y_s + \mu \sum b_{rs}\, x_r\, y_s$$

und

$$\lambda \sum A_{rs}\, X_r\, Y_s + \mu \sum B_{rs}\, x_r\, y_s$$

handelt. r und s laufen von 1 bis n. Weierstraß hatte den Fall der *ordinären* Formenbüschel, wie er sie nannte, behandelt, wobei die Determinante der $\lambda\, a_{rs} + \mu\, b_{rs}$ nicht identisch verschwindet. Als später die gesammelten Werke von Weierstraß herausgegeben und alle Abhandlungen noch einmal genau gelesen wurden, stellte sich heraus, daß im Beweis des Äquivalenzsatzes eine Lücke vorhanden war. Der Druck wurde auf Wunsch von Weierstraß zunächst sistiert. Er wollte die Lücke ausfüllen. Merkwürdigerweise gelang ihm dies nicht. Ein Determinantensatz von Kronecker mußte schließlich herangezogen werden, um den Schaden zu heilen. Kronecker hat sich dann auch seinerseits für das Äquivalenzproblem der Formenbüschel interessiert und es für *singuläre* Formenbüschel erledigt, die durch identisches Verschwinden der Büscheldeterminante gekennzeichnet sind. An dieses Problem, das viel schwieriger war, hatte sich Weierstraß garnicht herangewagt.

Heutzutage kann man die Weierstraßsche Elementarteilertheorie aus dem hübschen Buche des amerikanischen
Mathematikers Bôcher „Einführung in die höhere Algebra"
viel bequemer kennenlernen als damals. Während meiner
Prager Zeit habe ich einen sehr einfachen Zugang zum
Weierstraßschen Äquivalenzsatz gefunden. Meine in den
Leipziger Akademieberichten erschienene Arbeit „Natürliche Normalformen linearer Transformationen" handelt
davon. Auf meinem Wege komme ich sozusagen zwangsläufig zu den Weierstraßschen Elementarteilern. Leider
war der große Meister, der mir übrigens, wie ich später
noch erzählen werde, großes Wohlwollen entgegenbrachte,
damals nicht mehr unter den Lebenden. Bei ihm ergaben
sich die Elementarteiler durch folgende Überlegung: Wenn
man in der Matrix aller $\lambda\,a_{rs} + \mu\,b_{rs}$ die p-reihigen Determinanten betrachtet, so haben sie einen größten gemein-
samen Teiler D_p, der eine Form in λ, μ sein wird. Es
zeigt sich nun sofort, daß D_{p+1} durch D_p teilbar ist. Unter
D_n hat man die Determinante der $\lambda\,a_{rs} + \mu\,b_{rs}$ zu verstehen. Wenn nun $D_k = 1$ ist, so stellen die Formen

$$\frac{D_n}{D_{n-1}}, \ \frac{D_{n-1}}{D_{n-2}}, \ \ldots, \ \frac{D_{k+1}}{D_k}$$

das dar, was man heute die *rationalen* Elementarteiler des
Formenbüschels nennt. Es zeigt sich weiter, daß in dieser
Reihe jedes Glied durch das folgende teilbar ist. Will man
die *Weierstraß*schen Elementarteiler haben, so muß man
aus der Determinante D_n einen Linearfaktor l heraus-
greifen. Dieser möge in $\dfrac{D_n}{D_{n-1}}, \ \dfrac{D_{n-1}}{D_{n-2}}, \ \ldots, \dfrac{D_{k+1}}{D_k}$ mit den
Vielfachheiten $m_1, m_2, \ldots, m_{n-k}$ auftreten. Dann sind die
zu den verschiedenen l gehörigen Potenzen

$$l^{m_1}, l^{m_2}, \ldots, l^{m_{n-k}}$$

die Weierstraßschen Elementarteiler von D_n. In D_n tritt l
offenbar mit der Vielfachheit $\lambda = m_1 + m_2 + \ldots + m_{n-k}$ auf.
die Weierstraßschen Elementarteiler stellen sozusagen

Klumpen dar, die aus diesen λ Faktoren l gebildet sind. Man gewinnt diese Klumpen, indem man darauf achtet, wieviel öfter l in D_{p+1} als in D_p auftritt. Ist diese Ermittelung für alle in Frage kommenden Werte von p durchgeführt, so braucht man nur nach absteigenden Exponenten zu ordnen und sieht dann die zu l gehörigen Elementarteiler vor sich. Hat man die Ermittelung für alle Faktoren l beendet, so ist das ganze Verzeichnis der Weierstraßschen Elementarteiler gewonnen. Und nun besagt der Weierstraßsche Äquivalenzsatz nichts anderes, als daß die Übereinstimmung in den Elementarteilern die notwendige und hinreichende Äquivalenzbedingung darstellt. Äquivalente Formenpaare weisen dieselben Elementarteiler auf.

Als ich später nach Prag kam, lernte ich die Arbeiten von Seligmann Kantor kennen, der seinerzeit in Prag als Dozent an den deutschen Hochschulen gewirkt hatte. Ich werde von den Schicksalen dieses geistvollen Mathematikers noch erzählen. Er hat die Weierstraßsche Elementarteilertheorie weitgehend verallgemeinert, indem er z. B. die Äquivalenz von Tripeln oder noch höheren Systemen bilinearer Formen erforschte. Diese Kantorschen Theorien haben nur wenige Mathematiker zur Kenntnis genommen, und doch handelt es sich dabei um Dinge, die wirklich einmal erledigt werden mußten. Kantor ist von den Zeitgenossen viel zu wenig gewürdigt worden.

Bald nach meiner Habilitation habe ich mich auf ein großes Problem geworfen, das sich mir bei Ausarbeitung der Habilitationsschrift ergeben hatte. Ich wollte alle Pfaffschen Systeme ermitteln, die eine primitive Transformationsgruppe gestatten. Dabei fand ich z. B. in sechs Veränderlichen ein sehr interessantes Resultat. Es gibt in sechs Veränderlichen nur zwei primitive Gruppen, die ein Pfaffsches System invariant lassen. Die eine hat 21, die andere, eine Untergruppe von ihr, 14 Parameter. Die erste läßt nach geeigneter Umformung das Pfaffsche System

$$dy_1 + x_2\,dx_3 - x_3\,dx_2 = 0,$$
$$dy_2 + x_3\,dx_1 - x_1\,dx_3 = 0,$$
$$dy_3 + x_1\,dx_2 - x_2\,dx_1 = 0$$

invariant, die zweite außer diesem auch noch das System

$$dx_1 + y_2\,dy_3 - y_3\,dy_2 = 0,$$
$$dx_2 + y_3\,dy_1 - y_1\,dy_3 = 0,$$
$$dx_3 + y_1\,dy_2 - y_2\,dy_1 = 0.$$

Diese Ergebnisse sind von außerordentlicher Eleganz. Die 14gliedrige Gruppe weist die berühmte, zuerst von Killing entdeckte Zusammensetzung auf. Diese Zusammensetzung tritt zum erstenmal im fünfdimensionalen Raume auf. Aber erst im sechsdimensionalen Raume wird sie durch eine Gruppe von ganz besonders schöner Bauart repräsentiert, die ich eben damals entdeckte.

Alle meine damaligen Arbeiten wurden durch Adolph Mayer der Leipziger Akademie vorgelegt. Auch Engel interessierte sich lebhaft für alles, was ich herausbrachte.

Schon im zweiten Semester meiner Lehrtätigkeit hatte ich Gelegenheit, ein vierstündiges Anfängerkolleg zu halten. Der Erfolg war sehr groß. Ich hatte über 100 Zuhörer. Es herrschte in Leipzig aus alter Zeit der Brauch, daß jeder Professor einen Famulus hatte, wie Faust seinen Wagner. Mein Famulus war ein gewisser Max Apfelstedt, der Sohn eines thüringischen Superintendenten, ein frischer, fröhlicher Student und von Anfang an ein sehr treuer Anhänger von mir. Der Famulus mußte dafür sorgen, daß die Hörer sich ordnungsmäßig in die Liste eintrugen, die dann der Quästur eingereicht wurde. Er hatte auch sonst noch allerhand kleine Pflichten zu erfüllen und kam vor Beginn der Vorlesung immer ins Professorenzimmer, um seinen Dozenten zur Vorlesung abzuholen. Er übermittelte auch Wünsche der Zuhörer, wenn irgend etwas noch genauer erklärt werden sollte. Dann holte er auch Bücher aus der Bibiliothek für den Dozenten ab. Dafür hatte er einen kleinen Anteil am Kolleggeld. Da den Privatdozenten keinerlei Abzüge vom Kolleggeld gemacht wurden, waren meine Einnahmen recht ansehnlich. Mein Bruder, der in Königsberg Philosophie lehrte, war lange nicht so gut gestellt. Ich habe ihm regelmäßig die Hälfte meiner Einkünfte übermittelt, so daß unsere guten Eltern mit uns fortan keine Last mehr hatten. Wir betrachteten das als eine große Gnade Gottes. Nicht viele Privatdozenten haben aus ihren Vorlesungen solche Einnahmen. Es kommt darauf an, daß die ordentlichen Professoren einem etwas gönnen. In Leipzig waren sie ganz besonders wohlwollend. Schon im benachbarten Halle war es anders. Dort durfte ein Privatdozent kein großes Kolleg halten. Bei den Besprechungen über die im nächsten Semester zu haltenden Vorlesungen kam es sehr häufig vor, daß der alte Geheimrat Wangerin, wenn ein Dozent irgendeinen Vorlesungswunsch äußerte, einfach erklärte: „Das will ich im übernächsten Semester lesen", oder: „Das habe ich vor einem Jahr gelesen." Immer machte er irgendeinen Einwand. Erst, wenn der Betreffende ein ganz entlegenes Thema nannte, das gar keine Zuhörerchancen hatte, gab er seine Zustimmung. Auch andere Ordinarien waren und sind der Meinung, daß die Hauptvorlesungen grundsätzlich in den Händen der planmäßigen Professoren liegen müssen, die durch ihren Diensteid die Verantwortung für eine ordnungsmäßige Durchführung des Unterrichts auf sich genommen haben. Die Privatdozenten sollen das Programm nur ergänzen und hauptsächlich neuere Forschungsergebnisse behandeln, sie sollen die Kluft zwischen Forschung und Studium überbrücken helfen. Nicht alle Ordinarien sind so wie unser Leipziger Adolph Mayer bemüht gewesen, auch die neueste Literatur zu berücksichtigen. Davon sprach ich bereits. Wie oft kam in seinen Vorlesungen die Bemerkung vor: „Im letzten Heft der mathematischen Annalen ist eine Abhandlung von Herrn X. erschienen, die sich mit einem Problem beschäftigt, das in den Gedankenkreis unserer letzten Vorlesungsstunden fällt." Dann folgte ein wunderbar klares Referat über die zitierte Abhandlung. Dabei war Mayer damals schon ziemlich alt, und gerade ältere Professoren pflegen sich ängstlich an ihr manchmal recht veraltetes Kollegheft zu halten. Mayer hatte auch sorgfältig geführte Kolleghefte, die er aber fortlaufend ergänzte. Er brauchte die Fühlungnahme mit der lebendigen Wissenschaft nicht den jüngeren Kollegen zu überlassen. Ich kannte dieses Schritthalten mit der wissenschaftlichen Entwickelung besonders aus Hilberts Vorlesungen und habe mich selbst auch immer bemüht, es auszuüben.

Zwischen Halle und Leipzig gab es eine sehr schöne Vereinbarung. Die Mathematiker beider Universitäten hatten ein gemeinsames mathematisches Kränzchen, das alle 14 Tage abwechselnd in Leipzig und Halle stattfand. Die älteren Leipziger Herren nahmen nicht daran teil. Dagegen erschienen Otto Hölder, der Nachfolger Lies, und Engel sowie die drei Privatdozenten ganz regelmäßig. Von den Hallensern wirkten mit Georg Cantor, der berühmte Schöpfer der Mengenlehre, Hermann Graßmann der Jüngere, ein Verwandter des Verfassers der Ausdehnungslehre, sowie einige Gymnasialprofessoren. Graßmann, zuerst auch Gymnasiallehrer, hat sich später in Halle habilitiert. Wangerin erschien nie zu unserm Kränzchen. Ich betrachtete es als ein ganz besonderes Glück, daß ich bei diesen Zusammenkünften Georg Cantor kennenlernte. Er war, diesen Eindruck hatte man sofort, ein Mann von überragender Bedeutung, dabei ein Mensch von ganz seltenen Charaktereigenschaften. Mir gefiel es besonders, daß er sich nicht scheute, kleine menschliche Schwächen, die auch ihm anhafteten, freimütig zu bekennen. Ich schloß mich mit großer Begeisterung an ihn an. Auch er ließ oft durchblicken, daß er mir aufrichtig wohlwollte. Oft lud er das ganze Kränzchen in sein Haus ein. Dabei lernte ich seine Frau und seine beiden Töchter kennen. Eine ältere Tochter war mit dem physiologischen Chemiker Dr.

Vahlen, einem Sohn des berühmten Berliner klassischen
Philologen, verheiratet. Im Cantorschen Hause war eine
Atmosphäre hoher Geistigkeit. Für mich, dem geistige Be-
tätigung alles war, konnte es nichts Schöneres geben.

Ich will hier gleich ein kleines Vorkommnis erwähnen,
das für Cantors Freimütigkeit bezeichnend ist. Es war damals gerade die Zeit des Burenkrieges (1899—1902).
Cantor stand ganz auf seiten der Buren, er sprach immer
mit großem Abscheu von den Engländern. Die Sache lag
ihm so sehr am Herzen, daß er oft darauf zurückkam.
Eines Tages wurde ihm von der Royal Society die Syl-
vester-Medaille verliehen, wohl die höchste Auszeichnung,
die einem Mathematiker zuteil werden kann. Wir lasen es
in Leipzig in den Zeitungen. Als wir das nächste Mal in
Halle waren, beglückwünschten wir Cantor. Er nahm
unsere Glückwünsche mit einem verlegenen Lächeln entgegen und sagte dann: „Ja, meine Herren, mir ist im Zusammenhang mit dieser Ehrung etwas Merkwürdiges
passiert: Ich fühlte, daß ich die Engländer nicht mehr so
hassen kann wie früher. So sind wir Menschen." Mir
imponierte dieses Bekenntnis ganz außerordentlich. In der
Art, wie Cantor es herausbrachte, lag so unendlich viel.
Ich habe immer wieder daran denken müssen. Wie schön
wäre es, wenn alle sich dieser bescheidenen Aufrichtigkeit
befleißigen möchten!

Cantor hatte in den ersten Zeiten seiner mengentheoretischen Erfolge neben der Forscherfreude auch viel Bitteres
erlebt. Die ablehnende Haltung Kroneckers war für ihn
eine große Enttäuschung. Kronecker ist in dieser Hinsicht
als ein Vorläufer unserer modernen Intuitionisten zu betrachten. Cantor hat demgegenüber den Grundsatz aufgestellt: „Das Wesen der Mathematik liegt in ihrer Freiheit." Er wollte sich die Flügel nicht binden lassen. Beim
weiteren Ausbau seiner Theorie mußte er es dann freilich
erleben, daß sich Paradoxien einstellten, die, wie Cantor
sehr wohl wußte, dadurch hineinkamen, daß dem mathe-

matischen Denken ein zu großes Maß von Freiheit eingeräumt wurde. Cantor war ein tief° religiöser Mensch.
Was er beim Aufbau seiner Mengenlehre erlebte, bewegte
seine innerste Seele. Ich werde in meinem Buch noch ausführlich auf diesen grandiosen Gedankenbau, den Cantor
errichtet hat, zurückkommen, und zwar bei der Schilderung meiner Prager Zeit, wo ich mich in Bolzanos Ideen
vertiefte und mit dem Bolzanokenner Hugo Bergmann,
jetzt Professor der Philosophie in Jerusalem, Gedanken
austauschen konnte. Cantor hat sich mit Thomas von Aquino
eingehend beschäftigt, der auch in mancher Hinsicht als
Vorläufer der Intuitionisten zu betrachten ist. Der große
Aquinate findet Schwierigkeiten in dem Gedanken eines
gleichzeitigen Existierens unendlich vieler Dinge. Er lehnt
das aktual Unendliche ab. Cantor nannte diese Gleich-
zeitigkeit, wenn sie zulässig ist, Konsistenz. Er unterschied
zwischen konsistenten und inkonsistenten Mengen. Kon-
sistent ist eine unendliche Menge, bei welcher sich aus
dem gleichzeitigen Existieren ihrer Elemente kein Widerspruch ergibt, inkonsistent jede andere Menge. Das einfachste Unendlich, repräsentiert durch den Inbegriff der
natürlichen Zahlen 0, 1, 2,..., hielt Cantor für etwas
Konsistentes. Der heilige Thomas würde auch hier schon
anderer Meinung sein. Hilbert hat einmal einen Beweis für
die Widerspruchsfreiheit des kleinsten Unendlich gehabt, den
er aber wieder fallen ließ, um sich zuerst darüber Klarheit
zu verschaffen, was überhaupt ein mathematischer Beweis
ist. Es handelt sich hier um Fragen der mathematischen
Logik, um Fragen von außerordentlicher Schwierigkeit.
Heinrich Scholz, der Münsterer Professor für Grundlagen-
forschung und mathematische Logik, ist imstande, solche
Probleme zu lösen. In Prag kam 1945 als Opfer der Revolution ein hochbegabter jüngerer Grundlagenforscher,
Dr. Gerhard Gentzen, ums Leben. Er war ein Göttinger
Privatdozent, der in Prag an der deutschen Universität
aushilfsweise lehrte. Vor seinem Tode erzählte er noch,

daß es ihm gelungen sei, die Widerspruchsfreiheit des kleinsten Unendlich vollkommen sicherzustellen. Wieviel Wertvolles hat dieser hochbegabte Mathematiker mit ins Grab genommen, vielleicht Unersetzliches! Durch Herrn Scholz weiß ich, daß es auch unter den polnischen Mathematikern, deren viele durch Krieg und Terror ihr Leben einbüßten, namhafte Grundlagenforscher gab. Ich erinnere mich bei dieser Gelegenheit an den hervorragenden russischen Topologen Urysohn, der in jungen Jahren beim Baden in der Ostsee ums Leben kam, gerade zu einer Zeit, als ihm die Lösung wichtiger topologischer Probleme gelungen war, worüber er noch kurz vorher mit Freunden und Bekannten gesprochen hatte. Irgendeine Niederschrift hat er nicht hinterlassen. Im Gegensatz zu Galois ahnte er ja nicht, daß der Tod auf ihn lauerte. Auch von Gentzen ist kein handschriftlicher Nachlaß vorhanden. Oder hat man seine Papiere in blindem Haß vernichtet?

*

Ich werde, wie schon gesagt, noch an späterer Stelle auf Georg Cantor zurückkommen, will aber schon hier einiges Wichtige erwähnen. Die schönen Abzählbarkeitssätze, die Cantor bald nach 1870 veröffentlichte, sind Allgemeingut aller Mathematiker geworden. Abzählbar ist eine unendliche Menge, wenn sie sich auf die Grundmenge 0, 1, 2, ... abbilden läßt. Das Abbilden ist einer der wichtigsten mathematischen Begriffe, mit dem der Mathematiker auf Schritt und Tritt zu tun hat. Cantor bewies seinerzeit auf wundervoll einfache Weise, daß die Gesamtheit der algebraischen Zahlen eine abzählbare Menge ist. Eine algebraische Zahl x erfüllt eine Gleichung n-ten Grades mit ganzzahligen Koeffizienten, die keinen gemeinsamen Teiler haben. Man kann zur eindeutigen Festlegung dieser Gleichung noch annehmen, daß n möglichst klein gewählt und der Koeffizient von x^n positiv ist. Die Gleichung niedrigsten Grades, der x genügt, wird dann vollkommen bestimmt sein. Die Summe der absoluten Beträge ihrer Koeffizienten vermehrt um n nennt Cantor die Höhe von x. Es ist klar, daß es nur endlich viele algebraische Zahlen von einer vorgeschriebenen Höhe h geben kann. Nun setze man der Reihe nach $h = 1, 2, 3, \ldots$, und jedesmal denke man sich, etwa aufsteigend geordnet, die algebraischen Zahlen aufgeschrieben, deren Höhe gleich h ist. Dann entsteht eine Anordnung aller algebraischen Zahlen, genau so aussehend wie $0, 1, 2, \ldots$, und damit ist die Abzählbarkeit der algebraischen Zahlen schon bewiesen. Jede unendliche Teilmenge einer abzählbaren Menge ist ebenfalls abzählbar. So bilden also z. B. die rationalen Zahlen eine abzählbare Menge, was man sehr leicht auch direkt zeigen kann. Wenn man die rationale Zahl r als Bruch $\frac{p}{q}$ schreibt mit teilerfremden p, q und positivem Nenner, so kann man r den Punkt mit den Koordinaten q, p zuordnen. Die Punkte mit ganzzahligen Koordinaten bilden eine berühmte Figur, ein *Punktgitter*. Den rationalen Zahlen entspricht eine Teilmenge in der Gesamtheit aller Gitterpunkte. Es genügt also, sich von der Abzählbarkeit der Gitterpunkte zu überzeugen. Wenn man um den Anfangspunkt als Mitte ein Quadrat Q_n konstruiert, dessen Seiten parallel zu den Achsen laufen und dessen Seite gleich $2n$ ist, so liegen auf dem Rande von Q_n offenbar $8n$ Gitterpunkte $(n = 1, 2, 3, \ldots)$. Diese wollen wir so ordnen, daß wir mit dem Punkt $n, 0$ beginnen und dann den Rand nach links herum durchlaufen. Den so geordneten Gitterpunkten auf Q_n geben wir die Nummern

$$4n(n-1) + 1, \ 4n(n-1) + 2, \ldots, \ 4n(n-1) + 8n.$$

Zu den auf Q_{n+1} liegenden Gitterpunkten gehören dann die Nummern

$$4(n+1)n + 1, \ 4(n+1)n + 2, \ldots, \ 4(n+1)n + 8(n+1).$$

Da $4(n+1)n + 1$ um 1 größer ist als $4n(n-1) + 8n = 4(n+1)n$, so schließen sich die zu Q_{n+1} ge-

hörigen Nummern lückenlos an die durch Q_n verbrauchten
an. Q_1 nimmt die Nummern 1, 2,..., 8 in Anspruch.
Wenn man noch dem Anfangspunkt 0, 0 die Nummer 0
zuweist, so ist die Paarung der Gitterpunkte mit den
Nummern 0, 1, 2, ... vollkommen hergestellt. In derselben Weise stellt man fest, daß die Gitterpunkte des n-
dimensionalen Raumes eine abzählbare Menge bilden.
Man kann sich auch auf den Cantorschen Satz stützen, daß
eine abzählbare Menge abzählbarer Mengen wieder eine
abzählbare Menge ist. Die Gitterpunkte des n-dimen-
sionalen Raumes, d. h. die ganzzahligen Systeme p_1, p_2,
..., p_n kann man in abzählbar unendlich viele Klassen
$\Re_0$, $\Re_{-1}$, $\Re_1$, $\Re_{-2}$, $\Re_2$, ... einteilen, indem man alle Systeme,
die mit derselben Zahl p_1 beginnen, in die Klasse $\Re_{p_1}$
verweist. Die Glieder einer solchen Klasse entsprechen den
Gitterpunkten des $(n-1)$-dimensionalen Raumes. Weiß
man bereits, daß diese eine abzählbare Menge bilden, so ist
auf Grund jenes Cantorschen Satzes die Abzählbarkeit der
Gitterpunkte des n-dimensionalen Raumes bewiesen. Daß
man aus einer Folge von Folgen, also aus

$$
\begin{array}{cccc}
a_{00} & , & a_{01} & , & a_{02}, \ldots, \\
& \rightarrow & \vdots \uparrow & & \vdots \uparrow \\
a_{10} \ldots, \ldots a_{11} & , & a_{12}, \ldots, \\
& \rightarrow & \rightarrow & \vdots \uparrow \\
a_{20} \ldots, \ldots a_{21} \ldots, \ldots a_{22}, \ldots, \\
\cdot \qquad \cdot \qquad \cdot \qquad \cdot \qquad \cdot
\end{array}
$$

wieder eine Folge bilden kann, haben wir oben bereits bewiesen. Die Doppelindizes entsprechen nämlich einer Teilmenge in der Gesamtheit aller Gitterpunkte der Ebene.
In der Folge, die wir aus diesen gebildet haben, entspricht
jenen eine Teilfolge. Die Anordnung ist so, wie es in obigem
Schema die punktierten Linien und die Pfeile andeuten.

Die Abzählbarkeit der algebraischen Zahlen kann man
ebenfalls mit dem Satz über die Abzählbarkeit einer abzählbaren Menge abzählbarer Mengen in Verbindung
bringen. Jede algebraische Zahl ist Wurzel einer Gleichung

niedrigsten Grades n. Dieses n kann man den Grad der
algebraischen Zahl nennen. Zeigt man zunächst, daß die
algebraischen Zahlen n-ten Grades eine abzählbare Menge
$\mathfrak{A}_n$ bilden, so weiß man nach dem Cantorschen Satz sofort,
daß alle algebraischen Zahlen zusammen ebenfalls abzähl-
bar sind, weil sie nichts anderes sind als die in $\mathfrak{A}_1$, $\mathfrak{A}_2$,
$\mathfrak{A}_3$, . . . enthaltenen Glieder. Daß $\mathfrak{A}_n$ abzählbar ist, ersieht
man daraus, daß zu jeder algebraischen Zahl n-ten Grades
eine algebraische Gleichung n-ten Grades gehört, deren
Koeffizienten a_0, a_1, . . ., a_n ganzzahlig und teilerfremd
sind, wobei noch $a_0 > 0$ vorausgesetzt wird. Den algebraischen Zahlen n-ten Grades entspricht also eine Teilmenge in der Menge aller Gitterpunkte des $(n+1)$ dimensionalen Raumes.

Wir wollen jetzt einen Raum betrachten, der abzählbar-
unendlich viele Dimensionen hat. Jedem Punkt dieses Raumes entspricht eine unendliche Folge von Koordinaten x_0,
x_1, x_2, . . . Die Gitterpunkte haben lauter ganzzahlige Koordinaten. Wir wollen aus der Gesamtheit dieser Gitterpunkte eine Teilmenge herausgreifen, und zwar diejenigen,
deren Koordinaten positiv sind $(x_n > 0)$. Jedem solchen
Gitterpunkt ordnen wir die durch den Kettenbruch

$$\frac{1}{x_0} + \frac{1}{x_1} + \frac{1}{x_2} + . \ .$$

dargestellte Irrationalzahl zu. Auf diese Weise ist eine
Paarung jener Gitterpunkte mit den zwischen 0 und 1
liegenden Irrationalzahlen hergestellt. Diese Irrationalzahlen bilden keine abzählbare Menge. Nehmen wir näm-
lich an, daß sie sich zu einer Folge ϱ_0, ϱ_1, ϱ_2, . . . ordnen
ließen, wobei also

$$\varrho_n = \frac{1}{x_{n0}} + \frac{1}{x_{n1}} + \frac{1}{x_{n2}} + . \ .$$

wäre, so ließe sich sofort ein ϱ angeben, das von dieser

Folge nicht erfaßt wird. Offenbar ist z. B.

$$\varrho = \cfrac{1}{x_{00} + 1} + \cfrac{1}{x_{11} + 1} + \cfrac{1}{x_{22} + 1} + \cdot \cdot$$

ein solches nicht erfaßtes ϱ. Es weicht nämlich von jedem ϱ_n darin ab, daß x_{nn} durch $x_{nn} + 1$ ersetzt ist. Zwei gleiche Zahlen müssen aber in allen x übereinstimmen. ϱ ist also von allen ϱ_n verschieden.

Wenn man zur Menge $\mathfrak{M}$ aller Irrationalzahlen zwischen 0 und 1 noch die Rationalzahlen des Intervalls $0 \ldots 1$ hinzunimmt, die eine abzählbare Menge $\mathfrak{A}$ bilden, so läßt sich $\mathfrak{A} + \mathfrak{M}$ auf $\mathfrak{M}$ abbilden. In jeder unendlichen Menge gibt es abzählbare Teilmengen. $\mathfrak{A}^*$ sei eine solche abzählbare Teilmenge von $\mathfrak{M}$, also $\mathfrak{M} = \mathfrak{M}_1 + \mathfrak{A}^*$ und daher $\mathfrak{M} + \mathfrak{A} = \mathfrak{M}_1 + \mathfrak{A} + \mathfrak{A}^*$. Die Abbildung von $\mathfrak{M}$ auf $\mathfrak{M} + \mathfrak{A}$ kann man nun in der Weise zustande bringen, daß man jedes Glied von $\mathfrak{M}_1$ sich selbst zuordnet und dann noch $\mathfrak{A}$ auf $\mathfrak{A} + \mathfrak{A}^*$ abbildet. Eine solche Abbildung ist ohne weiteres möglich, weil man zwei Folgen u_1, u_2, u_3, $\ldots$ und v_1, v_2, v_3, $\ldots$ stets zu einer einzigen vereinigen kann, nämlich zu u_1, v_1, u_2, v_2, $\ldots$

Wir wissen jetzt also, daß die Gitterpunkte mit positiven Koordinaten im Raume abzählbar-unendlich-vieler Dimensionen sich mit den Punkten der Strecke $0 \ldots 1$ paaren lassen. Diese Punkte bilden das sogenannte Kontinuum. Jene Gitterpunkte stellen also eine Menge von der Mächtigkeit des Kontinuums dar, wie Cantor es ausdrückt. Gleiche Mächtigkeit bedeutet nichts anderes als Abbildbarkeit oder Paarungsmöglichkeit. Der ganze Raum, den wir hier betrachten, hat trotz seiner abzählbar-unendlichvielen Dimensionen auch nur die Mächtigkeit des Kontinuums. Um das zu erkennen, überzeugt man sich zunächst, daß alle Punkte auf einer Geraden und alle Punkte der Strecke $0 \ldots 1$ Mengen von derselben Mächtigkeit darstellen. Die Abbildung der einen auf die andere Menge wird durch $y = \tan\left[\frac{\pi}{2}\left(x - \frac{1}{2}\right)\right]$ vermittelt. Wenn x das Intervall $0\ldots1$ durchläuft, dessen Grenzen wir hier ausschließen wollen, durchschreitet y das Intervall $-\infty\ldots\infty$. Auf Grund unserer Feststellungen können wir nun auch sagen, daß alle reellen Zahlen und alle irrationalen Zahlen zwischen 0 und 1 zwei Mengen gleicher Mächtigkeit darstellen. Es gibt also eine Paarung zwischen den reellen Zahlen x und den Irrationalzahlen ξ des Intervalls $0\ldots1$. Jedes x hat in $0\ldots1$ seinen irrationalen Partner ξ. Einem Punkt $x_0, x_1, x_2, \ldots$ unseres Raumes mit abzählbar-unendlich-vielen Dimensionen entspricht eine Folge $\xi_0, \xi_1, \xi_2, \ldots$, von irrationalen Zahlen aus $0\ldots1$. Ist nun

$$\xi_n = \cfrac{1}{p_{n0} + \cfrac{1}{p_{n1} + \cfrac{1}{p_{n2} + \cdot}}}$$

die Kettenbruchdarstellung von ξ_n, so kann man, wie wir wissen, aus den Folgen

$$
\begin{array}{llll}
p_{00} & p_{01} & p_{02} & \\
p_{10} & p_{11} & p_{12} & \\
p_{20} & p_{21} & p_{22} & \\
& & &
\end{array}
$$

eine einzige Folge bilden, z. B. nach dem durch die punktierten Linien angedeuteten Gesetz. Das wäre also die Folge

$$p_{00}, \underline{p_{10}, p_{11}, p_{01}}, \underline{p_{20}, p_{21}, p_{22}, p_{12}, p_{02}}, \ldots$$

Ihr entspricht die Irrationalzahl

$$\xi = \cfrac{1}{p_{00} + \cfrac{1}{p_{10} + \cfrac{1}{p_{11} + \cfrac{1}{p_{01} + \cdot}}}}$$

aus $0\ldots1$. Auf diese Weise sind die Punkte des betrachteten Raumes mit den Irrationalzahlen zwischen 0 und 1 gepaart. Die Gesamtheit aller dieser Punkte hat also nur die Mächtigkeit des Kontinuums, wie schon oben gesagt wurde. Wir haben vorhin festgestellt, daß eine Teilmenge aller Gitterpunkte dieses Raumes ebenfalls die Mächtigkeit des Kontinuums hat. Daraus folgt dann, daß auch der Gesamtheit aller Gitterpunkte diese Mächtigkeit zukommt. Es handelt sich hier um folgende Beziehung zwischen drei Mengen $\mathfrak{M}_1$, $\mathfrak{M}_2$, $\mathfrak{M}_3$: Man hat

$$\mathfrak{M}_3 \subset \mathfrak{M}_2 \subset \mathfrak{M}_1$$

und weiß, daß $\mathfrak{M}_1$ und $\mathfrak{M}_3$ gleich mächtig sind. Das Zeichen $\subset$ (Ungleichheitszeichen ohne Ecke) bedeutet so viel wie „ist enthalten in" oder „ist eine Teilmenge von". Die gleiche Mächtigkeit von $\mathfrak{M}_1$ und $\mathfrak{M}_3$ drückt Cantor durch die Formel aus $\mathfrak{M}_1 \sim \mathfrak{M}_3$. Auf Grund der zwischen $\mathfrak{M}_1$ und $\mathfrak{M}_3$ bestehenden Abbildung entspricht der Teilmenge $\mathfrak{M}_2$ von $\mathfrak{M}_1$ eine Teilmenge $\mathfrak{M}_4$ von $\mathfrak{M}_3$, der Teilmenge $\mathfrak{M}_3$ von $\mathfrak{M}_2$ eine Teilmenge $\mathfrak{M}_5$ von $\mathfrak{M}_4$ usw. Ist nun $\mathfrak{M}^*$ der Inbegriff aller Elemente von $\mathfrak{M}_1$, die in keinem $\mathfrak{M}_n$ enthalten sind, so hat man

$$\mathfrak{M}_1 = \mathfrak{M}^* + (\mathfrak{M}_2 - \mathfrak{M}_3) + (\mathfrak{M}_1 - \mathfrak{M}_2) + (\mathfrak{M}_4 - \mathfrak{M}_5) + (\mathfrak{M}_3 - \mathfrak{M}_4) + \ldots_3$$

$$\mathfrak{M}_2 = \mathfrak{M}^* + (\mathfrak{M}_2 - \mathfrak{M}_3) + (\mathfrak{M}_3 - \mathfrak{M}_4) + (\mathfrak{M}_4 - \mathfrak{M}_5) + (\mathfrak{M}_5 - \mathfrak{M}_6) + \ldots$$

Wir wollen nun jedes Element von $\mathfrak{M}^*$ oder von $\mathfrak{M}_4 - \mathfrak{M}_5$ usw. sich selbst zuordnen. Bei $\mathfrak{M}_1 - \mathfrak{M}_2$ und $\mathfrak{M}_3 - \mathfrak{M}_4$ dagegen, ebenso bei $\mathfrak{M}_3 - \mathfrak{M}_4$ und $\mathfrak{M}_5 - \mathfrak{M}_6$ kommt die Abbildung, die zwischen $\mathfrak{M}_1$ und $\mathfrak{M}_3$ besteht, zur Anwendung. Man sieht, daß $\mathfrak{M}_1$ und $\mathfrak{M}_2$ tatsächlich dieselbe Mächtigkeit haben. Es folgt also aus $\mathfrak{M}_3 \subset \mathfrak{M}_2 \subset \mathfrak{M}_1$ und $\mathfrak{M}_1 \sim \mathfrak{M}_3$ tatsächlich $\mathfrak{M}_1 \sim \mathfrak{M}_2$, so daß allen drei Mengen dieselbe Mächtigkeit zukommt.

Während im n-dimensionalen Raum die Gitterpunkte eine abzählbare Menge bilden und die Gesamtheit aller Raumpunkte die Mächtigkeit des Kontinuums hat, die über das Abzählbare hinausgeht, finden wir im Raum mit abzählbar-unendlich-vielen Dimensionen, daß die Menge aller Gitterpunkte und die Menge aller Raumpunkte von gleicher Mächtigkeit sind, und zwar von der Mächtigkeit des Kontinuums. Dieses Phänomen hätte auf Bernhard Bolzano, der sich in einem besonderen Buch mit den Paradoxien des Unendlichen beschäftigt hat, sicher starken Eindruck gemacht. Man sieht hier, wie gewaltige Verstümmelungen eine Menge verträgt, ohne ihre Mächtigkeit einzubüßen. Wenn man von dem ganzen Raum mit abzählbar unendlich vielen Dimensionen nur die Gitterpunkte stehen läßt, so hat er nichts von seiner Mächtigkeit eingebüßt.

Cantor benutzte zur Bezeichnung der Mächtigkeiten die Kardinalzahlen. Zwei Mengen, die gleiche Mächtigkeit haben, ordnet er dieselbe Kardinalzahl zu. Für diese Kardinalzahlen werden Addition und Multiplikation in nahe liegender Weise von ihm erklärt. Wenn man zwei Mengen $\mathfrak{M}$ und $\mathfrak{N}$ betrachtet, die kein Element gemein haben, so heißt der Inbegriff aller Elemente von $\mathfrak{M}$ und von $\mathfrak{N}$ die *Vereinigungsmenge* beider. Sie wird mit $\mathfrak{M} + \mathfrak{N}$ bezeichnet. Wenn nun $\mathfrak{m}$ und $\mathfrak{n}$ die zu $\mathfrak{M}$ und $\mathfrak{N}$ gehörigen Kardinalzahlen sind, so bezeichnet Cantor die zu $\mathfrak{M} + \mathfrak{N}$ gehörige Kardinalzahl mit $\mathfrak{m} + \mathfrak{n}$ und nennt sie die Summe von $\mathfrak{m}$ und $\mathfrak{n}$. Das Produkt wird so erklärt: Man betrachte alle Paare, die aus einem Element von $\mathfrak{M}$ und einem Element von $\mathfrak{N}$ bestehen. Diese Paare bilden eine Menge, deren Kardinalzahl mit $\mathfrak{m} \mathfrak{n}$ bezeichnet wird und als Produkt von $\mathfrak{m}$ und $\mathfrak{n}$ gilt. Man nennt die Menge jener Paare auch die *Verbindungsmenge* von $\mathfrak{M}$ und $\mathfrak{N}$. Auch Potenzen von der Form $\mathfrak{m}^{\mathfrak{n}}$ werden von Cantor betrachtet. Man muß sich, um die richtige Definition zu bilden, von der Analogie mit den gewöhnlichen Potenzen leiten lassen. Wenn man z. B. die Potenz 2^3 betrachtet, so kann man sich denken, daß eine dreigliedrige Menge ... mit den Elementen einer zweigliedrigen Menge belegt wird. Wenn wir als zweigliedrige Menge $+ -$ benutzen, so kann jeder der drei Punkte ... mit $+$ oder $-$ belegt werden. Dadurch entstehen folgende Bilder:

$$+++, \quad -++, \quad +-+, \quad ++-,$$
$$---, \quad +--, \quad -+-, \quad --+.$$

Die Anzahl dieser Bilder ist $8 = 2^3$. Demgemäß muß

man nun $\mathfrak{m}^\mathfrak{n}$ betrachten als die Menge aller Belegungen der Menge $\mathfrak{N}$ mit Elementen der Menge $\mathfrak{M}$. Jedes Element von $\mathfrak{N}$ wird durch ein Element aus $\mathfrak{M}$ ersetzt, wobei die ersetzenden Elemente nicht etwa verschieden sein müssen.

Wenn man die Kardinalzahl des Abzählbaren mit $\mathfrak{a}$, die des Kontinuums mit $\mathfrak{c}$ bezeichnet und bedenkt, daß ein Punkt des $\mathfrak{a}$-dimensionalen Raumes die Koordinaten x_0, x_1, x_2, ... hat, die eine Belegung von 0, 1, 2, ... mit Werten aus dem Intervall $-\infty \ldots \infty$ darstellen, also eine Belegung des Abzählbaren mit dem Kontinuum, so wird man sagen, daß die Kardinalzahl der im a-dimensionalen Raum enthaltenen Punkte $\mathfrak{c}^\mathfrak{a}$ lautet. Wir haben festgestellt, daß $\mathfrak{c}^\mathfrak{a} = \mathfrak{c}$ ist.

Wenn man im $\mathfrak{a}$-dimensionalen Raume nur die Gitterpunkte betrachtet und bedenkt, daß die Koordinaten p_0, p_1, p_2, ... jedes solchen Punktes ganze Zahlen sind, also Glieder der abzählbaren Menge 0, —1, 1, —2, 2, —3, 3, ..., so sieht man, daß zur Gesamtheit dieser Gitterpunkte die Kardinalzahl $\mathfrak{a}^\mathfrak{a}$ gehört. Wir haben oben festgestellt, daß $\mathfrak{a}^\mathfrak{a} = \mathfrak{c}$ ist.

In der Gleichung $\mathfrak{a}^\mathfrak{a} = \mathfrak{c}^\mathfrak{a}$ drückt sich die Tatsache aus, daß die sämtlichen Punkte des $\mathfrak{a}$-dimensionalen Raumes und seine sämtlichen Gitterpunkte Mengen von gleicher Mächtigkeit sind.

Wenn man das Intervall $0 \ldots 1$ fortgesetzt halbiert, so sind die Grenzen der so entstehenden Teilintervalle die sogenannten dyadischen Punkte. Diese Punkte

$$0,\ 1,\ \frac{1}{2},\ \frac{1}{4},\ \frac{3}{4},\ \frac{1}{8},\ \frac{3}{8},\ \frac{5}{8},\ \frac{7}{8},\ \ldots$$

bilden eine abzählbare Menge. Schaltet man sie aus, so bleibt eine Menge von der Mächtigkeit $\mathfrak{c}$ übrig, die von den nichtdyadischen Punkten gebildet wird. Betrachtet man einen solchen Punkt, so wird er entweder in der linken oder rechten Hälfte von $0 \ldots 1$ liegen. Wenn man diese Hälfte weiter halbiert, so wird er sich entweder links oder rechts vom Halbierungspunkt befinden usw. Es wird ihm also eine Folge entsprechen, in der jedes Glied eins der Worte links, rechts ist, d. h. eine Belegung des Abzählbaren mit den Elementen der zweigliedrigen Menge, die aus den Wörtern „links" und „rechts" besteht. Der Gesamtheit aller nichtdyadischen Punkte in $0 \ldots 1$ entspricht somit die Kardinalzahl $2^{\mathfrak{a}}$. Andererseits ist diese Kardinalzahl keine andere als die Zahl $\mathfrak{c}$. Es gilt also nicht nur die Gleichung $\mathfrak{a}^{\mathfrak{a}} = \mathfrak{c}$, sondern auch die einfachere Gleichung $2^{\mathfrak{a}} = \mathfrak{c}$. Wenn man als Elemente der zweigliedrigen Menge nicht die Wörter „links" und „rechts", sondern die Wörter „ja" und „nein" benutzt, so entspricht einer jeden Belegung des Abzählbaren mit den Wörtern „ja" und „nein" offenbar eine Teilmenge, eben die Teilmenge, die aus den mit „ja" belegten Elementen besteht. Diese Menge kann sich auch auf die Leermenge, die überhaupt kein Element enthält, reduzieren. Man kann hiernach also sagen, daß das Kontinuum nichts anderes ist als der Inbegriff aller Teilmengen des Abzählbaren. Diese Auffassung der Gleichung $2^{\mathfrak{a}} = \mathfrak{c}$ hielt Cantor für die einfachste Formulierung der Beziehung des Kontinuums zum Abzählbaren. Freilich wird dabei nur auf die Mächtigkeiten geachtet.

Wenn nun $\mathfrak{m}$ irgendeine Kardinalzahl ist, so kann man mit Cantor zeigen, daß, wie im Falle $\mathfrak{m} = \mathfrak{a}$, auch allgemein $2^{\mathfrak{m}} > \mathfrak{m}$ sein wird. Wann machen wir über zwei Kardinalzahlen $\mathfrak{m}$ und $\mathfrak{n}$ die Aussage $\mathfrak{n} > \mathfrak{m}$? Es seien $\mathfrak{M}$ und $\mathfrak{N}$ zwei Mengen, denen die Kardinalzahlen $\mathfrak{m}$ und $\mathfrak{n}$ entsprechen. Wenn es in $\mathfrak{N}$ eine Teilmenge $\mathfrak{N}_1$ gibt, die mit $\mathfrak{M}$ gleich mächtig ist. aber $\mathfrak{M}$ und $\mathfrak{N}$ nicht dieselbe Mächtigkeit haben, so gilt $\mathfrak{n}$ als die größere Kardinalzahl. Es ist nicht möglich, daß gleichzeitig in $\mathfrak{M}$ eine Teilmenge $\mathfrak{M}_1$ vorkommt, die mit $\mathfrak{N}$ gleich mächtig ist. Man braucht nur ein wenig zu überlegen, was aus $\mathfrak{M} \simeq \mathfrak{N}_1$ und $\mathfrak{N} \simeq \mathfrak{M}_1$ folgen würde. Auf Grund der zwischen $\mathfrak{M}$ und $\mathfrak{N}_1$ bestehenden Abbildung entspricht $\mathfrak{M}_1$ eine Teilmenge $\mathfrak{N}_2$

von $\mathfrak{N}_1$. Aus $\mathfrak{N} \simeq \mathfrak{M}_1$ und $\mathfrak{M}_1 \simeq \mathfrak{N}_2$ folgt aber $\mathfrak{N} \simeq \mathfrak{N}_2$ und dann, wie wir wissen, $\mathfrak{N} \simeq \mathfrak{N}_1$, also in Verbindung mit $\mathfrak{M} \simeq \mathfrak{N}_1$ doch $\mathfrak{M} \simeq \mathfrak{N}$, was wir gerade ausschließen.

Der Beweis des Satzes $2^m > m$ ist so einfach, daß man ihn jederzeit reproduzieren kann, wenn man ein wenig in die Cantorsche Denkweise eingedrungen ist. Man denke sich eine Menge $\mathfrak{M}$, der die Zahl m entspricht. Dann liegt dem Symbol 2^m der Gedanke zugrunde, die Menge $\mathfrak{M}^*$ aller Teilmengen von $\mathfrak{M}$ zu betrachten. Die eingliedrigen Teilmengen bilden eine Untermenge $\mathfrak{M}_1^*$ von $\mathfrak{M}^*$. Offenbar ist zwischen $\mathfrak{M}_1^*$ und $\mathfrak{M}$ eine Paarung vorhanden, weil es nahe liegt, jede eingliedrige Teilmenge von $\mathfrak{M}$ mit dem Element von $\mathfrak{M}$ zu paaren, aus dem sie besteht. Jedenfalls ist also $\mathfrak{M} \simeq \mathfrak{M}_1^*$. Jetzt muß nur noch gezeigt werden, daß es unmöglich ist, die ganze Menge $\mathfrak{M}^*$ mit $\mathfrak{M}$ zu paaren. Angenommen, eine solche Paarung wäre verwirklicht. Dann würde zu jedem Element m von $\mathfrak{M}$ eine Teilmenge von $\mathfrak{M}$ gehören, das heißt eine Belegung der Elemente von $\mathfrak{M}$ mit „ja" und „nein". „Ja" bedeutet die Zugehörigkeit, „nein" die Nichtzugehörigkeit zur Teilmenge. Wenn man nun m und die ihm zugeordnete Teilmenge von $\mathfrak{M}$ betrachtet, so wird dem m ein „ja" entsprechen, wenn es in dieser zugeordneten Teilmenge enthalten ist, ein „nein", wenn das nicht der Fall ist. Wir wollen nun, wenn es ein „ja" ist, dafür „nein" setzen und, wenn es ein „nein" ist, wollen wir „ja" dafür setzen. Wenn wir uns dies bei allen m durchgeführt denken, entsteht eine Belegung von $\mathfrak{M}$ mit „ja" und „nein", und diese Belegung kommt unter den Belegungen, die den einzelnen Elementen m entsprechen, nicht vor. Sie ist eben so konstruiert, daß sie von jeder dieser Belegungen abweicht. Das ließ sich erreichen, weil jede solche Belegung mit einem Element von $\mathfrak{M}$ gepaart war. Diese Annahme muß also falsch sein. Damit haben wir gezeigt, daß $\mathfrak{M}^* \simeq \mathfrak{M}$ ausgeschlossen ist. Da nun andererseits $\mathfrak{M} \simeq \mathfrak{M}_1^*$ war, so muß die zu $\mathfrak{M}^*$ gehörige Kardinalzahl notwendig größer sein als m. So gibt es also zu jeder Kardinalzahl eine größere. Das ist eine Feststellung von ähnlicher Art, wie zum Beispiel in der Zahlentheorie der Nachweis, daß es keine größte Primzahl gibt.

Aus der Feststellung $2^m > m$ zog Cantor den Schluß, daß es keine größte Kardinalzahl gibt. Es muß also auch $2^c > c$ sein und, wenn man $2^c = c_1$ setzt, $2^{c_1} > c_1$ usw. Solange Cantor an seinem Prinzip der Freiheit festhielt, hinderte ihn nichts, folgende Überlegung anzustellen. Man denke sich den Inbegriff aller Kardinalzahlen m. Es besteht keinerlei Verbot, davon zu reden. Zu jedem m denke man sich eine repräsentierende Menge $\mathfrak{M}$ und fasse alle diese Mengen $\mathfrak{M}$ zu einer Vereinigungsmenge $\mathfrak{M}^{**}$, der Menge aller Mengen, zusammen. Zu dieser Menge $\mathfrak{M}^{**}$ gehört eine Kardinalzahl m^{**}. Da es zu jeder Kardinalzahl m in $\mathfrak{M}^{**}$ eine Teilmenge $\mathfrak{M}$ gibt, so kann kein m größer als m^{**} sein. Also wäre m^{**} als größte Kardinalzahl anzusehen. Dem widerspricht Cantors Feststellung, daß $2^{m^{**}} > m^{**}$ ist. Man kommt also auf einen Widerspruch. Irgend etwas Unerlaubtes muß in der hier angestellten Überlegung stecken. Man nennt diesen Widerspruch das Paradoxon der größten Kardinalzahl. Auch Cantor bediente sich gelegentlich dieser Bezeichnung. Ich erinnerte ihn einmal, als wir davon sprachen, an eine Stelle aus der Rede Salomos bei der Einweihung des Tempels (2. Chronik 6, Vers 18, und 1. Könige 8, Vers 27): „Denn sollte in Wahrheit Gott bei den Menschen auf Erden wohnen? Siehe, der Himmel und aller Himmel Himmel können dich nicht fassen." „Aller Himmel Himmel" — erinnert das nicht stark an „aller Mengen Menge"? Was Salomo sagt, lautet, ins Mathematische übersetzt: Gott, das höchste Unendlich, kann überhaupt nicht erfaßt werden, weder durch eine Menge noch durch die Menge aller Mengen. Ich sagte schon, daß Cantor solche religiösen Gedanken sehr liebte. Außer dem heiligen Thomas las er sehr gern den heiligen Augustinus, der hinsichtlich des Unendlichen eine freiere Auffassung hat als der Aquinate. Cantors Abhandlungen über seine Mengenlehre erschienen zum Teil in philosophischen Zeitschriften und sind voll von Hinweisen auf Thomas und Augustin.

Wir wollen hier noch eine Schwierigkeit erwähnen, die sich in der Cantorschen Theorie der Kardinalzahlen einstellte und erst behoben wurde, als Zermelo den Wohlordnungssatz bewies. Wenn man zwei Mengen $\mathfrak{M}$ und $\mathfrak{N}$ hat, so sind folgende vier Möglichkeiten zu unterscheiden, wobei der Index 1 zur Bezeichnung einer Teilmenge dient:

I. $\mathfrak{M} \sim \mathfrak{N}_1$, aber nicht $\mathfrak{N} \sim \mathfrak{M}_1$,

II. $\mathfrak{N} \sim \mathfrak{M}_1$, aber nicht $\mathfrak{M} \sim \mathfrak{N}_1$,

III. $\mathfrak{M} \sim \mathfrak{N}_1$, $\mathfrak{N} \sim \mathfrak{M}_1$,

IV. weder $\mathfrak{M} \sim \mathfrak{N}_1$ noch $\mathfrak{N} \sim \mathfrak{M}_1$.

Im ersten Falle ist, wenn wir die zu $\mathfrak{M}$, $\mathfrak{N}$ gehörigen Kardinalzahlen wie früher $\mathfrak{m}$ und $\mathfrak{n}$ nennen, $\mathfrak{m} < \mathfrak{n}$, im zweiten $\mathfrak{m} > \mathfrak{n}$, im dritten $\mathfrak{m} = \mathfrak{n}$. Im vierten Falle aber müßte man sagen, daß $\mathfrak{m}$ und $\mathfrak{n}$ nicht vergleichbar sind. Dieser vierte Fall ist, wie man aus dem von Zermelo bewiesenen Cantorschen Wohlordnungssatz schließen kann, tatsächlich unmöglich, so daß zwei Kardinalzahlen stets vergleichbar sind. Auf den Wohlordnungssatz komme ich später noch zurück.

Cantor hat neben Dedekind und Weierstraß eine neue Theorie der Irrationalzahlen geschaffen, die gegenüber den beiden anderen Theorien unbestreitbare Vorzüge aufweist. Hilbert brauchte sie in seinen Vorlesungen über Funktionentheorie. Bei Cantor gehört zu jeder sogenannten Fundamentalfolge eine reelle Zahl. Eine Fundamentalfolge hat folgendes Aussehen: $r_1, r_2, r_3, \ldots$, wobei alle r_n rationale Zahlen sind. Es muß aber noch die Cantorsche ε-Bedingung erfüllt sein. *Jedem* beliebig vorgegebenen positiven ε muß ein Index ν entsprechen derart, daß die Glieder der „Restfolge" $r_{\nu+1}, r_{\nu+2}, \ldots$, die nach Fortnahme des „Abschnitts" $r_1, r_2, \ldots, r_\nu$ übrig bleibt, paarweise um weniger als ε differieren. Das ist in etwas modifizierter Form die Cantorsche ε-Bedingung. Jede Fundamentalfolge gilt als

Repräsentantin einer Zahl. Zwei Fundamentalfolgen r_1, r_2, r_3, ... und s_1, s_2, s_3, ... repräsentieren dieselbe Zahl, wenn auch r_1, s_1, r_2, s_2, r_3, s_3, ... eine Fundamentalfolge ist. Bei Cantor wird diese Gleichheitsbedingung allerdings etwas anders formuliert. Addition, Subtraktion, Multiplikation und Division werden so erklärt: Gehört zur Fundamentalfolge r_1, r_2, r_3, ... die Zahl ϱ, zur Fundamentalfolge s_1, s_2, s_3, ... die Zahl σ, so ist zunächst leicht feststellbar, daß auch $r_1 + s_1$, $r_2 + s_2$, $r_3 + s_3$, ... sowie $r_1 - s_1$, $r_2 - s_2$, $r_3 - s_3$, ... und $r_1 s_1$, $r_2 s_2$, $r_3 s_3$, ... Fundamentalfolgen sind. Die zugehörigen Zahlen werden als Summe, Differenz und Produkt von ϱ und σ erklärt und mit $\varrho + \sigma$, $\varrho - \sigma$, $\varrho \sigma$ bezeichnet. Bei der Erklärung von $\frac{\varrho}{\sigma}$ ist noch eine Bedingung zu erfüllen. Die Fundamentalfolge s_1, s_2, s_3, ... darf nicht die Zahl 0 darstellen. Eine Rationalzahl s wird durch die Fundamentalfolge s, s, s, ..., dargestellt, also 0 zunächst durch 0, 0, 0, ..., aber auch durch s_1, s_2, s_3, ..., wenn s_1, 0, s_2, 0, s_3, 0, ... eine Fundamentalfolge ist. Letzteres muß hier also ausgeschlossen werden. Daraus folgt dann, daß nur endlich viele s_n gleich Null sein dürfen. Diese endlich vielen Störenfriede kann man ausmerzen. Endlich viele Glieder spielen bei einer Fundamentalfolge überhaupt keine Rolle. Sie sind ohne Einfluß auf die ε-Bedingung und ebensowenig auf die dargestellte Zahl. Nach Ausmerzung der verschwindenden s_n läßt sich nun leicht zeigen, daß $\frac{r_1}{s_1}$, $\frac{r_2}{s_2}$, $\frac{r_3}{s_3}$, ... im Falle $\sigma \neq 0$ eine Fundamentalfolge ist, und als zugehörige Zahl wird dann $\frac{\varrho}{\sigma}$ betrachtet.

Auch das Fortbestehen der im rationalen Gebiet geltenden Rechnungsregeln ist mittels der Cantorschen Fundamentalfolgen besonders leicht nachweisbar. Sie sind überhaupt ein sehr schmiegsames Instrument.

Wir wollen hier noch ein großes Problem erwähnen, das Cantor viel Kopfzerbrechen bereitet hat und bis heute noch ungelöst ist. Hilbert hat in seinem großen Vortrag „Mathematische Probleme", den er auf der Pariser Weltausstellung hielt, auch dieses Cantorsche Problem, das sogenannte Kontinuumproblem, erwähnt bei der Aufzählung jener schwierigen Probleme, die wie uneinnehmbare Festungen bisher allen Anstürmen der Mathematiker standhielten. Seit Hilberts Vortrag, der offenbar eine anspornende Wirkung geübt hat, sind einige dieser Festungen gefallen. Das Kontinuumproblem hat aber bis heute allen Bemühungen Trotz geboten. Wir erwähnten die Cantorsche Feststellung $2^a = c$ und $c > a$. Es liegt nun die Frage nahe, ob es zwischen a und c eine Mächtigkeit m gibt, also eine Kardinalzahl, die den Ungleichungen $a < m < c$ genügt. Wie die Astronomen vor Entdeckung der Ceres (1. 1. 1801) nach einem Planeten suchten, der die Lücke zwischen Mars und Jupiter ausfüllt, so forschen die Mathematiker nach dieser Zwischenmächtigkeit m zwischen dem Abzählbaren und dem Kontinuum. Das ist das Kontinuumproblem. Wir wissen aus unsern früheren Darlegungen, daß man zur Mächtigkeit c gelangt, wenn man in einer abzählbaren Menge den Inbegriff aller Teilmengen bildet. Will man eine Zwischenmächtigkeit zwischen dem Abzählbaren und dem Kontinuum herstellen, so muß man nicht alle Teilmengen von einer abzählbaren Menge bilden, sondern eine geschickt gewählte Klasse solcher Teilmengen betrachten. Würde man nur die endlichen Teilmengen bilden, so käme man über das Abzählbare nicht hinaus, da diese endlichen Teilmengen eine abzählbare Menge darstellen. Mit Rücksicht hierauf kann man sich überhaupt von vornherein auf unendliche Teilmengen beschränken und die endlichen ganz beiseite lassen.

Die zu untersuchende Frage lautet dann: Gibt es in einer abzählbaren Menge eine nicht abzählbare Klasse unendlicher Teilmengen, deren Mächtigkeit nicht die des Kontinuums erreicht? Cantor selbst war der Meinung, daß diese Frage mit Nein zu beantworten ist. Wir kommen

später im Zusammenhang mit der Theorie der Ordnungszahlen nochmals auf das Kontinuumproblem zurück.

Jeder große Mann hat irgendeine Marotte. Cantors
Marotte war die, daß er sich für die Shakespeare-Bacon-
Frage leidenschaftlich interessierte. Er behauptete, schla-
gende Beweise dafür zu haben, daß Francis Bacon der
wahre Autor der Shakespeareschen Werke sei. Auch andere
haben diese Meinung vertreten. Cantor hielt die philosophischen Schriften des Görlitzer Schuhmachers Jakob
Böhme ebenfalls für unecht. Er glaubte, auch sie seien von
Bacon geschrieben. Irgendein Buch von Jakob Böhme ist
mit einem Bild des Görlitzer Schuhmachers geschmückt,
das nach Cantor nichts anderes sein soll als das Bild
Jakobs I. von England oder Bacons, den Cantor übrigens
für einen Blutsverwandten dieses Königs hielt. Ich habe
mehrere Vorträge Cantors über das Shakespeare-Bacon-
Problem gehört, bin aber nicht überzeugt worden. Cantor
brachte jedesmal eine Unmenge Literatur mit, einen großen
Wäschekorb voll. Seine Familie, die diese Betätigung nicht
gerne sah, wußte es einzurichten, daß er in Halle keinen
Saal bekam, ebensowenig in Berlin, wo er am liebsten gesprochen hätte. So kam er denn nach Leipzig. Da er wirklich nicht Englisch konnte, las er englische Zitate mit einer
selbsterdachten Aussprache vor, was ganz merkwürdig
klang. Wie alle von einer solchen Idee Besessenen fühlte
er sich seitens verschiedener Leute verfolgt, die, wie er
glaubte, seine Argumente fürchteten. Er war sogar der
Meinung, daß seine Feststellungen eine weltpolitische Bedeutung hätten und daß man ihn gerade deshalb mundtot
machen wollte. Viel Nervenkraft wurde durch diese Betätigung verbraucht. Es dauerte nach einer solchen Bacon-
Episode geraume Zeit, bis er wieder zu seinen mathematischen Problemen zurückkehrte. Während der Episode
war Cantors mathematisches Interesse vollkommen ausgeschaltet. Ich habe mir damals oft gesagt, daß hier vielleicht eine Art Selbsthilfe von Cantors an sich sehr ge-

sunder Natur vorlag. Das mathematische Organ mußte
einmal Zeit zum Ausruhen haben. Die Psychiater nehmen
solche Dinge viel zu ernst.

*

Otto Hölder, von dem ich schon erzählte, daß die Leipziger Fakultät seine Berufung auf den Lehrstuhl Lies
veranlaßt hatte, war ein sehr vielseitiger Mathematiker.
Sein Name ist in der Theorie der Substitutionsgruppen
verewigt durch die Einführung des Begriffs der Faktor-
gruppe, wodurch ein bedeutsamer Ausbau des Jordanschen
Theorems über Kompositionsreihen möglich wurde. Weiter
hat er sich um die Bestimmung der einfachen Gruppen
große Verdienste erworben. Von ihm stammt auch ein
schöner Enzyklopädieartikel über die Galoissche Theorie.

Eine sehr originelle Leistung Hölders ist sein schöner
Satz über die Gammafunktion. Außerdem hat er aber auch
wichtige Arbeiten in analytischer Mechanik geliefert.

In Leipzig beschäftigte er sich viel mit Grundlagen-
forschung. Ich denke da besonders an seine umfangreiche
Abhandlung „Die Axiome der Quantität und die Lehre
vom Maß" und an sein kleines Buch „Anschauung und
Denken in der Geometrie" (1900), ferner an das große
Werk „Die mathematische Methode. Logisch-erkenntnis-
theoretische Untersuchungen im Gebiete der Mathematik
und Physik" (1924).

Hölders Vater hatte eine Professur für romanische
Philologie an der Technischen Hochschule Stuttgart bekleidet. Einen Teil seiner Ausbildung verdankte Otto
Hölder den Berliner Koryphäen. Er hatte in Berlin so
intensiv studiert, daß er in der Woche rund vierzig
Stunden Mathematik hörte. Auch Paul Dubois-Reymond
in Tübingen war sein Lehrer. Ich verdanke es Hölder, daß
ich die Arbeiten dieses feinsinnigen Mathematikers kenne.
Habilitiert hatte sich Hölder in Göttingen. Später war er
auch einige Semester Ordinarius in Königsberg. Als mein

Bruder sich dort für Philosophie habilitierte, war Hölder beim Kolloquium anwesend und beteiligte sich daran mit einigen Fragen. Hölder gehörte in Königsberg zum Freundeskreis des theoretischen Physikers Paul Volkmann, eines Nachkommen des berühmten ostpreußischen evangelischen Bischofs Borowski. Mein Bruder war ein besonders intimer Freund Volkmanns und hatte mit ihm fast täglich philosophische Besprechungen.

Ich erinnere mich noch sehr gut an Hölders Leipziger Antrittsvorlesung. Damals regierte in Sachsen der alte König Albert, der sich großer Volkstümlichkeit erfreute. Es war üblich, daß der König jeden neu ernannten Ordinarius irgendeinmal hörte. Gewöhnlich wurden mehrere derartige Vorlesungen auf einen Tag gelegt. Der König kam aus Dresden herüber und stieg im Leipziger Schloß ab. Damals gab es noch keine Autos. Der König fuhr mit seinem Adjutanten in einem offenen Wagen, neben dem ein hoher Hofbeamter ritt. Weitere Wagen wurden von den Herren des Gefolges benutzt. Hölder, der, glaube ich, an dritter Stelle rangierte, hatte es als Mathematiker nicht leicht. Vorher war der König bei einem klassischen Philologen und einem Mediziner gewesen. Da wurde ihm allerhand Interessantes geboten. Wie kann da der Mathematiker konkurrieren! Aber Hölder löste seine Aufgabe sehr gut und geschickt. Er sprach über konforme Abbildungen und hob dabei die Beziehung zur Theorie der analytischen Funktionen hervor. Was er über die Mercatorkarte und ihre nautische Wichtigkeit sagte, soll, wie man nachher hörte, den König sehr interessiert haben. Am Schluß der Vorlesung trat nach altem Brauch ein Student vor und brachte ein Hoch auf den König aus. Dann sprach der König einige huldvolle Worte mit dem Vortragenden. Man erzählte nachher, er habe sich besonders über Sophus Lie informieren lassen und sein Bedauern ausgesprochen, daß es nicht gelungen war, ihn in Leipzig zu halten.

König Albert hatte seinerzeit auch Lies Antrittsvorlesung

gehört. Dabei war es aufgefallen, daß er während des Vortrags mehrmals leise, aber doch sehr eindringlich, mit einem neben ihm sitzenden Herrn seines Gefolges sprach. Nachher stellte sich heraus, was den König so sehr interessiert hatte. Nach dem Vortrag war nämlich seine erste Frage: „Sagen Sie, Herr Professor, was ist das für ein Orden, den Sie da tragen?" Lie gab zur Antwort: „Der Olafsorden, Majestät." Darauf wandte sich der König an den neben ihm stehenden Minister von Seydewitz: „Also habe ich doch recht gehabt." Diese kleine Geschichte hat mir Engel erzählt.

Ich muß hier noch eine kleine Bemerkung über Hölders Berufung nach Leipzig machen. Die Fakultät hat offenbar damals keinen Wert darauf gelegt, daß die Lieschen Theorien in Leipzig weiter gepflegt wurden. Unter den schon mehrfach erwähnten Professoren war Adolph Mayer der einzige, der ein Interesse daran haben konnte und auch tatsächlich hatte. Es ist aber wohl anzunehmen, daß er mit seiner Ansicht nicht durchdringen konnte. Sonst wäre Engel in den Vorschlag einbezogen worden. Aber selbst, wenn dies noch so nachdrücklich geschehen wäre, hätte der Minister von Seydewitz seine Ernennung nicht durchgeführt. Er war, wie ich schon hervorhob, aus Grundsatz ein Gegner des Aufrückens am Ort. Sogar ein Mann wie der Physiker Paul Drude konnte in Leipzig über das Extraordinariat nicht hinauskommen. Er nahm einen Ruf nach Gießen an. Von dort wollte man ihn als Ordinarius nach Leipzig zurückberufen. Er lehnte das aber ab und erhielt dann sogar ein Ordinariat an der Berliner Universität. Seinem Prinzip zuliebe beraubte der Minister die Universität Leipzig einer so hervorragenden Kraft! Dazu kommt aber noch etwas anderes. Drude war in Leipzig eingewöhnt und hätte dort in aller Ruhe seine großen Arbeiten weiterführen können. Der zweimalige Wechsel des Wirkungsortes brachte in sein Leben empfindliche Störungen. Die Großstadt Berlin stellte schließlich an seine Nerven so ungeheure und ungewohnte Anforderungen, daß er zusammenbrach. Er machte seinem Leben freiwillig ein Ende. Ich lernte später, als ich nach Dresden kam, Drudes Stiefbruder, den Botaniker Drude, kennen. Dieser war auch der Meinung, daß sein Bruder, wenn er in Leipzig hätte bleiben können, nicht so tragisch zu enden brauchte. Die Gelehrten sind leider viel zu abhängig von den Behörden, in deren Händen die Pflege der Wissenschaft liegt. Aber das wird sich wohl nie ändern. Es hat gar keinen Zweck, zu überlegen, wie man es anders einrichten könnte.

Einmal ist es übrigens in Leipzig doch gelungen, einen hervorragend tüchtigen Extraordinarius ins Ordinariat zu bringen. Das war der bekannte Historiker Brandenburg, ein kerniger Hanseate, der sich allgemeiner Beliebtheit erfreute. Hier lag es vielleicht auch am Fach, daß die Durchbrechung des Seydewitzschen Prinzips möglich wurde. An den Arbeiten Brandenburgs hatten Männer in führenden Stellungen Interesse.

Ich habe in Leipzig das Glück gehabt, auch den berühmten theoretischen Physiker Ludwig Boltzmann kennenzulernen. Er war schon ein recht alter Mann, als die Leipziger ihn aus Wien beriefen. Sonst heißt es gewöhnlich, daß man alte Bäume nicht mehr verpflanzen soll. Leipzig hatte aber offenbar den Ehrgeiz, den größten theoretischen Physiker der damaligen Zeit an sich zu ziehen. Die Wiener bedauerten seinen Abgang sehr. Nach dem Tode Ernst Machs, der von der Physik ganz zur Philosophie übergegangen war und in Wien eine Professur für induktive Philosophie bekleidete, bot man unter überaus vorteilhaften Bedingungen dem alten Boltzmann diese Professur an. Er griff zum größten Leidwesen der Leipziger ohne Bedenken zu und kehrte in sein geliebtes Wien zurück, wo er und neben ihm der große Experimentalphysiker Stefan die Physik zu höchster Blüte gebracht hatten. Wien war damals eine ganz ausgezeichnete physikalische Schule. Nicht lange hat Boltzmann die Philosophieprofessur in

Wien betreut. Er fühlte, daß seine geistigen Kräfte nach-
ließen, und machte eines Tages seinem Leben durch Er-
hängen ein Ende. Boltzmann war der letzte große Vertreter der klassischen Physik und hat sie in verschiedenen
wunderbar geschriebenen Büchern glänzend zur Darstellung gebracht. Seine umfassenden Werke, unter denen
die „Vorlesungen über Maxwells Theorie der Elektrizität
und des Lichtes", die „Vorlesungen über die Prinzipe der
Mechanik" und die „Vorlesungen über Gastheorie" besonders hervorragen, haben viele Leser gefunden. Dasselbe
gilt von den populären Schriften. Die humoristische Schilderung seiner Amerikareise wird man immer wieder mit
großem Genuß lesen. Wundervoll sind auch seine zahlreichen akademischen Reden. Daß man die Mathematik,
wo „Integrale ihre Hälse recken", schwer mit der Kunst
zusammenreimen kann, ist, wie er einmal sagt, eine viel-
verbreitete Meinung, die er dann aber glänzend widerlegt.

Im Professorenzimmer des Augusteums, wo die Professoren sich während der Pausen aufhielten, war Boltzmann immer sehr gesprächig. Er machte keinen Unterschied
zwischen Ordinarien, Extraordinarien und Privatdozenten.
Gerade mit uns Jüngeren plauderte er besonders gern. Ein
Gundzug seines Wesens war grenzenlose Menschenfreund-
lichkeit. Er ließ sich jedesmal von mir erzählen, was ich
vortragen würde, und war dabei so eifrig, daß er manchmal Bleistift und Papier heraussuchte, um sich die Sache
noch besser erklären zu lassen. Etwas zu verstehen, war
für ihn das schönste Erlebnis. Diese Unterhaltungen mit
Boltzmann bleiben mir unvergeßlich. Er muß auch zu
Hause davon gesprochen haben. Nach seinem Tode trat
sein Sohn mit meinem Bruder in Königsberg in Verbindung,
um ihn für die Herausgabe der Boltzmannschen Vorlesungen über induktive Philosophie zu gewinnen, und berief
sich dabei auf die Bekanntschaft seines Vaters mit mir.
Leider waren die Manuskripte, die er dann meinem Bruder
übermittelte, in einem trostlosen Zustand. Sicher hat Boltz-

mann bei diesen Vorlesungen ganz frei vorgetragen und aus dem reichen Schatz seines Wissens das herausgeholt, was ihm gerade einfiel. So konnte das Projekt, seine nachgelassenen philosophischen Vorlesungen herauszugeben, beim besten Willen nicht verwirklicht werden. Mein Bruder gab die Anregung, im Kreise der Hörer Rundfrage zu halten. Vielleicht besaß jemand eine stenographische Nachschrift. Die Nachforschungen blieben leider erfolglos. In Leipzig gab es unter den Naturforschern auch einen Philosophen, Wilhelm Ostwald. Er hielt während meiner Leipziger Dozentenzeit ein großes Kolleg über Naturphilosophie, wobei er ähnlich wie Boltzmann in Wien ganz frei sprach, ohne ein Manuskript mitzubringen. Er hatte aber zwei Stenographen dort sitzen, die alles genau nachschrieben. Schade, daß Boltzmann dies naheliegende Verfahren nicht auch anwandte. So sind uns seine Wiener Philosophie-Vorlesungen verlorengegangen. Mein Bruder war der Meinung, daß sie sehr wertvoll gewesen sein müssen. Er konnte aus den Bruchstücken ein geistreiches Kapitel über den Zahlbegriff rekonstruieren, das viel Originelles bot. Was sollte man aber mit einem solchen Bruchstück anfangen!

Über Ostwald könnte ich viel Interessantes berichten. Für mich war es schwer, zu ihm nähere Beziehungen zu gewinnen, weil er mit Lie nicht gut gestanden hatte. Lie war gegen Ostwalds Prinzip des ausgezeichneten Falles, das nach Meinung seines Urhebers alle mechanischen Vorgänge beherrschen sollte, vielleicht etwas zu scharf zu Felde gezogen. Ostwald hatte unter den Professoren zahlreiche Gegner. Ich glaube, daß einige von ihnen Lie als Sturmbock gegen Ostwald benutzt oder mißbraucht haben. Wie es ihnen gelungen war, Lie so aufzuputschen, ist mir ein Rätsel. Ich habe Lie niemals darüber befragt. Ostwald war seinerzeit im Banne der Energetik zu einer bedauerlichen Einseitigkeit gekommen. Er leugnete die Existenz der Materie. Von Molekülen und Atomen zu reden, war

bei ihm Jahre hindurch verpönt. Später ist er aber wieder
zum alten Glauben zurückgekehrt. Über seine neue Farbenlehre hört man auch jetzt noch sehr verschiedene Meinun-
gen. Sicher sind viele seiner Ideen wertvoll. Sie wirken
durch ihre verblüffende Einfachheit bestechend. Der große
Farbenatlas ist zweifellos eine wichtige und wertvolle Er-
rungenschaft. Ostwald ließ sich, was nicht so einfach
durchzusetzen war, vorzeitig von den Lehrverpflichtungen
befreien und lebte in Großbothen bei Leipzig in seiner
Villa „Energie" ganz der Forschertätigkeit. Hier wurde
auch in einem besonderen Fabrikbetrieb seine Farbenlehre
technisch ausgewertet. Ostwald hat in Leipzig die physikalische Chemie auf eine große Höhe gebracht. Zahlreiche
Dozenten waren bei ihm habilitiert, die infolge des großen
Ansehens ihres Meisters gut vorwärts kamen.

Der von mir oben erwähnte Greifswalder Historiker Otto
Seeck war ein intimer Freund von Ostwald. Beide hatten
in Dorpat studiert. Seeck war ursprünglich ebenfalls Chemiker gewesen.

Mit großer Bewunderung hing ich an dem Leipziger
Geographen Friedrich Ratzel. Er war in der Tat eine im-
ponierende Persönlichkeit. Sehr oft lud er mich in sein
Haus. Er war Protestant, seine Frau eine strenge Katholikin. Auch ich stamme aus einer Familie, in der beide
Konfessionen vertreten sind. Mein Großvater väterlicherseits bekannte sich zum katholischen Glauben, hatte aber
eine Protestantin geheiratet, die es durchsetzte, daß alle
Kinder evangelisch wurden. Die älteste Tochter konver-
tierte später und war dann sehr streng katholisch. Sie hat
es immer bedauert, daß die Geschwister Protestanten
blieben. Frau Professor Ratzel war eng befreundet mit der
Familie des bekannten und sehr einflußreichen Zentrumsführers Peter Spahn, dessen Sohn Martin Spahn eines
Tages von Wilhelm II. ohne Vorschlag der Fakultät zum
ordentlichen Professor der Geschichte an der Straßburger
Universität ernannt wurde. Eine Schwester Martin Spahns

war manchmal Logiergast im Ratzelschen Hause und mit den beiden Töchtern intim befreundet. Ich lernte sie dort kennen. Sie war eine sehr verständige und ernst gerichtete, sehr vielseitig gebildete junge Dame.

Ratzel wurde von den Mathematikern und Naturforschern nicht besonders geschätzt. Seine Geographie war in der Tat mehr Geisteswissenschaft als Naturwissenschaft, aber doch etwas Großes. Er war seinen eigenen Weg gegangen und hatte sich ohne jede Protektion in Karlsruhe habilitiert. Durch seine wunderbaren Bücher erregte er so großes Aufsehen, daß er eines Tages die schöne Leipziger Professur erhielt. Sein Vortrag war ganz fabelhaft. Er hatte immer einen großen Zulauf. Jetzt sind seine Bücher wieder stark in den Vordergrund getreten.

In Leipzig, der Buchhändlerstadt, hat man es als Dozent nicht schwer, Beziehungen zu Verlegern zu gewinnen. Engel brachte mich in Verbindung mit der Firma Wilhelm Engelmann, für die ich einige Bändchen der bekannten Sammlung „Ostwalds Klassiker" bearbeitete. Das Honorar war nicht hoch und wurde damals nur einmal für alle Auflagen bezahlt. Herausgeber der Sammlung war der ehemalige Dorpater Physikprofessor von Oettingen, der nach der Russifizierung Dorpats nach Deutschland gekommen war und in Leipzig als ordentlicher Honorarprofessor Aufnahme fand. Er durfte zwar physikalische Vorlesungen halten, hatte aber keinen Arbeitsraum im physikalischen Institut. Die Leitung der Ostwaldschen Klassiker brachte ihm eine kleine Einnahme. Als Honorarprofessor hat man nämlich zwar Honor, aber kein Honorar. Ich habe mich mit dem alten Oettingen immer gern unterhalten. Unter den Oettingen gab es auch solche, die den Fürstentitel führten. Professor von Oettingen hat sich viel mit Harmonielehre beschäftigt und nach einem besonderen Verfahren berühmte Kompositionen von unreinen Harmonien befreit. Er war stolz auf diese Veredelung der klassischen Musik.

Der Verleger Wilhelm Engelmann hatte einen Bruder, der Astronom war. Von ihm rührt die deutsche Bearbeitung von Newcombs „Populärer Astronomie" her, die sieben Auflagen erlebte. Littrows „Wunder des Himmels" brachten es sogar auf zehn Auflagen. In späteren Auflagen verlieren solche Bücher sehr viel dadurch, daß den neuen Bearbeitern die Begeisterung fehlt, die die ersten Herausgeber hatten. Einen Mann wie Littrow zu ersetzen, ist eben eine reine Unmöglichkeit. Die berühmten naturwissenschaftlichen Volksbücher von Aaron Bernstein, die mein Vater so gern las und wir als Schüler förmlich verschlangen, wurden, als sie immer mehr inhaltlich veralteten, auch eines Tages von fremder Hand modernisiert, waren dann aber, wenigstens nach meinem Geschmack, fast ungenießbar.

Eines Tages erhielt ich von dem Chef des Hauses Teubner, Herrn Ackermann, die Aufforderung, ihn zwecks einer Besprechung aufzusuchen. Bei dieser Unterredung machte er mir den Vorschlag, Cesàros „Geometria intrinseca" ins Deutsche zu übersetzen. Als ich bemerkte, daß ich nicht viel Italienisch verstünde, sagte er fortsetzend: „Aber desto mehr Mathematik." Er gab mir dann einige Lehrbücher der italienischen Sprache, die in seinem Verlag erschienen waren, und das dicke Wörterbuch von Scanferlato sowie ein Exemplar des Cesàroschen Buches. Ich setzte mich mit Cesàro, dem berühmten Professor der Universität Neapel, in Verbindung. Er gab seiner Freude darüber Ausdruck, daß ich diese Arbeit übernehmen wolle. Wir korrespondierten französisch. Nun ging ich nach kurzen vorbereitenden Sprachstudien sogleich an die Arbeit, und schon 1901 kam meine deutsche Ausgabe dieses schönen geometrischen Werkes heraus. Ich ahnte damals noch nicht, daß einmal die natürliche Geometrie, wie ich Geometria intrinseca übersetzte, eines meiner eigenen Arbeitsgebiete werden sollte. Herr Ackermann, der die mathematisch-naturwissenschaftliche Abteilung der Firma Teubner leitete, übertrug mir einige Jahre später die Übersetzung eines andern, viel umfangreicheren Buches von Cesàro. Es erschien 1904 unter dem Titel: „Elementares Lehrbuch der algebraischen Analysis und der Infinitesimalrechnung." Cesàro hat dieses Buch damals ganz neu bearbeitet und schickte mir laufend, was er fertig hatte. Er schrieb alles mit eigener Hand, so vollkommen wie ein Schönschreiber, und ich schrieb die ganze Übersetzung ebenfalls mit eigener Hand. Mein Manuskript war ein ansehnlicher Papierberg. Auch alle meine eigenen Bücher und Abhandlungen habe ich durchweg mit der Hand geschrieben.

Cesàro wollte durch diese deutschen Übersetzungen besonders die Aufmerksamkeit der amerikanischen Mathematiker auf sich lenken, die Italienisch nicht so gut lesen können. Er träumte von einer Berufung nach Amerika und gedachte dadurch seine wirtschaftliche Lage zu verbessern. Er war in Neapel sehr schlecht besoldet und konnte für sich und seine Familie nicht so gut sorgen, wie er es wünschte. Leider ist sein Traum nicht in Erfüllung gegangen. Nicht lange nach Erscheinen der algebraischen Analysis ertrank er beim Baden. Er war ein äußerst produktiver und überaus fleißiger Forscher und hatte immer in dürftigen Verhältnissen gelebt, ohne daß seine reine Begeisterung für die Wissenschaft eine Einbuße erlitt. Unter den italienischen Mathematikern nimmt er einen hervorragenden Platz ein, und das will viel heißen, weil Italien reich mit großen Mathematikern gesegnet ist.

LEHRZEIT

Berufung nach Greifswald

Ich war gerade zwei Jahre Privatdozent gewesen und
hatte noch nicht einmal recht Zeit gehabt, um mir Sorgen
wegen der Zukunft zu machen, als die erste Berufung auf
eine Professur an mich herantrat. Es war zwar nur eine
außerordentliche Professur an der kleinen Universität
Greifswald, aber immerhin eine feste Position, die jeder
Privatdozent gern annimmt. Am 16. Oktober 1901 erfolgte meine Ernennung. Einige Wochen vorher erhielt ich
ein Schreiben des Ministerialrats Elster, der Ministerialdirektor Althoff habe den Wunsch, mich kennenzulernen;
ich möge nach Berlin kommen und mich im Unterrichtsministerium einfinden. Ich war gerade zu den akademischen
Ferien bei meinen Eltern. Mein Vater wirkte damals als
Schulrat in der Provinz Posen, im idyllischen Städtchen
Birnbaum, dem Geburtsort des Hofpredigers Kögel. Ich
fuhr mit einem Nachtzug nach Berlin und war schon gegen
9 Uhr früh im Ministerium. Nach der Anmeldung wurde
ich in ein Wartezimmer geführt, wo schon einige Herren
saßen und nachher immer noch neue erschienen. Es war
bekannt, daß man in diesem Ministerium lange warten
mußte. Gegen 12 Uhr erschien ein Diener im Wartezimmer und sagte, die Herren, die auf Ministerialrat
Elster warteten, möchten am Nachmittag gegen 5 Uhr
wiederkommen. Der Ministerialrat hätte gerade eine
Sitzung. So entfernten wir uns mit einem Gefühl der Enttäuschung, aber doch in der Hoffnung, vielleicht am Nachmittag unser Ziel zu erreichen.

Als ich um fünf Uhr mich wieder einfand, war ich zufällig der erste. Geheimrat Elster ließ mich sofort zu sich bitten und teilte mir in sehr verbindlicher Form mit, daß an der Universität Greifswald ein neues Extraordinariat für Mathematik eingerichtet werde und der Herr Minister mich dorthin berufen wolle. Es wurde mir eine Art Vertrag zur Unterschrift vorgelegt, der so begann: „Zwischen dem Ministerialrat Prof. Dr. Elster und dem Privatdozenten Dr. Gerhard Kowalewski an der Universität Leipzig ist folgendes vereinbart worden." Diese Form des Abschlusses war damals bei Berufungen allgemein üblich. Als alles in Ordnung war einschließlich der Gehaltsfestsetzung, sagte Elster, er müsse mich jetzt noch unbedingt dem Herrn Ministerialdirektor vorstellen. Wir gingen zusammen in dessen Büro, und hier sah ich nun zum erstenmal den berühmten Lenker des preußischen Hochschulwesens. Althoff war ein untersetzter Herr, der einen Fischerbart trug. Er hatte in seinem Wesen eine nervöse Hast. Ganz kurz fertigte er mich ab und sagte nur: „Sie gehen also nach Greifswald. Na, lassen Sie sich von dem da nicht zu sehr übers Ohr hauen!" Dabei wies er auf Elster. Das war natürlich nur ein Scherz. Er wußte ganz genau, wie wenig ein Extraordinarius an Gehalt erhielt. Es waren ganze 2000 M im Jahr. Als Alfred Körte, der klassische Philologe, seinerzeit nach Greifswald kam, hatte er sich gerade mit Fräulein Gropius aus dem bekannten Seidenhause Gropius vermählt. Außerdem war er der Sohn des berühmten Berliner Chirurgen Körte. Daraufhin wollte man ihm nur 1800 M im Jahr geben. Man sieht, wie wenig der Hochschulbetrieb den Staat kostete. Andererseits freilich sorgten die Kliniken und die naturwissenschaftlichen Institute für den nötigen Geldverbrauch. Althoff führte später die Kolleggeldabzüge ein, die dem Staat viel Geld einbrachten. Als Nernst das Patent seiner Nernstlampe so vorteilhaft verkaufte, wollte Althoff eine Verordnung herausbringen, wonach in solchen Fällen der Staat einen erheblichen Anteil am Gewinn haben sollte, mit der Begründung, daß die Arbeit an der Erfindung in den staatlichen Institutsräumen und mit den Hilfsmitteln des Instituts durchgeführt wurde. Es gab wegen dieser Verordnung ein langes Hin und Her. Ich weiß jetzt nicht mehr, ob sie verwirklicht wurde. Wäre dies gelungen, so hätte der Staat aus der Forschertätigkeit der Professoren Riesengewinne erzielen können. Sinngemäß wäre dann von dieser Besteuerung vermutlich auch die Privatpraxis der großen Mediziner, die Gutachterpraxis der großen Ingenieure und vieles andere betroffen worden. Später gelang es Althoff, die Großindustrie zur Übernahme erheblicher Lasten heranzuziehen, die sonst der Staat hätte tragen müssen. Es handelte sich dabei hauptsächlich um die Errichtung naturwissenschaftlicher und medizinischer Institute. Göttingen ist ein glänzendes Beispiel, wie viel auf diesem Wege erreicht werden kann. Althoff war ein wahrhaft großer Organisator. Als Menschenkenner verstand er es ausgezeichnet, für jede Aufgabe immer den rechten Mann herauszufinden. Er hatte auch ein fabelhaftes Personengedächtnis. Ursprünglich war er an der Straßburger Universität Extraordinarius in der juristischen Fakultät gewesen. Elster hatte als Nationalökonom an der Königsberger Universität gewirkt. Sie kannten beide das Professorenmilieu zur Genüge.

An jeder Hochschule hatte Althoff seinen Vertrauensmann, der ihn über alles unterrichtete. In Greifswald war es der Theologieprofessor Bosse, ein Sohn des seinerzeitigen Kultusministers. Althoff hatte ihn angeregt, sich zu habilitieren, und ihm dann sehr bald eine Professur gegeben. Bosse war in seiner Berichterstattung äußerst wohlwollend. Wenn er über einen Kollegen befragt wurde, machte er dem Betreffenden einen Besuch und ließ sich von ihm selbst alle Angaben machen, die er brauchte. Andere Berichterstatter werden sich nicht dieses hochanständigen Verfahrens bedient haben. Bosse war eben eine durchaus vornehme Natur. Bei jeder Besetzung hatte Althoff außerdem die Gewohnheit, die Vorschlagsliste mehreren Fachleuten zur Begutachtung vorzulegen. Ich habe in späteren Jahren selbst sehr oft solche Gutachten abgeben müssen und kann sagen, daß alle, die von mir begutachtet wurden, sich nur gratulieren konnten. Ich habe immer das Gute stark hervorgehoben und das weniger Günstige kaum erwähnt. Manchmal hatten andere Gutachter irgendeinen von mir gut Beurteilten ganz schlecht gemacht. Es ist vorgekommen, daß ich dann zu solchen ungünstigen Urteilen Stellung nehmen mußte und sie erfolgreich widerlegen konnte. Ich habe aber beobachtet, daß so viele Beurteilungen nur dann eingeholt wurden, wenn man einen tüchtigen Mann aus irgendeinem nicht ganz sachlichen Grund ausschalten wollte. Legte das Ministerium Wert darauf, jemandem in den Sattel zu helfen, so ging es auch ohne Gutachten. Vielfach war die Meinung verbreitet, daß ein an erster Stelle Vorgeschlagener unbedingt ernannt werden müßte. Ein großer Irrtum! Bei der Besetzung eines mathematischen Ordinariats in Aachen kam es z. B. vor, daß im letzten Augenblick noch ein erst vor kurzer Zeit habilitierter Privatdozent an fünfter Stelle genannt wurde. Der wohlwollende Professor, der dazu die Anregung gab, sagte, es käme ihm nur darauf an, dem Dozenten eine kleine Anerkennung zu gewähren. Kaum war die Liste in Berlin, so erfolgte schon die Ernennung unter Übergehung der andern Vorgeschlagenen. Als ich in späteren Jahren bei einem Besuch im Ministerium darüber klagte, daß mein Bruder immer noch keine planmäßige Professur hätte, sagte Geheimrat Elster, er wäre zwar mehrfach auf Vorschlagslisten gewesen, aber nicht an erster Stelle. Ich hätte eine solche Intervention normalerweise überhaupt nicht unternehmen können, wenn nicht zufällig damals ein Verwandter der mit meinen Eltern eng befreundeten Familie von Frankenberg und Proschlitz, Herr Wende, Ministerialdirigent im Unterrichtsministerium gewesen wäre. Mit ihm hatte meine Schulfreundin Agnes von Frankenberg ein vorbereitendes Gespräch geführt. Als nach 1918 Professor Tröltsch, der berühmte Heidelberger Theologe, übrigens auch ein ausgezeichneter Philosoph und der beste Kenner Hegels, ins Berliner Kultusministerium kam, wurde sofort etwas für meinen Bruder getan. Es ist sehr schade, daß die einmal greifbar nahe gerückte Möglichkeit, Tröltsch den Ministerposten zu geben, sich wieder zerschlug. Herr Wende wurde, ehe er überhaupt dazu kam, irgend etwas Positives für meinen Bruder durchzusetzen, als Kurator an die Universität Kiel geschoben. Wenn ich noch ein Wort über Tröltsch sagen darf, so kann ich auf Grund wiederholter Begegnungen feststellen, daß er trotz seiner theologischen Fachzugehörigkeit tiefes Verständnis auch für die andern Wissenschaftsgebiete hatte. Ich sprach einmal mit ihm von den Bestrebungen meines Bruders, die Experimentalpsychologie für philosophische Zwecke auszunutzen. Er zeigte volles Verständnis dafür und wußte sogar von meines Bruders schöner Schrift „Studien zur Psychologie des Pessimismus", die als Heft der bekannten Sammlung „Grenzfragen des Nerven- und Seelenlebens" im Jahre 1904 erschien und eine ausführliche, höchst anerkennende Besprechung in den „Göttinger Gelehrten Anzeigen" erfuhr seitens des Bonner Philosophen Oswald Külpe, eines der bedeutendsten Schüler Wundts. In Dresden hat Tröltsch einmal, gerade als davon die Rede war, ihn zum Unterrichtsminister zu machen, einen wunderbaren Hegelvortrag gehalten. So ist wohl noch nie über Hegel gesprochen worden. Dieser Vortrag war ein ganz einzigartiges Erlebnis. Ich dankte im Innern meinem Gott, daß ich imstande war, so etwas Hohes ganz zu verstehen. Ich glaube, daß viele der Hörer mit einem so überlegenen Geist wie Tröltsch, doch nicht recht Schritt halten konnten. Bei späteren Gesprächen habe ich das deutlich gespürt.

Als ich meine kleine Professur in Greifswald antrat, galten meine ersten Besuche den alten Lehrern und Freunden,

vor allem Gercke, Limpricht, Richarz, Thomé. Dann ging
ich zu Eduard Study, der seit Minnigerodes frühem Tode
die andere mathematische Professur bekleidete. Ich hatte
schon in Leipzig viel von Study gehört. Ich kannte seine
„Methoden zur Theorie der ternären Formen" (1889) und
seine schöne und tiefgründige Schrift „Sphärische Trigonometrie, orthogonale Substitutionen und elliptische Funktionen" (1893), sowie den Enzyklopädieartikel über höhere
komplexe Zahlen. Study war in Leipzig Privatdozent gewesen, wurde aber dort nicht gebührend gefördert trotz
seiner hervorragenden Leistungen. Ein amerikanischer Professor, der sein Sabbatjahr hielt, setzte es durch, daß Study
als sein Vertreter berufen wurde. Study beherrschte die
englische Sprache in höchster Vollendung. Er hatte gehofft,
man würde ihm in den USA. eine Professur geben. Wirklich bot sich auch eine offene Stelle. Aber ein Amerikaner
jagte sie ihm ab und bediente sich dabei ganz übler Intrigen. Study kehrte nach Deutschland zurück und ließ
sich in Marburg als Dozent nieder. Er erreichte dort nur
ein außerplanmäßiges Extraordinariat, dann ein plan-
mäßiges in Bonn. Greifswald bot ihm das erste Ordinariat,
und ein so ruhmgekrönter Gelehrter mußte an diese kleinste
preußische Universität gehen. Die Wissenden konnten sich
ungefähr denken, welche Hintergründe dieses Studysche
Schicksal hatte. Felix Klein war damals in der Mathematik
der Königsmacher. Ohne ihn konnte niemand ein mathematisches Ordinariat erlangen, mit seiner Hilfe auch mancher ganz Unbedeutende, z. B. Gutzner das Ordinariat
in Halle. Study hatte es nicht fertiggebracht, sich mit
Felix Klein gut zu stellen. Er war ein Feind alles Bonzen-
tums und jeder Art von Kriecherei. Klein wußte es nur
zu gut, daß Study sich nicht vor ihm beugte, und mochte
ihn deshalb nicht. Selbstverständlich hat er ihn bei keiner
Gelegenheit empfohlen. Wenn dies von anderer Seite geschah, erhob Klein Bedenken, und für Althoff war Klein
das Orakel. Einen ähnlichen Einfluß hatte seinerzeit Weier-

straß geübt. Seine Schüler fand man an allen Universitäten Deutschlands. Die Weierstraßschen Kreise stellten sich übrigens ablehnend gegen Klein. Es gelang z. B. dem Ministerium nicht, Klein nach Berlin zu bringen. Im Alter hat sich Weierstraß nicht mehr um solche Dinge gekümmert. Deshalb bin auch ich nicht von ihm gefördert worden, trotz meiner allerdings nur über Waldemar von Kowalewski bestehenden Verwandtschaft mit der berühmten Sonja Kowalewski. Weierstraß hat mich, wenn ich ihn aufsuchte, immer sehr freundlich empfangen und sich für mein Schicksal interessiert. Ihm verdanke ich auch eine sehr wertvolle Empfehlung an den schwedischen Mathematiker Mittag-Leffler, der einer der treuesten Anhänger von Weierstraß war. Was hätte ich alles erreichen können, wenn ich es verstanden hätte, solche Beziehungen auszunutzen! Darin fühle ich mich Study verwandt, daß mir alles das abgeht, was man „Weltklugheit" nennt. Meine streng christliche Einstellung veranlaßte mich immer, mich zu den Niederen zu halten. „Trachtet nicht nach hohen Dingen!" Diese Mahnung war für mich immer richtunggebend. Sie ist so wunderschön im 131. Psalm formuliert, den ich sehr liebe. Study hatte, obwohl er ganz irreligiös war, dieselbe Einstellung. Irreligiös war Study nicht etwa, weil die Wissenschaft ihn dem Glauben entfremdet hatte. Er war irreligiös infolge einer eigenartigen Erziehung, die ihm sein Vater, ein Gymnasialdirektor in Gotha, gegeben hatte. Als ausgesprochener Freidenker hielt dieser den Sohn vom Religionsunterricht ganz fern und entzog ihn auch jedem kirchlichen Einfluß. Frau Professor Study, eine geborene von Langsdorff, war aufrichtig religiös und ließ die einzige Tochter trotz des väterlichen Einspruchs in diesem Sinne erziehen. Es gab auch Theologen in ihrer Verwandtschaft. Frau Study war hoch musikalisch und in Musik sehr gut ausgebildet. Für Musik hatte auch Professor Study tiefes Verständnis. Mir gefiel es z. B. sehr, daß er die Brahmssche Musik als zu kalt ablehnte.

Study war in seiner äußeren Erscheinung sehr interessant. Zunächst fiel die außerordentliche Magerkeit auf. Sein scharf geschnittenes Gesicht mit stark entwickelter Nase war von intensiver Gedankenarbeit zerfurcht. Er hatte sehr freundlich blickende Augen und war überhaupt ein gütiger Mensch, litt aber sehr unter allerhand Unpäßlichkeiten, die auf seine Stimmung ungünstig einwirkten. Nach jeder Mahlzeit nahm er ein starkes Quantum doppelt kohlensauren Natrons ein, da er viel mit Magensäure zu tun hatte.

Beim ersten Besuch erzählte er mir, mit großer Offenherzigkeit, welchen Umständen ich mein Extraordinariat verdankte. Study hatte gegen die neue, vom Ministerium herausgebrachte Prüfungsordnung kritische Einwände erhoben, und zwar in sehr scharfer Form. Z. B. hatte er behauptet, diese Prüfungsordnung wirke demoralisierend. Das Ministerium war stark verstimmt, lud ihn nach Berlin und eröffnete ihm, daß man sich genötigt sehe, noch einen Mathematiker nach Greifswald zu setzen. Er möchte sofort an Ort und Stelle drei Vorschläge machen. Da nannte er mich nun an erster Stelle. Er hatte an meinen letzten Publikationen besondere Freude gehabt. Deshalb kam es ihm in den Sinn, mich vorzuschlagen. Althoff hatte gemeint, ich wäre womöglich ein Pole. Darauf hatte Study, der meine Verhältnisse durch Richarz, Limpricht und Thomé kannte, gleich nachdrücklich erwidert, ich wäre auf keinen Fall ein Pole, sonst hätte mein Vater niemals Schulrat in der Provinz Posen werden können. Hätte Study diese positive Auskunft nicht gegeben, so wäre die Berufung nach Greifswald gescheitert, ich wäre, wer weiß wie lange, in der Leipziger Sackgasse geblieben.

Meine Greifswalder Professorenzeit ist eine schöne Erinnerung für mich. Mütterlicherseits stamme ich aus einer alten pommerschen Bauernfamilie, die in der Zeit, als Pommern den Schweden gehörte, aus Schweden eingewandert war. Die Müsebecks, deren einer dem in der Türkei

internierten Schwedenkönig Karl XII. mit einem schweren
Geldbeutel zu Hilfe eilte, sind mit uns verwandt,
ebenso die Heydebreeks und viele andere bekannte Familien.
Immer, wenn ich später schwedischen Boden betrat, schlug
mir das Herz höher. Ich spürte, daß sich eine Art Heimat-
gefühl in mir regte. Wäre mein großer Gönner Gösta
Mittag-Leffler nicht so früh gestorben, er hätte mich sicher
nach Schweden gezogen. An solche Möglichkeiten nachträglich zu denken, ist aber vollkommen zwecklos. Man soll
mit dem tatsächlichen Verlauf seines Lebens zufrieden sein.

Als ich nach Greifswald kam, arbeitete Study an seinem
großen Werk „Geometrie der Dynamen". Ein Fundamen-
talbegriff in diesen Theorien ist das Soma. Als Protosoma
wird irgendeine Anfangslage eines Körpers bezeichnet.
Soma ist das griechische Wort für Körper. Auf dieses
Protosoma werden alle möglichen Bewegungen ausgeübt.
Dadurch entsteht die Mannigfaltigkeit aller ∞^6 Somen. Es
werden für ein Soma zweckmäßige Koordinaten eingeführt,
die Studyschen Somenkoordinaten, und nun wird im sechsdimensionalen Raume der Somen Geometrie getrieben,
ähnlich, wie Plücker sie seinerzeit im Raum der ∞^4 Geraden trieb. Study ist der Schöpfer dieser Somengeometrie.
Übrigens hat er auch, um dies hier gleich zu erwähnen,
eine neuartige Liniengeometrie aufgebaut. Das sind alles
ganz erstklassige geometrische Leistungen, die ihm so leicht
niemand nachmachen kann. Dabei hat Study in die Geometrie, die sich in neuerer Zeit an eine gewisse nachlässige
Unstrenge gewöhnt hatte, wie sie z. B. in der sogenannten
abzählenden Geometrie zu beobachten ist, wieder die absolute Strenge eingeführt. Er ist als ein großer Erneuerer
der Geometrie zu betrachten und als solcher noch nicht
genügend gewürdigt worden. Überhaupt hat man Study
in unbegreiflicher Kurzsichtigkeit überall beiseite geschoben.
Man muß es der Bonner Fakultät besonders hoch anrechnen,
daß sie ihn nach dem Rücktritt von Lipschitz auf das
dortige Hauptordinariat berief. Study hat an dieser durch

Plückers Andenken geheiligten Stätte einen würdigen Platz gefunden. Als der andere Ordinarius, Kortum, starb, wurde dessen Professur in zwei Extraordinariate geteilt, dessen eines mir übertragen wurde, während das andere der Breslauer Privatdozent Franz London erhielt. Später habilitierten sich Blaschke, Mohrmann, dann sogar Erhard Schmidt und Caratheodory in Bonn. Auch Issai Schur, Beck und Hausdorff waren Bonner Professoren. Durch Study gewann Bonn als mathematische Schule ein ungeheures Ansehen. Davon werde ich später noch erzählen.

*

Ich sprach vorhin von der Somengeometrie. Die Koordinatenbestimmung der Somen hängt mit der Parametrisierung der Bewegungen zusammen. Das liegt in der Definition der Somen begründet. Euler hat durch seine drei Winkel die Drehungen um einen Punkt parametrisiert, und noch heute wird von dieser Parametrisierung in Mechanik und Astronomie Gebrauch gemacht. Jeder solchen Drehung entspricht eine orthogonale Matrix. Cayley, der große englische Mathematiker, der die Produktivität Eulers erreichte, hat die allgemeine Parametrisierung einer n-reihigen orthogonalen Matrix in wunderbar eleganter und überraschend einfacher Weise durchgeführt. Lipschitz wies in seiner berühmten, sehr lesenswerten Schrift „Untersuchungen über Summen von Quadraten" (Bonn 1886, Seite 28) darauf hin, daß Cayleys Formeln für den Sonderfall $n = 3$ schon bei Euler vorkommen. Der Titel der Eulerschen Abhandlung „Problema algebraicum ob affectiones prorsus singulares memorabile" beweist, welchen Wert er darauf legte. Ich habe diese Euler-Cayleysche Parametrisierung mit Lies Verfahren der Erzeugung endlicher Transformationen durch infinitesimale in Verbindung gebracht und folgendes bewiesen:

Läßt man die infinitesimale Drehung

$$\frac{1}{\sqrt{\lambda_1{}^2 + \lambda_2{}^2 + \lambda_3{}^2}} \begin{vmatrix} \lambda_1 & \lambda_2 & \lambda_3 \\ x & y & z \\ \dfrac{\partial f}{\partial x} & \dfrac{\partial f}{\partial y} & \dfrac{\partial f}{\partial z} \end{vmatrix}$$

während eines Zeitintervalles t wirken, das durch die Gleichung

$$\tan \frac{t}{2} = - \frac{1}{\lambda_0} \sqrt{\lambda_1{}^2 + \lambda_2{}^2 + \lambda_3{}^2}$$

bestimmt ist, so entsteht eine endliche Drehung, deren Matrix so lautet

$$(\lambda_0{}^2 + \lambda_1{}^2 + \lambda_2{}^2 + \lambda_3{}^2)^{-1}$$

$$\begin{pmatrix} \lambda_0{}^2 + \lambda_1{}^2 - \lambda_2{}^2 - \lambda_3{}^2, & 2\,(\lambda_1\lambda_2 + \lambda_0\lambda_3), & 2\,(\lambda_1\lambda_3 - \lambda_0\lambda_2) \\ 2\,(\lambda_2\lambda_1 - \lambda_0\lambda_3), & \lambda_0{}^2 + \lambda_2{}^2 - \lambda_3{}^2 - \lambda_1{}^2, & 2\,(\lambda_2\lambda_3 + \lambda_0\lambda_1) \\ 2(\lambda_3\lambda_1 + \lambda_0\lambda_2), & 2\,(\lambda_3\lambda_2 - \lambda_0\lambda_1) & \lambda_0{}^2 + \lambda_3{}^2 - \lambda_1{}^2 - \lambda_2{}^2 \end{pmatrix}$$

Nach der in der Matrizenrechnung üblichen Symbolik muß der voranstehende Faktor allen Elementen der Matrix beigefügt werden. Was hier vor uns steht, ist die berühmte Euler-Cayleysche Parametrisierung.

Es sei noch bemerkt, daß t zugleich der Winkel der erzeugten endlichen Drehung ist. Ihre Achse wird durch den Vektor $\lambda_1, \lambda_2, \lambda_3$ bestimmt. Denkt man sich diesen Vektor personifiziert (Füße im Ursprung, Kopf in der Spitze), so werden die Drehungen nach links herum positiv gerechnet, nach rechts herum negativ. Im ersten Falle ist t positiv, im zweiten negativ. Das Achsensystem ist ein Rechtssystem. Muß man hier nicht an Lies schon oben erwähnten Ausspruch denken: „Meine Gruppentheorie setzt ihren Finger auf die wichtigen Punkte"!

Schreibt man die oben auftretende Matrix in der Form

$$\begin{pmatrix} \lambda_0{}^2 - \lambda_1{}^2 - \lambda_2{}^2 - \lambda_3{}^2 + 2\,\lambda_1{}^2, & 2\,\lambda_1\lambda_2 + 2\lambda_0\lambda_3, & 2\,\lambda_1\lambda_3 - 2\lambda_0\lambda_2 \\ 2\,\lambda_2\lambda_1 - 2\,\lambda_0\lambda_3, & \lambda_0{}^2 - \lambda_1{}^2 - \lambda_2{}^2 - \lambda_3{}^2 + 2\,\lambda_2{}^2 & 2\,\lambda_2\lambda_3 + 2\,\lambda_0\lambda_1 \\ 2\,\lambda_3\lambda_1 + 2\,\lambda_0\lambda_2, & 2\,\lambda_3\lambda_2 - 2\,\lambda_0\lambda_1, & \lambda_0{}^2 - \lambda_1{}^2 - \lambda_2{}^2 - \lambda_3{}^2 + 2\,\lambda_3{}^2 \end{pmatrix}$$

so zerlegt sie sich in folgende drei Summanden:

$$(\lambda_0{}^2 - \lambda_1{}^2 - \lambda_2{}^2 - \lambda_3{}^2) \begin{pmatrix} 1 & 0 & 0 \\ 0 & 1 & 0 \\ 0 & 0 & 1 \end{pmatrix}$$

$$+ 2 \begin{pmatrix} \lambda_1{}^2 & \lambda_1\lambda_2 & \lambda_1\lambda_3 \\ \lambda_2\lambda_1 & \lambda_2{}^2 & \lambda_2\lambda_3 \\ \lambda_3\lambda_1 & \lambda_3\lambda_2 & \lambda_3{}^2 \end{pmatrix} + 2\lambda_0 \begin{pmatrix} 0 & \lambda_3 & -\lambda_2 \\ -\lambda_3 & 0 & \lambda_1 \\ \lambda_2 & -\lambda_1 & 0 \end{pmatrix}$$

Da nun, wie man leicht feststellt,

$$\cos t = \frac{\lambda_0{}^2 - \lambda_1{}^2 - \lambda_2{}^2 - \lambda_3{}^2}{\lambda_0{}^2 + \lambda_1{}^2 + \lambda_2{}^2 + \lambda_3{}^2}, \quad \sin t = -\frac{2\lambda_0\sqrt{\lambda_1{}^2 + \lambda_2{}^2 + \lambda_3{}^2}}{\lambda_0{}^2 + \lambda_1{}^2 + \lambda_2{}^2 + \lambda_3{}^2}$$

ist, so kann man die vorliegende endliche Drehung in Vektorschreibung so ausdrücken:

$$\mathfrak{r}_1 = \mathfrak{r}\cos t + (1 - \cos t)\,(\mathfrak{a}\,\mathfrak{r})\,\mathfrak{a} + [\mathfrak{a}\,\mathfrak{r}]\sin t.$$

Wir nennen $\mathfrak{r}$ und $\mathfrak{r}_1$ den alten und neuen Ortsvektor, also

$$\mathfrak{r} = x\,\mathfrak{i} + y\,\mathfrak{j} + z\,\mathfrak{k}, \quad \mathfrak{r}_1 = x_1\,\mathfrak{i} + y_1\,\mathfrak{j} + z_1\,\mathfrak{k}.$$

Ferner ist

$$\mathfrak{a} = \frac{\lambda_1\,\mathfrak{i} + \lambda_2\,\mathfrak{j} + \lambda_3\,\mathfrak{k}}{\sqrt{\lambda_1{}^2 + \lambda_2{}^2 + \lambda_3{}^2}}.$$

Die obige Formel, die man auf Grund der Beziehung

$$[\mathfrak{a}\,[\mathfrak{a}\,\mathfrak{r}]] = (\mathfrak{a}\,\mathfrak{r})\,\mathfrak{a} - \mathfrak{r}$$

in

$$\mathfrak{r}_1 = \mathfrak{r} + [\mathfrak{a}\,\mathfrak{r}]\sin t + [\mathfrak{a}\,[\mathfrak{a}\,\mathfrak{r}]]\,(1 - \cos t)$$

umgestalten kann, läßt sich in sehr einfacher Weise direkt als richtig erkennen. Bemerkt sei noch, daß die eckigen Klammern zur Bezeichnung des äußeren (vektoriellen) Produkts dienen, ebenso die runden Klammern zur Bezeichnung des inneren (skalaren) Produkts. Hamilton, der berühmte irische Mathematiker, dem wir den Quaternionenkalkül verdanken, konnte jene Formel noch viel einfacher fassen. Study war im Quaternionenkalkül sehr zu Hause. Er hatte die Bücher von Tait, diesem eifrigen Propagator des Hamiltonschen Kalküls, gelesen. Nach Hamiltons Vorgang faßt man das negative innere Produkt und das äußere Produkt additiv zusammen und nennt

$$-(\mathfrak{B}_1\,\mathfrak{B}_2) + [\mathfrak{B}_1\,\mathfrak{B}_2].$$

das Quaternionenprodukt von $\mathfrak{B}_1$ und $\mathfrak{B}_2$ (in dieser Reihenfolge). Man bezeichnet es mit $\mathfrak{B}_1 \mathfrak{B}_2$ ohne Klammern und ohne Multiplikationszeichen. Allgemein gilt als Quaternion die additive Zusammenfassung eines Skalars a und eines Vektors $\mathfrak{A}$ als Produkt der beiden Quaternionen $a+\mathfrak{A}, b+\mathfrak{B}$ der Ausdruck

$$a\,b + a\,\mathfrak{B} + b\,\mathfrak{A} + \mathfrak{A}\,\mathfrak{B}$$

oder

$$a\,b - (\mathfrak{A}\,\mathfrak{B}) + a\,\mathfrak{B} + b\,\mathfrak{A} + [\mathfrak{A}\,\mathfrak{B}].$$

Man bezeichnet ihn mit $(a+\mathfrak{A})\,(b+\mathfrak{B})$. Die Multiplikation ist nicht kommutativ. Unter Einführung der Quaternion

$$\alpha = -\cos\frac{t}{2} + \mathfrak{a}\sin\frac{t}{2}.$$

die mit $-\cos\dfrac{t}{2} - \mathfrak{a}\sin\dfrac{t}{2}$ das Produkt 1 liefert, so daß letztere Quaternion α^{-1} genannt werden darf, konnte nun Hamilton die Euler-Cayleysche Formel noch viel schöner schreiben, nämlich so

$$\mathfrak{r}_1 = \alpha^{-1}\,\mathfrak{r}\,\alpha.$$

Dieses schöne Hamiltonsche Ergebnis kann man in wunderbar einfacher Weise herleiten, wenn man die Drehungen aus Umwendungen zusammensetzt. Aber darauf wollen wir hier nicht eingehen.

Study gelang der große Fortschritt, eine ähnliche Formel, wie sie uns Hamilton für Drehungen um einen Punkt gegeben hat, für beliebige Bewegungen aufzustellen. Er baute also die Hamiltonsche Idee weiter aus. Hierzu brauchte er seine Biquaternionen. Eine Studysche Biquaternion lautet $\alpha + \beta\,\varepsilon$, wobei α und β Hamiltonsche Quaternionen sind. Über Addition und Subtraktion solcher Größen brauchen wir kein Wort zu verlieren. Das Produkt wird zunächst rein formal ausgerechnet, aber unter Wahrung der Faktorenfolge,

$$(\alpha_1 + \beta_1\,\varepsilon)\,(\alpha_2 + \beta_2\,\varepsilon) = \alpha_1\alpha_2 + (\alpha_1\beta_2 + \beta_1\alpha_2)\,\varepsilon + \beta_1\beta_2\,\varepsilon^2.$$

Das ε hat den Vorrang der Vertauschbarkeit mit allen anderen Faktoren. Und nun wird noch festgesetzt, daß

$\varepsilon^2 = 0$ sein soll, so daß man also schreiben kann

$$(\alpha_1 + \beta_1 \varepsilon)\,(\alpha_2 + \beta_2 \varepsilon) = \alpha_1 \alpha_2 + (\alpha_1 \beta_2 + \beta_1 \alpha_2)\,\varepsilon.$$

Kommutativ ist diese Multiplikation nicht, wohl aber gilt hier, wie bei den Quaternionen, das Assoziativgesetz.

Wenn der erste Bestandteil α einer Biquaternion $\alpha + \beta\,\varepsilon$ von Null verschieden ist, so gibt es eine reziproke Biquaternion, die mit jener das Produkt 1 liefert. Verlangt man, daß

$$(\alpha + \beta\,\varepsilon)\,(\varrho + \sigma\,\varepsilon) = 1$$

ist, das heißt

$$\alpha\,\varrho + (\alpha\,\sigma + \beta\,\varrho)\,\varepsilon = 1\,,$$

so müssen die beiden Gleichungen

$$\alpha\,\varrho = 1 \quad \text{und} \quad a\,\sigma + \beta\,\varrho = 0$$

bestehen. Aus ihnen folgt

$$\varrho = \alpha^{-1}\,,\;\; \sigma = -\,\alpha^{-1}\beta\,\alpha^{-1}\,,$$

und es zeigt sich nun, daß nicht nur

$$(\alpha + \beta\,\varepsilon)\,(\alpha^{-1} - \alpha^{-1}\beta\,\alpha^{-1}\,\varepsilon) = 1$$

ist, sondern auch

$$(\alpha^{-1} - \alpha^{-1}\beta\,\alpha^{-1}\varepsilon)\,(\alpha + \beta\,\varepsilon) = 1\,,$$

wie man durch Ausrechnen feststellt. Diese zu $\alpha + \beta\,\varepsilon$ im Falle $\alpha \neq 0$ gehörige reziproke Biquaternion $\alpha^{-1} - \alpha^{-1}\beta\,\alpha^{-1}\,\varepsilon$ wird mit $(\alpha + \beta\,\varepsilon)^{-1}$ bezeichnet.

Die wichtigste Eigenschaft der Hamiltonschen Drehungsformel ist die, daß sich bei der Aufeinanderfolge zweier Drehungen

$$\mathfrak{r}_1 = \alpha_1^{-1}\,\mathfrak{r}\,\alpha_1\,,\;\; \mathfrak{r}_2 = \alpha_3^{-1}\mathfrak{r}_1\,\alpha_2$$

die beiden Quaternionen α_1 und α_2 zu dem Produkt $\alpha_1\,\alpha_2$ zusammenschließen. In der Tat folgt aus obigen Gleichungen

$$\mathfrak{r}_2 = (\alpha_1\,\alpha_2)^{-1}\,\mathfrak{r}\,(\alpha_1\,\alpha_2)\,,$$

weil $(\alpha_1\,\alpha_2)^{-1} = \alpha_2^{-1}\alpha_1^{-1}$ ist, wie man aus $\alpha_2^{-1}\alpha_1^{-1}\alpha_1\alpha_2 = 1$ ersieht. Auf die Erhaltung dieser Eigenschaft mußte Study sein Hauptaugenmerk richten.

Da jede Bewegung dadurch zustande gebracht werden kann, daß man zuerst eine Drehung um den Anfangspunkt vornimmt und dann eine Translation folgen läßt, so gilt für eine Bewegung die Formel

$$\mathfrak{r}_1 = \alpha^{-1} \mathfrak{r} \alpha + \mathfrak{c}.$$

$\mathfrak{c}$ ist der Vektor, der die Translation repräsentiert. Study operiert aber nicht mit dem Ortsvektor $\mathfrak{r}$, sondern mit der Biquaternion $1 + \mathfrak{r} \varepsilon$ und kann auf Grund dieser glücklichen Idee die obige unvollkommene Bewegungsformel auf folgende elegante Form bringen.

$$1 + \mathfrak{r}_1 \varepsilon = (\alpha - \beta \varepsilon)^{-1} (1 + \mathfrak{r} \varepsilon)(\alpha + \beta \varepsilon).$$

Da sie gleichbedeutend ist mit

$$(\alpha - \beta \varepsilon)(1 + \mathfrak{r}_1 \varepsilon) = (1 + \mathfrak{r} \varepsilon)(\alpha + \beta \varepsilon),$$

so braucht man sich nur von der Richtigkeit dieser zweiten Gleichung zu überzeugen. Sie besagt nichts anderes als

$$\alpha \mathfrak{r}_1 - \beta = \mathfrak{r} \alpha + \beta$$

oder

$$\mathfrak{r}_1 = \alpha^{-1} \mathfrak{r} \alpha + 2 \alpha^{-1} \beta.$$

Man braucht also nur dafür zu sorgen, daß $2 \alpha^{-1} \beta = \mathfrak{c}$ wird, das heißt, man muß einfach $\beta = \frac{1}{2} \alpha \mathfrak{c}$ setzen. Die betrachtete Bewegung wird somit durch die Biquaternion $\alpha + \beta \varepsilon = \alpha + \frac{1}{2} \alpha \mathfrak{c} \varepsilon$ repräsentiert. Nicht jede Biquaternion $\alpha + \beta \varepsilon$ repräsentiert eine Bewegung. Erstens muß $\alpha \neq 0$ sein und zweitens muß, wie aus der Gleichung $\beta = \frac{1}{2} \alpha \mathfrak{c}$ hervorgeht, $\alpha^{-1} \beta$ ein Vektor sein, also einen verschwindenden skalaren Bestandteil haben. Bezeichnet man die fundamentalen Einheitsvektoren nicht mit $\mathfrak{i}, \mathfrak{j}, \mathfrak{k}$, sondern mit $\mathfrak{i}_1, \mathfrak{i}_2, \mathfrak{i}_3$, so kann man schreiben

$$\begin{aligned} \alpha &= a_0 + a_1 \mathfrak{i}_1 + a_2 \mathfrak{i}_2 + a_3 \mathfrak{i}_3 = a_0 + \mathfrak{A} \\ \beta &= b_0 + b_1 \mathfrak{i}_1 + b_2 \mathfrak{i}_2 + b_3 \mathfrak{i}_3 = b_0 + \mathfrak{B} \end{aligned}$$

Es wird dann

$$\alpha^{-1} = \frac{a_0 - a_1 \mathfrak{i}_1 - a_2 \mathfrak{i}_2 - a_3 \mathfrak{i}_3}{a_0^2 + a_1^2 + a_2^2 + a_3^2} = \frac{a_0 - \mathfrak{A}}{a_0^2 + a_1^2 + a_2^2 + a_3^2},$$

und $\alpha^{-1} \beta$ hat einen verschwindenden skalaren Bestandteil, wenn $a_0 b_0 + (\mathfrak{A} \mathfrak{B}) = 0$ ist, das heißt

$$a_0 b_0 + a_1 b_1 + a_2 b_2 + a_3 b_3 = 0.$$

Nur, wenn diese Bedingung erfüllt ist und außerdem a_0, a_1, a_2, a_3 nicht alle verschwinden, gehört zu der Biquaternion $\alpha + \beta\,\varepsilon$ eine Bewegung, die sich zusammensetzt aus der durch α repräsentierten Drehung um den Anfangspunkt, gefolgt von der durch den Vektor $2\,\alpha^{-1}\beta$ dargestellten Translation. Führt man die beiden Bewegungen

$$1 + \tau_1\,\varepsilon = (\alpha_1 - \beta_1\,\varepsilon)^{-1}\ (1 + \tau\,\varepsilon)\ (\alpha_1 + \beta_1\,\varepsilon),$$
$$1 + \tau_2\,\varepsilon = (\alpha_2 - \beta_2\,\varepsilon)^{-1}\ (1 + \tau_1\,\varepsilon)\ (\alpha_2 + \beta_2\,\varepsilon)$$

nacheinander aus, so ergibt sich

$$1 + \tau_2\,\varepsilon = \{(\alpha_1 - \beta_1\,\varepsilon)\,(\alpha_2 - \beta_2\,\varepsilon)\}^{-1}\,(1 + \tau\,\varepsilon)\,\{(\alpha_1 + \beta_1\,\varepsilon)\,(\alpha_2 + \beta_2\,\varepsilon)\}$$

Es vereinigen sich also die repräsentierenden Quaternionen $\alpha_1 + \beta_1\,\varepsilon$ und $\alpha_2 + \beta_2\,\varepsilon$ zu dem Produkt $(\alpha_1 + \beta_1\,\varepsilon)\,(\alpha_2 + \beta_2\,\varepsilon)$ $= \alpha + \beta\,\varepsilon$. Natürlich erfüllen $\alpha = \alpha_1\alpha_2$ und $\beta = \alpha_1\beta_2 + \beta_1\alpha_2$ die Bedingungen, daß $\alpha \neq 0$ und $\alpha^{-1}\beta = \alpha_2^{-1}\alpha_1^{-1}(\alpha_1\beta_2 + \beta_1\alpha_2)$ $= \alpha_2^{-1}\beta_2 + \alpha_2^{-1}(\alpha_1^{-1}\beta_1)\,\alpha_2$ ein Vektor ist, weil dies von beiden Summanden gilt. So ist also bei Studys Bewegungsformel die vorhin hervorgehobene wichtige Eigenschaft der Hamiltonschen Drehungsformel tatsächlich auch vorhanden. Das Zusammensetzen von Bewegungen ist nichts anderes als ein Multiplizieren von Biquaternionen. Wahrlich ein wunderbar schönes Ergebnis!

*

Study war ein sehr temperamentvoller Mensch. Er hatte eine Künstlerseele. Seine Bewegungsformel erfüllte ihn mit großer Begeisterung. Wenn man α und β von der Zeit t abhängig macht, so stellt die Studysche Formel $1 + \tau_1\,\varepsilon =$ $(\alpha - \beta\,\varepsilon)^{-1}\,(1 + \tau\,\varepsilon)\,(\alpha + \beta\,\varepsilon)$ einen kontinuierlichen Bewegungsvorgang dar. Solche Vorgänge spielen in der Technik, vor allem in der Getriebelehre, eine wichtige Rolle. Study war der Meinung, die Ingenieure würden sich sofort auf seine Bewegungsformel stürzen und sich dieses hochwertigen Werkzeugs bedienen. Er hielt in Berlin auf einer Versammlung des VDI. (Vereins Deutscher Ingenieure) einen ausführlichen Vortrag darüber. Der augenblickliche Erfolg war groß. Aber niemand aus dem weiten Kreise der Techniker hat wirklich Studys Formel zur Anwendung gebracht. Und doch müßte es möglich sein. Wie soll man sich dieses Ausbleiben eines mit Sicherheit erwarteten nachhaltigen Erfolges erklären? Man muß in solchen Fällen immer daran denken, wie schwer sich das Neue und erst recht das ganz Neue in der Wissenschaft durchsetzt. Wie lange hat es gedauert, bis die Ingenieure sich an die Handhabung der Vektorrechnung gewöhnten! Als ich im Jahre 1909 an die Deutsche Technische Hochschule zu Prag berufen wurde, war ich dort der Nachfolger des Hofrats Anton Grünwald. Dieser hatte in Prag zum Entsetzen des Professorenkollegiums die Graßmannsche Ausdehnungslehre in die mathematischen Kurse einbezogen, also eigentlich noch mehr als die Vektorrechnung. Er war aber der erste, der diesen großen Schritt wagte. Wie lange hat es gedauert, bis die Ingenieure anfingen, mit Determinanten zu arbeiten! In Dresden war nicht lange vor meinem dortigen Wirken, das im Jahre 1920 begann, ein sehr tüchtiger Ingenieur von der Vorschlagsliste ausgeschlossen worden, weil man sich daran stieß, daß er in einer technischen Abhandlung mit Determinanten operierte!

Graßmann hat es überhaupt nicht erlebt, daß seine Ausdehnungslehre Beachtung fand. Wäre nicht Hamilton mit seinem Quaternionenkalkül, dem dieselben Ideen, aber nicht in so weitgehender Allgemeinheit, zugrunde liegen, besser durchgedrungen als Graßmann, so hätte es bis zum Durchbruch noch viel länger gedauert. Es ist bekannt, daß Graßmann, dem überdies noch die Professur an der Heimatuniversität Greifswald nicht gegönnt wurde, in tiefer Enttäuschung zu philologischen Forschungen überging. Seine Arbeiten über Lautverschiebung haben ihm einen geachteten Platz unter den Sprachforschern gesichert.

An seinem großen Buch „Geometrie der Dynamen" hat Study mit einer Hingabe gearbeitet, von der sich ein Außenstehender keinen Begriff machen kann. Immer wieder wurde daran gebessert. Als endlich der Druck in Gang kam, warf der Autor ganze Seiten einfach um und ersetzte sie durch etwas Neues. Er ging dann, als alles beendet war, auf eine große Erholungsreise nach Italien. Study war ein leidenschaftlicher Naturforscher. Er interessierte sich besonders für Mineralogie und Zoologie. Eine Schnecke ist nach ihm benannt. Er war auch ein großer Schmetterlingskenner und besaß eine reichhaltige, äußerst wertvolle Sammlung, an der sein ganzes Herz hing. Von seiner italienischen Reise brachte Study allerlei Mineralien und Versteinerungen mit nach Hause, die in großen Frachtkisten nachgesandt wurden. Er hatte gehofft, die bedeutenden Reisekosten durch das Honorar seines Buches ersetzt zu bekommen. Die Abrechnung brachte aber eine große Enttäuschung. Die Firma Teubner hatte, wie das so üblich ist, im Vertrag vereinbart, daß die Korrekturkosten, soweit sie eine gewisse Grenze überschritten, zu Lasten des Autors gingen. Diese Kosten waren so erheblich, daß sie nicht nur das ganze, an sich bescheidene Honorar völlig aufzehrten, sondern noch einen gewissen Betrag in bar verlangten.

Study besaß in Greifswald ein hübsches Haus mit schönem Garten. Er saß gern auf der Terrasse und gab sich seinen wissenschaftlichen Grübeleien hin. Nichteuklidische Geometrie und Geometrie im komplexen Gebiet interessierten ihn damals. Es studierten bei ihm drei Amerikaner, unter denen Coolidge besonders hervorragte, der seine Frau nach Greifswald mitgebracht hatte. Coolidge hat über beide Gebiete sehr schöne Bücher geschrieben. Aber auch sein Buch über Kreis und Kugel ist ganz ausgezeichnet. Er war später ein hoch angesehener Professor an der Harvard-University (Cambridge Mass.). Mit Reichtum gesegnet und erfüllt von wahrer Herzensgüte, hat er manchem ärmeren Fachgenossen hochherzige Hilfe geleistet. Ein russischer Student namens Kamientschikoff, der an Tuberkulose erkrankte, wurde von ihm nach Nervi geschickt, wo er auch völlige Heilung fand. Er war später Astronom geworden und hatte eine Stellung an der Sternwarte in Charkow erlangt, von wo er noch öfter an mich schrieb und seinen Wohltäter pries. Für die drei Amerikaner hielt Study immer eine höhere Vorlesung, die auch ich hörte. Dadurch bin ich in Studys Theorien auf eine angenehme Weise eingeführt worden.

Mit Thomé konnte sich Study nie recht verstehen, dagegen sehr gut mit Schlesinger, der manchmal mit seiner Familie die Ferien an der Ostsee verbrachte, sehr oft in Göhren. Dort habe ich ihn dann auch kennengelernt, ebenso seine Frau, eine Tochter von Lazarus Fuchs, sowie seinen Schwager, den Berliner Dozenten Dr. R. Fuchs, der nebenbei an einem Gymnasium wirkte, und, was ich nicht vergessen darf, eine sehr sympathische Schwägerin. Mit R. Fuchs habe ich mich besonders gut verstanden. Er war neben Schlesinger zweifellos der beste Kenner der Theorien seines berühmten Vaters. Den Gesprächen mit ihm verdanke ich wertvolle Aufschlüsse über diese Theorien, in die ich ziemlich tief eingedrungen bin. Ich kenne aber ebensogut die Wege, die Thomé auf diesem Gebiet gegangen ist. Thomé war seinerzeit durch Weierstraß' Initiative nach Greifswald gekommen. Er erledigte die ganzen Berufungsverhandlungen schriftlich. Niemand im Ministerium hatte ihn jemals persönlich kennengelernt. Als Thomé schon ganz alt war und Althoff gerade einmal nach Greifswald kam, wo ein Verwandter von ihm Oberförster in dem ausgedehnten Waldbesitz der Universität war, sagte er: „Diesen Thomé möchte ich doch gern einmal kennenlernen. Er ist der einzige Professor, den ich nie gesehen habe." Aber es kam auch damals trotz des ausdrücklich geäußerten Wunsches zu keiner Begegnung. Thomé ist dann gestorben, ohne daß die leitenden Berliner Herren seine Bekanntschaft gemacht hatten.

*

In Greifswald herrschte ein sehr reges geselliges Leben. Jeder neue Professor mußte die übliche große Besuchstournee machen. Begleitet von einem befrackten Lohndiener fuhr man in einem schönen Wagen an zwei Tagen in der Stadt herum. Der Lohndiener hatte die Liste und die Visitenkarten. Er wußte genau, wo eine oder zwei Karten abzugeben waren. Weil er auch bei den Gesellschaften bediente, waren ihm alle Räumlichkeiten so genau bekannt, daß er, wenn man empfangen wurde, seinen Klienten aus dem Wagen holte, in die richtige Etage und gleich auch in den Salon führte. Dann raunte er ihm noch wichtige Informationen zu: Herr X. ist Mitglied des Herrenhauses oder der Berliner Akademie und dergleichen. Wurde man gar zu oft empfangen, so blieb eventuell ein Rest übrig, und man mußte noch ein drittes Mal herumfahren. In der Liste standen auch die Honoratioren von Greifswald, die nicht zur Universität gehörten, zum Beispiel der Landrat von Behr, der Major des in Greifswald liegenden Infanteriebataillons, der Polizeidirektor Gesterding, Mitglied des Herrenhauses, der übrigens zugleich Universitätsrichter war. Kam man wie ich aus einer Großstadt, so sah man das ganze Getue von der humoristischen Seite an. Andererseits muß man sagen, daß ein solches Zusammenhalten auch eine wohltuende Sache ist.

Ich wohnte in Greifswald in der Langen Straße bei Frau Käthe Sumpf. Herr Sumpf, ein sehr reicher Mann, Besitzer zweier Rittergüter und der Greifswalder Brauerei, war durch die Kasseler Trebergesellschaft ins Unglück gerissen worden. Er befand sich in Untersuchungshaft mit allen andern Aufsichtsräten jener Gesellschaft, und sein ganzer Besitz war beschlagnahmt, so daß seine Frau einige Zimmer der großen und wunderbar eingerichteten Wohnung vermietete. Die älteste Tochter hatte sich kurz vor dem Einbruch des großen Unglücks mit einem Herrn von der Universitätsbibliothek verlobt, der diese Verbindung sogleich löste, was viele Greifswalder sehr mißbilligten. Ich hatte schon in Leipzig von dem Zusammenbruch der Trebergesellschaft gehört. Die Leipziger Bank, ein grundsolides altes Bankgeschäft, war die Hauptgläubigerin der Trebergesellschaft und hatte nach und nach neunzig Millionen in dieses unsolide Geschäft hineingesteckt. Die Trebergesellschaft war von ihrer ursprünglichen Betätigung, der Trebertrocknung, abgegangen, hatte ein Patent zur Holzdestillation angekauft, das ihr von verschiedenen Fachleuten empfohlen war, und in waldreichen Gebieten des In- und Auslandes Fabriken eingerichtet, die nach dem neuen Verfahren arbeiteten. Das geschah mit den ersten Millionen, die die Leipziger Bank hergab. Der Direktor der Trebergesellschaft, ein Herr Schmidt, war zweifellos ein geschickter Organisator und vor allem eine blendende Persönlichkeit. Die ersten Erfolge waren verblüffend. Die Gesellschaft verteilte ungeheure Dividenden und errichtete, da die Leipziger Bank einem so blühenden Unternehmen sehr gern zum weiteren Ausbau immer wieder neue Kredite gewährte, eine Fabrik nach der andern. Als der Geldbedarf der Gesellschaft kein Ende nahm, wurde man in Leipzig mißtrauisch und wollte über die neunzigste Million nicht hinausgehen. Einer der tüchtigsten Prokuristen der Leipziger Bank begab sich nach Kassel und prüfte die Buchführung der Gesellschaft aufs genaueste. Direktor Schmidt machte den Versuch, ihn mit einer großen Summe zu bestechen. Vergeblich! Der Prokurist öffnete den Leipzigern die Augen. Die Trebergesellschaft ging in Konkurs, aber auch die Leipziger Bank, der die großen Berliner Bankhäuser mit Leichtigkeit hätten helfen können, es aber nicht wollten. Die Deutsche Bank kaufte später das schöne Haus der Leipziger Bank, einen herrlichen Neubau. In Leipzig hat sich diese Katastrophe entsetzlich ausgewirkt. Viele altangesehene Leipziger Familien verloren ihren ganzen Besitz. Auch Professoren waren darunter, zum Beispiel Professor Felix, ein Schwiegersohn des Greifswalder Chemikers Limpricht. In Greifswald gab es viele Nutznießer der Trebergesellschaft, die aber beizeiten ihre ganzen Treberaktien abgestoßen und so ihren Reichtum gerettet hatten. Woher stammten diese

Gelder? Es waren zum großen Teil Spareinlagen der unzähligen fleißigen kleinen Leute, die ihr Geld zur Leipziger Bank getragen hatten im Vertrauen auf die Solidität dieses angesehenen Bankhauses. Einige von den Aufsichtsräten der Leipziger Bank nahmen sich damals das Leben. Der Bruder Adolph Mayers, der das Bankhaus Frege leitete, gehörte ebenfalls zum Aufsichtsrat der Leipziger Bank. Der Sohn Adolph Mayers, der im Bankhaus Frege arbeitete, hielt es für notwendig, aus dem Offizierkorps des Leipziger Ulanenregiments, dem er, wie fast alle Söhne der angesehenen Leipziger Familien, als Reserveoffizier angehörte, freiwillig auszuscheiden. Direktor Schmidt, der die Scheinblüte der Trebergesellschaft hervorgezaubert hatte, verschwand aus Kassel und hat dann längere Zeit in England unter falschem Namen eine leitende Stellung bekleidet, wurde aber schließlich eines Tages in Paris festgenommen.

Ich habe nach Abschluß des großen Treberprozesses, der für die Aufsichtsräte mit dem Verlust des gesamten Vermögens endete, den Eindruck gehabt, daß diesen Leuten eigentlich nur ein Vorwurf zu machen war, der Vorwurf zu großer Vertrauensseligkeit gegenüber einem so durchtriebenen Menschen wie Direktor Schmidt. Man hörte damals auch die Ansicht, daß die primäre Schuld bei denjenigen zu suchen sei, die jenes Verfahren patentierten und für gut erklärten, dessen Unvollkommenheiten letzten Endes die Hauptursache des Unglücks bildeten. Hätte dieses Verfahren wirklich gut funktioniert, so wäre alles in Ordnung gewesen. Es wurde damals viel hin und her debattiert, wie man es machen müßte, um solche Katastrophen zu verhüten. Manche verlangten härtere Bestrafung der Schuldigen. Damit ist aber erst recht nichts gewonnen. Ob man sie einfach nur einsperrt oder wie in früheren Zeiten an den Galgen hängt oder vierteilt, bleibt sich gleich. Das Geschehene wird dadurch nicht aufgehoben, und immer wieder wird auf der Welt Böses verübt werden trotz der härtesten Strafen. Die Juristen werden uns nie davon befreien.

Nur eine höhere Macht kann unser Gebet erhören: „sed libera nos a malo".

Sehr gern verkehrte ich in Greifswald im Hause des schon einmal erwähnten Mineralogen Cohen, eines weltberühmten Kenners der Meteore. Auch Study schätzte ihn sehr. Frau Cohen war eine Tochter des Heidelberger Historikers Häußer. Der Sohn und die Tochter waren ebenso sympathisch wie die Eltern. Professor Cohen stellte wiederholt die These auf, daß alle Mathematiker einen Sparren hätten. Study und ich waren einmal gerade anwesend, als er diese Ansicht äußerte, und sagten lachend: „Die Anwesenden sind hoffentlich ausgeschlossen", worauf er scherzend erwiderte: „Leider nein." Thomé galt in Greifswald als die stärkste Ausprägung dieses bedauernswürdigen Typs. Frau von Nathusius, die Gattin des geistvollen Professors der praktischen Theologie, sagte einmal zu mir: „Sie sind noch jung (ich war damals 25 Jahre alt). Werden Sie um Gottes willen nicht so wie Geheimrat Thomé! Man muß früh dagegen ankämpfen." Dabei war Thomé im Grunde seines Herzens ein fröhlicher Rheinländer, der ein gutes Glas Wein und eine gepflegte Küche sehr zu schätzen wußte. Seine Schwester führte in bewundernswürdiger Weise den Haushalt. Die Gesellschaften bei Thomés waren berühmt durch die auserlesenen Gerichte, die es dort gab.

Auch die Historiker Bernheim, Ulmann und Seeck haben sich meiner sehr angenommen. Bernheim und Seeck hatten zwei Schwestern, Töchter des in Berlin allgemein bekannten Professors Jessen, geheiratet.

Im Greifswalder Lehrkörper gab es ein ewiges Kommen und Gehen. Wenn Althoff einen Günstling hatte, den er anderwärts nicht unterbringen konnte, so wurde er nach Greifswald gesetzt. Manchmal war es aber beim besten Willen unmöglich, den Wunsch des Allgewaltigen zu erfüllen. Ich erinnere mich an einen physikalischen Chemiker, den Sohn eines mit Althoff befreundeten Berliner Juristen.

Obwohl wir in Greifswald keinen physikalischen Chemiker hatten, mußte Professor Auwers wohl oder übel in den sauren Apfel beißen und seine Habilitierung in Angriff nehmen. Der junge Mann war aber ein ausgesprochener Neuropath. Es ging alles schief. Ich weiß nicht, was später aus diesem Dr. Brunner geworden ist. Zum Helfen gehören tatsächlich auch immer zwei. Es ist sogar eine besondere Kunst, sich helfen zu lassen.

Eines Tages erschien als ao. Professor der Theologie ein junger Divisionspfarrer, der die Tochter eines hohen Offiziers geheiratet hatte. Nun sollte er mit einmal Vorlesungen halten. Er durchwachte ganze Nächte, um das Manuskript für eine einzige Vorlesungsstunde fertigzustellen. Am Schluß des Semesters erlitt er einen Nervenzusammenbruch. Man mußte ihm ein halbes Jahr Erholungsurlaub gewähren. Nach Wiederherstellung seiner Gesundheit hatte er noch Zeit genug, ein Kollegheft für das nächste Semester auszuarbeiten. Später war er dann Ordinarius in Breslau, wurde sogar Rektor und erlangte ein großes Ansehen. Aller Anfang ist auch bei der größten Protektion schwer.

Einer meiner besten Freunde war in Greifswald der aus Breslau berufene ao. Professor der Chemie Max Scholz. Er war sehr reich, ließ es aber die ärmeren Kollegen nie fühlen, daß er aus einer andern Schicht stammte. Frau Scholz, eine überaus elegante Weltdame, paßte eigentlich in das kleinstädtische Greifswald nicht hinein. Sie liebte es, immer Leute um sich zu haben. Eine Schwester von ihr, Fräulein Emler, und eine Hausdame, Fräulein Hilbich, mußten ihr, unterstützt von tüchtigem Personal, alle häuslichen Sorgen abnehmen. Fräulein Hilbich hatte auch den kleinen Scholz, einen sehr lieben, aber überaus zarten Knaben, zu betreuen, der am liebsten mit mir zusammen war. Ich mußte unbedingt dabei sein, wenn im Sommer der kleine Scholz im Meer baden wollte. Wir fuhren mit dem kleinen Dampfer nach Wiek, Fräulein

Hillbich, der Kleine und ich. Da war er dann ganz glücklich. Über Sonntag machten wir oft einen Dampferausflug nach Rügen, woran auch Frau Scholz sichtliche Freude hatte. Ihre Heirat mit Professor Scholz war nicht so leicht gegangen, wie man es bei seinem großen Reichtum hätte denken sollen. Frau Scholz war nämlich auch aus reichem Hause. Sie hatte dem Dr. Scholz zuerst einen glatten Korb gegeben. Später ist ihm dann in seinem Laboratorium ein Unfall passiert, eine Explosion, die in seinem Gesicht entstellende Spuren hinterließ, aber nicht von erheblicher Art. Es hätte viel schlimmer ausgehen können. Nun las Fräulein Emler die Zeitungsberichte über diesen Unfall und bemerkte zu ihrer eigenen Überraschung, daß er ihr aufrichtig leid tat. Sie hatte ein Gefühl, als hätte dieser Unfall sie selbst getroffen. Eine Freundin, der sie das erzählte, sprach sich zu Dr. Scholz darüber aus, und nun erneuerte er seine Werbung, diesmal mit Erfolg. Scholz ist nicht lange nach meinem Weggang aus Greifswald dort gestorben. Die Schwester von Frau Scholz heiratete einen Apotheker in Minden in Westfalen. Frau Scholz blieb natürlich nicht in Greifswald. Ich habe sie später ganz aus den Augen verloren.

Ein nach Greifswald zur Vertretung eines Juristen abgeordneter Breslauer Privatdozent, Dr. Kleineidamm, hatte auch so eine überaus elegante Frau aus reichem Hause. Ihre blendende Erscheinung stellte alles in Schatten, erregte aber leider zu sehr den Neid der Professorenfrauen. Scholz und ich sagten es Dr. Kleineidamm voraus, daß die Fakultät sich nicht für ihn einsetzen würde. Er mußte wieder nach Breslau zurückkehren. Ein Dozent Dr. Jung aus Marburg bekam die Professur, wurde sogar glatt zum Ordinarius ernannt. Da er nicht viel publiziert hatte, gab ihm Althoff den dringenden Rat, recht bald ein Buch herauszubringen. Jung gab zu bedenken, daß so etwas neben der Belastung mit Vorlesungen nicht gut ginge, worauf Althoff dann sagte: „Auf alle Fälle sind Sie jetzt ordentlicher Professor in Greifswald. Ich gebe Ihnen aber ein halbes Jahr Urlaub, wozu noch die akademischen Ferien kommen. Da haben Sie hoffentlich Zeit genug, das Buch zu schreiben." Zum Halten der Vorlesungen wurde eigens ein Privatdozent, ebenfalls ein Günstling, Dr. Langen aus Münster, nach Greifswald abkommandiert. In ihm gewann ich einen treuen Freund. Seine Mutter besuchte ihn oft und war sehr froh, daß er so gut mit mir zusammenhielt. Sie wollte so gern eine Vorlesung bei ihm hören. Der Sohn wehrte sich sehr dagegen und drohte, er würde die Anrede gebrauchen: „Liebe Mama! Meine verehrten Herren!" Beinahe wäre die Sache hieran gescheitert. Ich wußte aber die Mutter zu beruhigen und sagte, die fürchterliche Drohung wäre ganz gewiß nur ein Scherz. Ich begleitete die Mutter zur Vorlesung und nahm noch Fräulein Emler und Fräulein Hilbich mit. Langen hatte vier Zuhörer, die aus Spaß in den vier Ecken des Hörsaales saßen. Wir setzten uns in die Mitte der zweiten Bank. Langen erschien sehr pünktlich und begann zum nicht geringen Schrecken der Mutter: „Liebe . . . . ." Dann folgte aber nicht „Mama", sondern „Zuhörer". Die Pause zwischen beiden Wörtern war für die gute Mutter, die mir einen ängstlichen Seitenblick zuwarf, eine Tortur. Langen sah uns und seine Studenten fast gar nicht an, sondern schaute meist zum Fenster hinaus, natürlich alles nur zum Scherz. Wir hörten in dieser Vorlesungsstunde, wie sich im alten Rom ein Zivilprozeß abwickelte. Langen erklärte alles sehr schön und mit viel Humor. Viktor von Scheffel hätte nie sein Gedicht „Römisch Recht, gedenk' ich deiner..." geschrieben, wenn Dr. Langen sein Lehrer gewesen wäre.

Nach der Vorlesung lud Frau Langen uns alle zu einem kleinen Frühstück ein und war überaus glücklich. Wir fuhren dann noch am Nachmittag nach Eldena. Dort trafen wir zufällig Prof. Jung, zu dem Langen sagte: „Aber, Herr Professor, was machen Sie hier? Sie sollen doch Ihr Buch schreiben!" Langen hat in Greifswald durch seinen köstlichen Humor eine so große Beliebtheit erlangt, daß nach Ablauf des Semester die Fakultät für sein weiteres Verbleiben eintrat und auch Erfolg hatte. Er ist später in Greifswald zum Ordinarius aufgerückt, aber nie von dort weggekommen, heiratete in reiferem Alter eine bedeutend jüngere Frau und ist dann ein ganz stiller Mann geworden, er, der immer so sprudelnd lebhaft war.

Mein Freundeskreis vergrößerte sich in sehr erfreulicher Weise durch die Habilitation des Historikers Albert Werminghoff. Er war in Berlin bei den Monumenta Germaniae tätig gewesen. Von einer Habilitation in Berlin hatte man ihm aber abgeraten, weil die dortigen großen Historiker nichts für ihre Privatdozenten taten. Da Werminghoff deutsche Geschichte trieb, kam für ihn der berühmte Dietrich Schäfer als eventueller Protektor in Frage. Schäfer thronte aber in so großer Höhe, daß man auf irgendeine Art von Wohlwollen oder gar von Förderung nicht rechnen konnte. Man erzählte von ihm, daß er ordentlichen Professoren einen normalen Händedruck gewährte, Extraordinarien lediglich zwei Finger hinstreckte und für Privatdozenten nur ein leichtes Kopfnicken übrig hatte. Werminghoff entschloß sich, an die kleine Universität Greifswald zu gehen. Er brachte gute Empfehlungen an Bernheim und Ulmann mit und wurde mit offenen Armen aufgenommen. Sein Hauptarbeitsgebiet war die Verfassungsgeschichte der deutschen Kirche. Als er nach Greifswald kam, war er bereits verheiratet. Er hatte eine auffallend schöne und sehr kluge Frau. Die Ehe blieb aber kinderlos. Beide lebten wie gute Kameraden zusammen. Frau Werminghoff unterstützte ihren Mann bei der Vorbereitung zu den Vorlesungen. Für jede Vorlesungsstunde hielt er zu Hause eine Art Generalprobe ab, wobei die Frau oft gute Verbesserungsvorschläge machte.

Wir machten zusammen mit Werminghoffs schöne Sonntagsausflüge, woran regelmäßig auch Langen teilnahm. Mein Freund Scholz hatte für solche Dinge nie Zeit, und Frau Scholz mochte sich nicht in einen größeren Kreis einordnen. Sie fühlte dadurch ihre Freiheit bedroht. Auch hatte sie allzu geistreiche Frauen nicht gern, obwohl sie selbst eine überaus kluge Frau war.

Zu meinen Freunden gehörte auch der Physiker Dr. Schreber, der sich unter dem Vorgänger von Professor Richarz habilitiert und durch dessen Tod einen wohlwollenden Protektor verloren hatte. Richarz, sonst ein von Grund aus edler und gerechter Mensch, war anfangs wohlwollend gegen den verwaisten Dozenten. Später aber entwickelte sich zwischen beiden ein starker Gegensatz, der sich zu offener Feindschaft steigerte. Der klassische Philologe Wilhelm Kroll, der als Nachfolger des berühmten Eduard Norden nach Greifswald kam, erzählte mir einmal von der ersten Fakultätssitzung, die er in Greifswald mitgemacht hatte. Ein Punkt der Tagesordnung lautete damals: Maßnahmen zur Verhinderung der Ernennung Dr. Schrebers zum ao. Professor. Die Formulierung hatte Krolls Mißfallen erregt. Er war scharf gegen eine solche offenkundige Gewalttat aufgetreten, leider vergeblich. Es ging nach dieser Sitzung ein langer Bericht nach Berlin ab, der Schreber die ganze Zukunft ruinieren sollte. Der damalige Dekan, der bekannte romanische Philologe Edmund Stengel, Mitglied der Freisinnigen Volkspartei, später sogar Reichstagsabgeordneter, ein Mann von starkem Gerechtigkeitsgefühl, war empört über das Vorgehen der Fakultät. Er konnte nicht viel dagegen tun, ließ aber wenigstens Dr. Schreber zu sich kommen und erzählte ihm von der Eingabe der Fakultät, wobei er das Aktenstück hervorholte und auf den Tisch legte. Dann verließ er das Zimmer und bat Dr. Schreber, auf ihn zu warten. Dieser hatte gerade Zeit, das Ganze durchzulesen und sich Notizen zu machen. Stengel riet ihm, eine wohlüberlegte Verteidigungsschrift einzureichen, und zwar durch ihn, den Dekan, zu dessen Pflichten auch die Betreuung der Privatdozenten gehöre. Stengel war eine Kämpfernatur. Der durch ihn nach Greifswald berufene Extraordinarius Ferdinand Heuckenkamp, auch einer aus meinem Freundeskreis, sagte sehr hübsch: „Das ist kein Stengel, das ist ein Strunk." Stengel war lange in Marburg gewesen, wo er sich durch seine starke politische Betätigung allerhand Feindschaften zugezogen hatte. Seine Verpflanzung nach Greifswald galt als eine Art Strafversetzung. Ich habe diesen aufrechten Mann später einmal im Reichstag wiedergesehen, als ich mich dort mit dem bekannten Professor Faßbender, einem führenden Zentrumsmann, traf, um etwas für einen bedrängten katholischen Kollegen zu erreichen. Stengel hatte durch das Alter viel von seinem kämpferischen Elan verloren. Dafür war er aber von einem starken Gefühl der Befriedigung erfüllt, daß er nun im Reichstag für seine großen Ideale wirken konnte. Für Dr. Schreber hat Stengel die Versetzung an die Technische Hochschule Aachen mit einem Lehrauftrag erreicht.

Stengels Sympathie für Ferdinand Heuckenkamp oder, wie er in unserem Freundeskreis hieß, Nante Heuckenkamp, hatte vielleicht einen politischen Hintergrund. Heuckenkamp war ein alter Hallenser Privatdozent, überall beiseitegeschoben und niedergetreten, Stengel der erste, der sich seiner annahm. Heuckenkamp hatte eine Tochter des Philosophieprofessors Haym geheiratet, eines wackeren Mitkämpfers von 1848. Haym war wegen seiner starken Linkseinstellung nie Geheimrat geworden, seine äußere Erscheinung, wohl absichtlich, die eines Mannes aus dem Volke. Er trug einen uralten, stark ramponierten Hut. Eines Nachts läutete ihn ein Telegrammbote aus dem Schlaf. Haym ging, eine Kerze in der Hand, zur Tür und öffnete mit zitternden Händen das Telegramm. Es standen darin die lakonischen Worte: „Keinen neuen Hut anschaffen! Sammlung im Gange." Heuckenkamp erzählte uns dies lachend. Mir tat der alte Professor sehr leid. Hoffentlich hat er den Vorfall auch von der humoristischen

Seite genommen! Wenn die Leute uns beleidigen wollen, ist das immer die richtigste Einstellung. In Greifswald hatten die ganz Klugen bald heraus, daß der alte Stengel seinem politischen Gesinnungsgenossen Haym durch Heuckenkamps Berufung eine Gefälligkeit erweisen wollte.

Wenn ich an jene Greifswalder Zeiten zurückdenke, muß ich mich mit tiefer Wehmut an meinen Freund Stosch erinnern. Er war Privatdozent in Kiel und hatte lange Jahre auf irgendeine kleine Beförderung gewartet. Sein Arbeitsgebiet war die Germanistik und in ihr die Wortforschung. Er hatte für das große Grimmsche Wörterbuch den Abschnitt T bis U zu bearbeiten, man sagte scherzweise „Tolpatsch bis Unsinn". Nun wurde in Greifswald, allerdings nur vorübergehend, ein Extraordinariat frei, dessen Inhaber zur Mitarbeit an der großen Luther-Ausgabe nach Breslau abkommandiert war. Althoff, der für Stosch gerne etwas tun wollte, weil dieser mit einem Flügeladjutanten des Kaisers, dem Admiral von Senden, nahe verwandt war und die ganze Familie Stosch an sich schon seit den Zeiten des Admirals von Stosch größtes Ansehen genoß, setzte Stosch nach Greifswald, zunächst für ein Semester. Den Professortitel hatte er ihm schon in Kiel verliehen. Stosch wurde auch der Prüfungskommission für das höhere Lehramt eingegliedert. Althoff tat wirklich, was er nur konnte. Jedesmal mußte dann bei Verlängerung des Auftrages die Fakultät gefragt werden. Der Ordinarius für Germanistik, Geheimrat Reifferscheid, war immer dafür. Aber in der Fakultät hatte Reifferscheid seit jeher eine starke Gegnerschaft, und schon um ihn zu ärgern, stellte man sich gegen Stosch. Althoff, der sicher über alles gut orientiert war, wußte den Auftrag, an dem Stoschs ganze Existenz hing, trotzdem immer wieder zu retten. Schließlich steckte man sich hinter den beurlaubten Professor, den Stosch zu vertreten hatte, und bewog ihn, auf seinen Greifswalder Posten zurückzukehren. Als dies geschah, war dem armen Stosch in Greifswald der Boden entzogen. Er mußte nach Kiel zurückkehren. Schwer erschüttert durch dieses Scheitern einer letzten Versorgungsmöglichkeit und nun dem völligen Nichts gegenüberstehend, ist er gestorben. Schande über die, die ihm mit dem kleinen Finger helfen konnten und es nicht taten, sondern noch ihre Messer wetzten, um das rettende Seil, das Althoff ihm zuwarf, durchzuschneiden!

*

Verschiedene interessante Professorentypen, wie man sie jetzt wohl nirgends mehr findet, möchte ich noch mit einigen Worten schildern. Da gab es zum Beispiel einen Professor für asiatische Sprachen namens Keßler, der ein bescheidenes Extraordinariat bekleidete und, wie es bei einem solchen Fach nicht überraschen kann, nie ein Ordinariat erreichte. Er hatte als Marburger Privatdozent ein großes Werk über Manu begonnen und Band I herausgebracht. Daraufhin erhielt er das Extraordinariat in Greifswald. Jahr um Jahr verging, ohne daß der im Vorwort angekündigte Band II herauskam. Er ist überhaupt nie erschienen. Nun scheint es ja begreiflich, daß der sehr einsam lebende Gelehrte sich Gedanken darüber machte, wie die Leute das Ausbleiben des zweiten Bandes beurteilen würden. Er ahnte nicht, wie wenig besonders die ferner Stehenden davon wußten. Wenn ihn nun jemand besuchte, so flocht Keßler regelmäßig in die Unterhaltung eine Erklärung über den zweiten Manu-Band ein. Als ich meine Antrittsvisite machte, war er zunächst merkwürdig verlegen und bekam einen roten Kopf. Dann sagte er mit zusammengekniffenen Lippen: „Verzeihen Sie, Herr Kollege, ich habe gerade eine Emser Pastille genommen. Nehmen Sie, bitte, Platz und lassen Sie mir etwas Zeit." Nach einer Weile fuhr er fort: „So, jetzt stehe ich zur Verfügung. Sie werden sicher, wie so viele andere, die Gründe wissen wollen, die mich veranlaßten, den zweiten Band meines Manu zunächst zurückzustellen." Ich muß gestehen, daß ich buchstäblich nichts von dem Buche wußte, fürchtete aber durch ein offenes Geständnis meiner Uninteressiertheit den armen Keßler zu kränken. Er begann, ohne meine Antwort abzuwarten, ein langes Exposé, dessen Einzelheiten ich längst vergessen habe.

Eine andere merkwürdige Figur unter den Greifswalder Professoren war der ao. Professor für Geschichte Pyl. Er hatte in Greifswald seine Schulbildung genossen und nur in Greifswald studiert, sich dort habilitiert und ein bescheidenes Extraordinariat erreicht. Nie ist er aus Greifswalds Mauern herausgekommen. Darin glich er Immanuel Kant. Man erzählt, daß Pyl einmal den kühnen Entschluß faßte, nach Berlin zu reisen, aber schon in Pasewalk wieder ausstieg, um nach Greifswald zurückzukehren. Er fand, daß das Rütteln des dahinrasenden Zuges ungünstig auf sein Nervensystem wirkte. Wenn man bei Pyl seinen Antrittsbesuch machte, erhielt man einige Tage später einen mit sorgfältiger Handschrift geschriebenen Brief, in welchem er für den Besuch dankte und unter vielfachen Entschuldigungen erklärte, weshalb er schon seit Jahren keine Besuche mehr erwiderte. Zu seinem 70. Geburtstag wünschte der Dekan dem um die pommersche Geschichte hochverdienten Forscher einen Gratulationsbesuch zu machen und kündigte diesen in einem höflichen Schreiben an. Er wollte, begleitet von einem der Historiker, um 12 Uhr erscheinen. Schon um 11 Uhr ermahnte Frau Pyl den in die Arbeit vertieften Professor, sich nun langsam zu rasieren und besser anzuziehen. Nach mehrfach wiederholten Ermahnungen band er sich endlich so gegen ½12 Uhr eine Serviette um den Hals, seifte sich in aller Gemütsruhe ein, schärfte das Rasiermesser mit aller Gründlichkeit und wollte gerade das Messer ansetzen, als es schon läutete. Es ist sehr wahrscheinlich, daß auch noch die Uhren im Pylschen Hause nicht richtig gingen. Erschrocken eilte Frau Pyl hinaus, und wirklich standen die beiden Herren, der Dekan und einer der drei Geschichtsprofessoren, vor der Tür. Man geleitete sie in das Wohnzimmer, und nun erschien der Jubilar mit umgebundener Serviette und schön eingeseift und ließ in diesem Zustand — er war natürlich auch noch in Hemdsärmeln — die Gratulation über sich ergehen. Der Dekan gab einen Überblick über Pyls Leben. Eine Weile ging alles gut. Dann aber kam irgendeine unbedeutende Abweichung von dem wahren Sachverhalt vor. Da fiel Professor Pyl dem Dekan ins Wort: „Verzeihen Sie, Spektabilität, da muß ich Sie schon korrigieren. Das war in Wirklichkeit doch anders." Und nun begann er selbst über seinen Werdegang zu sprechen und ließ den Dekan überhaupt nicht mehr zu Worte kommen. Das Ganze dauerte fast eine Stunde. Man muß sich nun vorstellen, daß der Professor sich nachher in aller Gemütsruhe fertig rasierte und umkleidete und dann mit seiner Gattin ein festliches Mittagsmahl verzehrte. Damals aß man in Greifswald sehr gut. Die Stimmung war beiden durch den eigenartigen Zwischenfall in keiner Weise getrübt, sondern höchstens erheitert. Vorwürfe wurden keine gemacht. Sie lebten so harmonisch wie Fomuschka und Fimuschka in Turgenieffs berühmtem Roman „Neuland", den damals jedermann kannte.

Eine andere Gratulationssache ist mir in unangenehmerer Erinnerung. Der schon im Ruhestand lebende Archäologe Geheimrat Preuner, bei dem ich öfter eingeladen war, feierte auch eines Tages seinen 70. Geburtstag, vielleicht war es gar der 80. Die klassischen Philologen, die den alten Herrn immer etwas über die Achsel ansahen, weil seine Arbeiten veraltet waren, verreisten kurz vor dem Geburtstag unter verschiedenen Vorwänden. Der Dekan, der vielleicht mit ihrer Hilfe eine Gratulationsrede hätte zustande bringen können, machte nicht einmal einen Besuch, zur großen Enttäuschung der Familie Preuner. Hier war alles bestens vorbereitet. Man wartete mit großer Spannung auf das Erscheinen der Gratulanten. Niemand kam. Als ich davon hörte, empfand ich tiefen Abscheu.

Wie kann man einem alten Herrn so etwas antun! Es liegt darin eine maßlose Gemütskälte, wie man sie leider in akademischen Kreisen nicht selten findet.

Die Familie Preuner hat sich für mich in sehr freundlicher Weise interessiert. Als sie hörten, daß ich mit dem Zoologen Waldemar Kowalewski verwandt bin, dem zu Ehren ich den zweiten meiner Vornamen (Hermann, Waldemar, Gerhard) führe, erzählten sie mir von der Stiftung eines Obersten von Schubert, der seinerzeit in Stralsund gestorben war. Er muß irgendeinmal die berühmte Mathematikerin Sonja Kowalewski kennengelernt haben, die Gattin des unglücklichen Waldemar Kowalewski. Als Kowalewski noch ein armer Student war, hatte sie, die Tochter eines begüterten russischen Generals, ihn geheiratet und mit ihm zusammen in Deutschland studiert. Sie hörte zunächst in Heidelberg bei Leo Koenigsberger, der einen fortreißenden Vortrag hatte und auch ein bahnbrechender Forscher war. Die stärkste Anregung erhielt sie aber in Berlin durch Weierstraß. Weil damals in Berlin Damen noch nicht studieren konnten, unterrichtete Weierstraß sie privatim. Sie hat dann mit einer berühmten Abhandlung über die Existenz von Lösungen partieller Differentialgleichungen in Göttingen promoviert. Mittag-Leffler, der schon mehrfach erwähnte treue Anhänger von Weierstraß, verschaffte ihr eine Professur in Stockholm. Inzwischen hatte sie eine berühmte Arbeit über integrierbare Fälle des Kreiselproblems geschrieben. Sie war zweifellos ein großes Genie, aber doch stark abhängig von Weierstraß. Ohne seine tatkräftige Hilfe hätte sie wohl nie so Großes leisten können. Bewundern muß man an ihr, daß sie auch ganz schwierige Probleme der Himmelsmechanik angriff, wie zum Beispiel die Stabilität des Saturnringes. Auch auf das Gebiet der mathematischen Physik griff sie über. Für diese berühmte Dame hatte sich jener Oberst von Schubert so sehr begeistert, daß er ihr oder ihren Verwandten sein nicht unbeträchtliches Ver-

mögen vermachte. Der bekannte General von Seeckt ver-
waltete dieses Erbe und versuchte schon seit längerer Zeit
vergeblich, es irgendwo anzubringen. Die Familie Preuner
war mit dem General bekannt oder gar verwandt. Jedenfalls erzählte mir eines Tages Fräulein Vera Preuner, sie
hätte Herrn von Seeckt auf mich aufmerksam gemacht.
Als der General mir dann schrieb, ob ich das Erbe übernehmen wolle, wies ich ihn auf die damals in Christiania
lebende Tochter der Sonja Kowalewski hin. Ich nehme an,
daß man ihr, die sich keineswegs in günstiger Lage befand,
das Geld zugewendet hat. Vera Preuner meinte nachher, ich
wäre doch ein zu großer Idealist.

In Greifswald gab es damals einen Privatdozenten der
Astronomie, Martin Brendel. Dieser hatte in Schweden
bei Gyldén studiert, diesem berühmten Förderer der
Theorie der kleinen Planeten. Nebenbei war er auch in
die Vorlesungen von Sonja Kowalewski gegangen. Er behauptete immer, sehr viel bei ihr gelernt zu haben. Später
ist Brendel ordentlicher Professor in Frankfurt gewesen
und hat dort einige tüchtige Schüler herangebildet, unter
denen Guntram von Schrutka, der Sohn meines Freundes
Lothar von Schrutka, zu nennen ist. Brendel hat das große
Verdienst, die Gyldénschen Ideen propagiert und weiter-
geführt zu haben. Auch in Halle gab es einen Schüler von
Gyldén namens Buchholz. Er stand auch Boltzmann nahe,
konnte sich aber in Halle nicht durchsetzen, und hat nie
eine planmäßige Professur erreicht. In kleinlicher Weise
wurde an seinen Arbeiten herumgemäkelt. Zeitweilig war
ihm sogar das Betreten der kleinen Sternwarte unter-
bunden. Er starb in mittlerem Alter. Als bei der Trauer-
feier der Dekan im Namen der Fakultät einen Kranz am
Sarge niederlegte, erhob sich die Witwe, nahm den Kranz
und schleuderte ihn zur Seite. Sie hatte in allen akademischen Nöten treu zu ihrem Manne gestanden und glaubte
in seinem Sinne zu handeln, wenn sie diese heuchlerische
Kranzniederlegung in so schroffer Form ablehnte.

Meine Tischgenossen in Greifswald waren zwei Dozenten der theologischen Fakultät, Kropatscheck und Grützmacher. Ich denke auch jetzt noch oft an unsere Tischgespräche und die kleinen gemeinsamen Spaziergänge nach der Mahlzeit. Kropatscheck war der Sohn des berühmten Chefredakteurs der hochkonservativen „Kreuzzeitung", der auch im Reichstag in der konservativen Partei eine große Rolle spielte und einen bedeutenden Einfluß hatte. Der junge Kropatscheck war ein richtiger Bücherwurm und besaß eine stattliche Bibliothek, die er größtenteils durch Rezensionen für die „Kreuzzeitung" erworben hatte. Er saß den ganzen Tag hinter den Büchern, wenn er nicht Vorlesungen hatte. Die paar Schritte, die wir nach dem Mittagessen machten, waren sein einziger Spaziergang. Kein Wunder, daß er bei dieser Lebensweise krank wurde. Er konsultierte den medizinischen Kollegen Peiper, der ihm neben allerhand Medikamenten auch einen täglichen Spaziergang von mindestens einer Stunde verordnete. Diese Verordnung hat Kropatscheck nicht eingehalten. Er heiratete noch in Greifswald die Tochter des aus der Schweiz stammenden Theologieprofessors Oettli und wurde dann nach Breslau berufen. Dort war er einige Zeit mit meinem Bruder zusammen, der den Philosophen Eugen Kühnemann zu vertreten hatte. Er starb aber nach wenigen Jahren als Opfer seiner verkehrten Lebensweise. Später begegnete mir einmal, als ich in Dresden Professor war, ein Sohn Kropatschecks, der bei mir ein Examen zu machen hatte. Ein Bruder des Professors Kropatscheck wirkte damals in der evangelischen Kirchenbewegung Sachsens und wohnte in einem Dresdener Vorort. Er ist als theologischer Schriftsteller sehr stark hervorgetreten.

Mein anderer Tischgenosse Grützmacher war in Heidelberg und Berlin ausgebildet. In Berlin hatte er sich eng an den positiven Theologen Seeberg angeschlossen, der ihn sehr hochschätzte. Grützmacher leitete in Greifswald das theologische Stift, wo einige ärmere Studenten Wohnung und Verpflegung hatten, und hielt für sie Repetitorien. Er geriet in einen gewissen Gegensatz zu dem führenden Greifswalder Theologen Hermann Cremer, dem die positive Richtung Seebergs nicht positiv genug war. Er hatte an und für sich eine Abneigung gegen Grützmacher, der dem starren Westfalen viel zu biegsam und weltgewandt erschien. Seeberg bewog die Rostocker Theologen, Grützmacher dorthin zu ziehen. Nicht viel später erhielt er ein Ordinariat in Erlangen, wo es ebenfalls schon immer eine positiv eingestellte theologische Fakultät gab. Grützmacher war ein glänzender Redner und besaß eine erstaunlich vielseitige Bildung. Er hat in Erlangen eine starke Wirkung geübt. Mit dem Titel Geheimer Kirchenrat trat er nachher in den Ruhestand, zog nach Wiesbaden und hielt dort vielbesuchte Vorträge über allgemein interessante Themen.

Durch Kropatscheck und Grützmacher kam ich auch mit den andern Theologen in näheren Kontakt, so zum Beispiel mit dem Dozenten Kögel, der gelähmt war und mühsam an zwei Krücken ging. Sein Vater war der bekannte Hofprediger Kögel, in Birnbaum im Posener Land geboren, wo damals meine Eltern wohnten. Kögel war mit einer schwedischen Gräfin verheiratet, einer überaus geistvollen, auch in der äußeren Erscheinung sehr interessanten Frau. Sie war ursprünglich mit einem Bruder Kögels, einem kerngesunden Manne, verlobt gewesen, der vor der Heirat an einer tückischen Krankheit starb und auf dem Sterbebett die Braut anflehte, sich seines leidenden Bruders anzunehmen. Er legte die Hände beider ineinander. Die Braut gab dem Sterbenden das erbetene Versprechen, ohne sich des von ihr geforderten Opfers in seiner ganzen Schwere und Tragweite bewußt zu sein. Sie heiratete den bedauernswerten Kranken, der sich dann in Greifswald für neutestamentliche Theologie habilitierte. Da sie sehr reich war, konnte sie für ihn aufs beste sorgen. Zwei ausgezeichnete schwedische Stützen, nicht gar zu jung, in Haushalt und Krankenpflege wohl erfahren, nahmen ihr die Arbeit ab, so daß sie sich ganz der seelischen und geistigen Betreuung ihres Mannes widmen konnte. Sonja Kögel genoß allgemeine Hochachtung und Bewunderung. Ich habe im Hause Kögel viel verkehrt und denke an die dort verlebten Stunden dankbar zurück. Kögel war ein guter Lateiner und Grieche und freute sich, in mir einen gleich starken Partner zu finden. Er hielt für seine Studenten ein altphilologisches Seminar, wo z. B. die unregelmäßigen griechischen Verben mit einer ans Sportliche grenzenden Hingabe behandelt wurden. Ich konnte ihm nur beistimmen, wenn er es für unbedingt nötig erklärte, daß die jungen Theologen imstande wären, das Novum Testamentum Graece ohne Schwierigkeit zu lesen. Er freute sich zu hören, daß ich selbst täglich darin las und viele wichtige Stellen auswendig wußte. Als er dann eines Tages noch dahinter kam, daß ich ihm im Hebräischen sogar über war, meinte er lachend: „Sie werden noch als Theologieprofessor enden!" Er muß wohl auch zu Cremer davon gesprochen haben, da ich von allen Seiten hörte, daß Cremer mich besonders gern hätte.

Nach einigen Jahren ließen sich die beiden Kögels scheiden. Kögel heiratete die jüngste Tochter des Theologen Martin von Nathusius und wurde ordentlicher Professor in Kiel, starb aber nicht lange darauf. Sonja Kögel heiratete ebenfalls wieder.

Eine sehr eindrucksvolle Persönlichkeit unter den jüngeren Theologen war der ao. Professor Lütgert, ein hochbegabter und überaus produktiver Forscher, ein treuer Anhänger Cremers, auf den dieser mit Recht stolz sein konnte. Lütgert wurde später Ordinarius in Halle. In Greifswald bin ich ihm leider nicht näher gekommen. Als ich ihn später bei einer Tagung der Kantgesellschaft in Halle sah, sprach ich ihm mein Bedauern aus, daß wir in Greifswald so aneinander vorbeigelebt hatten. Dies Bedauern kam bei mir aus tiefstem Herzen. Wie wertvoll

wäre mir ein solcher Freund an so manchem Wendepunkt
meines Lebens gewesen! Es tat mir sehr wohl, daß auch
Lütgert sich diesem Bedauern anschloß. Wir versprachen
uns, von nun an eine engere Verbindung herzustellen.
Aber es ist nichts daraus geworden. Ich schrieb ihm später
einmal einige anerkennende Worte über sein umfangreiches
Buch „Die Religion des deutschen Idealismus und ihr
Ende", das in seinen fünf Teilen einen Gesamtumfang
von über 1600 Seiten aufweist, bekam auch eine ausführliche Antwort. Aber wir lebten eben in verschiedenen
Städten, und so konnte nur ab und zu ein Kontakt hergestellt werden. Das in Greifswald Versäumte ließ sich
nicht wieder gutmachen.

Wir beiden Kowalewskis waren aus unserer Familie seit
Generationen die ersten, die sich der akademischen Laufbahn widmeten. Wir hatten in der akademischen Welt
keinerlei verwandtschaftliche Verbindungen, die doch so
wertvoll sind. Um so mehr war ich überrascht, als sich
mir in Greifswald ein Verwandter vorstellte in der Person
des ao. Professors der Philosophie August Schmekel. Meine
Mutter erzählte mir dann, sie habe den alten Schmekel,
den Vater des Philosophen, gut gekannt. Er sei in der
ganzen Verwandtschaft durch seine Redseligkeit aufgefallen. Offenbar war er eine Art Volksphilosoph. Auch
mein Vetter August Schmekel zeichnete sich durch eine
überaus große Redseligkeit aus und ließ sich von den
Leuten viel zu sehr in die Karten gucken, woraus ihm
sogar manchmal ernster Schaden erwuchs. Schmekel war
ein bedeutender Kenner der griechischen Philosophie und
hat ein sehr dickes Buch über die Philosophie der Stoa
geschrieben. Sein Berliner Lehrer Dilthey hielt ihn unter
seinen Schülern für den bedeutendsten, was ich nicht nur
aus dem Munde Schmekels weiß. Was tat nun Schmekel?
Er band jedem auf die Nase, Dilthey habe ihn zu seinem
Nachfolger ausersehen. Das war sehr unklug. Zweifellos
hat Dilthey von dieser Prahlerei gehört und sich daran

gestoßen. Als er wirklich in den Ruhestand trat, wurde
nicht Schmekel, sondern ein anderer sein Nachfolger. Ich
habe den guten Schmekel oft vor allzu großer Vertrauensseligkeit gewarnt. Aber er hatte nun einmal diese Veran-
lagung. Sehr lange ist er in Greifswald Extraordinarius
mit schlechtester Bezahlung geblieben, ein Mann von so
hohem wissenschaftlichem Range. Dann heiratete er eine
Pfarrerstochter, deren Vater Korpsstudent war und den
Herren im Berliner Ministerium auf die Bude rückte, um
über die schlechte Behandlung seines Schwiegersohnes Klage
zu führen. Daraufhin wurde dann Schmekel persönlicher
Ordinarius und brauchte nicht mehr so zu darben. Aber
aus Greifswald ist er nicht fortgekommen. Er blieb dort
bis zu seinem Tode sitzen. Niemand, der griechische Philosophie treibt, kann an seiner Philosophie der Stoa vorübergehen. Damit hat er sich ein dauerndes Denkmal
gesetzt.

Durch Grützmacher lernte ich eines Tages einen hochintelligenten norwegischen Theologen Olaf Moe kennen,
der aus Marburg kam und dort den berühmten Neutesta-
mentler Jülicher gehört hatte, für den er sehr begeistert
war. Jülicher, der eine über 600 Seiten lange „Einleitung
in das Neue Testament" und ein fast 1000 Seiten starkes
Buch über die „Gleichnisreden Jesu" verfaßt hat, gab
seinen Hörern eine volle theologische Ausbildung. Er las
nicht nur über das Neue Testament, sondern behandelte
in Sondervorlesungen auch die andern Gebiete der Theologie. Als ordentlicher Professor hatte er ja das Recht, zu
lesen, worüber er wollte. Offenbar war er der Meinung,
daß seine Kollegen es nicht so gut machten wie er selbst.
Nach den Schilderungen Olaf Moes schien diese Meinung
durchaus berechtigt zu sein. Jülicher überragte tatsächlich
alle andern bei weitem, und es war nur von Vorteil, wenn
man bei ihm noch einmal hörte, was man bei den andern
schon gelernt zu haben glaubte. Man sah es mit ganz
andern Augen an. Olaf Moe nahm auch an unserer gemein-

samen Mittagstafel teil. Einmal machte er mit Grützmacher einen Ausflug nach Stralsund und schickte mir eine
gereimte Karte, die so anfing:

Sie sitzen dort einsam am Tische, so rund,
Wir aber weilen in Stralsund.

Dann kamen verschiedene überaus geistreiche Anspielungen
auf meine Mathematik. Moe hat später in Norwegen eine
bedeutende Rolle gespielt.

Unter den Theologiestudenten, die ich durch Grützmacher kennenlernte, ist mir Herr Parey in guter Erinnerung geblieben. Er war der Sohn des berühmten
Verlagsbuchhändlers Parey in Berlin. Weshalb er gerade
Theologie studierte, habe ich nie recht begriffen. Er hatte
auch für andere Wissenschaften starkes Interesse. Ich habe
es damals versäumt, diese wichtige Bekanntschaft besser
zu pflegen. Später, als ich so viele Bücher schrieb, hätte
sie mir sehr nützlich sein können. Parey hatte in Greifswald eine große, elegante Wohnung und hielt sich als
Gesellschafter den Theologiestudenten Baron von Rotenhan, einen Verwandten des Birnbaumer Landrats von Willich, dessen Frau eine geborene Rotenhan war. Da ich die
akademischen Ferien immer bei meinen Eltern verbrachte,
hatte ich Herrn und Frau von Willich kennengelernt.
Sie luden uns manchmal auf ihr schönes Gut Gorzyn ein.
Besonders die Mutter des Landrats, eine ehemalige Hof-
dame der Kaiserin, interessierte sich in sehr freundlicher
Weise für uns und ließ uns sehr oft mit ihrem schönen
Schimmelgespann abholen. Sie erzählte gern aus ihrer
Glanzzeit bei Hofe und fand in uns sehr aufmerksame
Zuhörer. Willichs waren nahe verwandt mit dem bekannten
Diplomaten Mumm von Schwarzenstein, der sich als deut-
scher Botschafter in Japan einen großen Namen gemacht
hat. Herr von Willich ließ sich seinerzeit in die Endell-
Affäre hineinziehen. Major Endell, der in der Nähe von
Posen ein Rittergut besaß, war Präsident der Posener
Landwirtschaftskammer. Gegen ihn wurden allerhand üble

Gerüchte ausgestreut. Es wurde ihm z. B. nachgesagt, er habe gegen einfache Quittungen Geld aus der Kasse der Landwirtschaftskammer entnommen, über die er allerdings bis zu einem gewissen Grade freie Verfügung hatte. Willich ist im Auftrage des damaligen Oberpräsidenten von Bitter der Sache nachgegangen, und es erfolgte dann die Amtsenthebung Endells. Auch wurde ihm die Offiziersuniform aberkannt. Er hatte in einem angesehenen Husarenregiment gedient unter Mackensen, dem später so berühmt gewordenen Feldmarschall. Mackensen war ein Jugendfreund des Kaisers und seinerzeit zum Spielkameraden des jungen Prinzen ausersehen worden. Das Regiment lag damals in Posen, und als der Kaiser wieder einmal dort war, besuchte er den gerade erkrankten Oberst von Mackensen in dessen Wohnung. Mackensen schüttelte dabei dem Kaiser sein Herz über Endell aus, den er wie so viele andere Freunde des Majors für einen absoluten Ehrenmann hielt. Die Wirkung war durchschlagend. Alle gegen Endell gefällten Entscheidungen wurden in den nächsten Tagen aufgehoben, und nun begann ein Feldzug gegen diejenigen, die Endell in diese Lage gebracht hatten. Der Oberpräsident, dessen Stellung stark erschüttert schien, schob alle Schuld auf die Herren, die ihn informiert hatten, und dazu gehörte leider auch der Landrat von Willich. Seine ganze Laufbahn war in Frage gestellt, obwohl er ja nur im Auftrage des Oberpräsidenten Ermittelungen durchgeführt hatte. Niemand kam ihm zu Hilfe, und so erschoß er sich eines Tages. Was nützte es, daß Herr von Bitter am Grabe einige anerkennende Worte über die Verdienste seines Landrats zusammenbrachte! Es wäre nach Meinung der Eingeweihten durchaus möglich gewesen, dem armen Willich, der nur in gutem Glauben gehandelt hatte, rechtzeitig einen rettenden Ausweg zu bieten. Mit der unglücklichen Sache hing noch eine Duellforderung Endells zusammen, die Willich abgelehnt hatte, weil Endell damals noch nicht rehabilitiert war. In diese Dinge griff auch das Bonner

Korps „Borussia" ein, dem Willich angehörte. Die Borussen, so hieß es, mißbilligten die Ablehnung der Duellforderung, stellten sich also gegen Willich. Uns alle hat dieser tragische Vorfall schwer erschüttert. „Wo es um die Ehre geht, geht es ums Leben", sagte der mit uns befreundete Major Freiherr von Seckendorff.

*

Von Greifswald aus besuchte ich zum erstenmal eine große Naturforscher-Versammlung, in deren Rahmen die Deutsche Mathematiker-Vereinigung tagte. Diese hatte mich zu einem Referat über die Lieschen Theorien aufgefordert. Außerdem stand noch ein anderer Vortrag von mir im Programm: „Über die projektive Gruppe der Normkurve und eine charakteristische Eigenschaft des sechsdimensionalen Raumes." Die Tagung fand in Karlsbad statt. Sie bot mir Gelegenheit, die führenden österreichischen Mathematiker kennenzulernen, worüber ich nachher noch einiges sagen werde.

Mein Referat über Lie gab eine Zusammenstellung der Hauptergebnisse seiner Lebensarbeit und wurde mit großem Beifall aufgenommen. Ich war ganz ergriffen von der Erinnerung an meinen großen Lehrer und erlebte das, was so viele andere in ähnlicher Situation gespürt haben. Es war mir, als spräche ich nicht selbst, sondern ein anderer aus mir. Ich selbst war nur das Organ, dessen er sich bediente. Der starke Beifall, so fühlte ich, galt nicht mir, sondern diesem andern. Als ich davon einmal mit meiner Mutter sprach, sagte sie mir: „Bleibe nur immer so bescheiden, mein Sohn!"

Was ich über die Gruppe der Normkurve vortrug, war etwas ganz Hübsches und hätte auch Lie Freude gemacht. Wenn man die Koeffizienten einer Binärform n-ten Grades

$$f = a_0\, x^n + \binom{n}{1}\, a_1\, x^{n-1}\, y + \ldots + a_n\, y^n,$$

also $a_0, a_1, \ldots, a_n$ als homogene Koordinaten in einem n-

dimensionalen Raume betrachtet, so entspricht jeder solchen Form f ein Punkt in diesem Raume. Formen, die nur um einen konstanten Faktor differieren, muß man nicht als verschieden ansehen. x, y kann man als homogene Koordinaten auf einer Geraden betrachten. Setzt man auf dieser Geraden die dreigliedrige projektive Gruppe in Wirkung, so wird im Raume der homogenen Koordinaten a_0, a_1, ..., a_n eine dreigliedrige projektive Gruppe induziert, die uns sagt, wie die Binärformen f sich vertauschen, wenn man x, y linear transformiert. Es ist selbstverständlich, daß alle Formen, die n-te Potenzen von Linearformen sind, also die Form $(\lambda x + \mu y)^n$ haben, unter sich bleiben. Betrachtet man ihre Bildpunkte, setzt also

$$a_0 = \lambda^n,\ a_1 = \lambda^{n-1}\mu,\ \ldots,\ a_n = \mu^n,$$

so hat man eine Kurve im n-dimensionalen Raum vor sich, und das ist die berühmte Normkurve. Die induzierte Gruppe, von der wir sprachen, ist die projektive Gruppe der Normkurve, eine Sache, die jeder Invariantentheoretiker stets gekannt hat und kennt. Sogar Gordan, der geometrische Veranschaulichungen in seinen Arbeiten vermied, wußte davon. Über eine altbekannte Sache nun noch etwas Neues sagen zu können, ist für einen jungen Mathematiker eine Art Triumph. Noch an etwas anderes ganz Bekanntes sei hier erinnert. Gordan und alle anderen Invariantentheoretiker bedienen sich der Aronholdschen Symbolik, wodurch große Erleichterungen entstehen, weil vieles dadurch fast selbstverständlich wird. So können sie z. B. ohne weiteres sagen, daß die symbolisch durch $(\mu \lambda' - \mu \lambda')^n = 0$ dargestellte Beziehung zwischen zwei Formen, also in unsymbolischer Schreibung die Beziehung

$$a_0 b'_n - \binom{n}{1} a_1 b'_{n-1} + \ldots + (-1)^n a_n b'_0 = 0$$

invariant bleibt. Bei geradem n wird durch diese Gleichung ein Polarsystem, bei ungeradem n ein Nullsystem festgelegt. Das Polarsystem gestattet eine $\dfrac{n\,(n + ')}{2}$ -gliedrige, das Nullsystem eine $\dfrac{(n+1)\,(n+2)}{2}$-gliedrige Gruppe. Das sind bekannte Obergruppen der Gruppe der Normkurve.

In der Ebene ($n = 2$) fallen Gruppe und Obergruppe zusammen. Deshalb nahm ich in meinem Vortrag $n > 2$ an. Die Frage, die ich stellte, lautete nun so: Sind außer diesen bekannten Obergruppen, zu denen natürlich auch noch die volle projektive Gruppe zu rechnen wäre, noch andere vorhanden? Die Antwort, die ich herausarbeitete, war interessant und lautete im allgemeinen Nein, im Falle $n = 6$ dagegen Ja. Der sechsdimensionale Raum bietet als einziger die Besonderheit, daß die Gruppe der Normkurve (außer der vollen projektiven Gruppe) nicht nur eine, sondern zwei Obergruppen hat, und zwar außer der 21-gliedrigen Gruppe einer Mannigfaltigkeit 2. Grades noch eine 14-gliedrige Untergruppe von dieser.

Ich habe damals in Karlsbad noch einen Vortrag über Fouriersche Reihen gehalten. Die bekannte Dirichletsche Bedingung, so zeigte ich, ist im Grunde keine Intervallbedingung, wie es nach ihrer ursprünglichen Formulierung scheinen könnte, sondern eine Punktbedingung, der ich folgende Fassung gab: Jeder monoton nach x_0 strebenden Folge $x_1, x_2, x_3, \ldots$, ordne ich folgende Reihe zu:

$$[f(x_2) - f(x_1)] + [f(x_3) - f(x_2)] + \ldots.$$

Wenn diese stets absolut konvergent ist, so konvergiert die Fouriersche Reihe von $f(x)$. Ich besprach dann noch das Kriterium von Paul Dubois-Reymond. Hierbei wird statt $f(x)$ die Funktion

$$F(x) = \frac{1}{x - x_0} \int_{x_0}^{x} f(u)\, du$$

betrachtet. Wenn die Reihe

$$[F(x_2) - F(x_1)] + [F(x_3) - F(x_2)] + \ldots,$$

die der monoton nach x_0 konvergierenden Folge $x_1, x_2, x_3, \ldots$ zugeordnet wird, stets absolut konvergent ist, so konvergiert die Fouriersche Reihe von $f(x)$. Auch mit diesem Vortrag fand ich vielseitiges Interesse.

*

Ich lernte in Karlsbad die österreichischen Mathematiker Czuber, Zindler, Gustav Kohn und viele andere kennen, von deutschen Mathematikern vor allem Herrn von Dyck, Franz Meyer und Felix Klein, die mich oft in längere Gespräche zogen. Gustav Kohn, ein ausgezeichneter Geometer synthetischer Richtung und ein Meister des Vortrags, machte auf mich einen starken Eindruck. Er sprach über ein interessantes geometrisches Problem und begann in sehr geistreicher Weise mit folgenden Worten: „Ich habe die Ehre, Ihnen zwei gerade Linien vorzustellen. Sie haben verschiedene Tugenden und nur das eine Laster, imaginär zu sein." Franz Meyer, der Herausgeber der Enzyklopädie, benutzte die Karlsbader Tagung, um rückständige Enzyklopädieartikel einzumahnen. Als er in meiner Gegenwart auch Gustav Kohn an seinen Artikel erinnerte, sagte dieser mit dem ernstesten Gesicht: „Was denken Sie! Ich sitze Tag und Nacht an diesem Artikel. Seit ich daran arbeite, habe ich mir den Schlaf abgewöhnt." Mehr konnte Meyer nicht verlangen. Er war vollkommen entwaffnet.

Nicht nur mir, sondern auch andern fiel es auf, wie August Gutzmer mit der Geschäftigkeit eines Kammerdieners um Felix Klein bemüht war. Klein litt seit Jahren unter Heuschnupfen, und Gutzmer hatte immer erleichternde Medikamente zur Hand. Diese kleinen Gefälligkeiten machten sich später bezahlt. Durch Kleins Einfluß wurde Gutzmer, ohne irgend etwas Belangvolles geleistet zu haben, gar bald nicht nur in Jena, sondern auch in Halle Ordinarius. Wenn man diese Laufbahn mit dem dornenvollen Leidensweg eines Study vergleicht, so möchte man an der Gerechtigkeit verzweifeln. Man hat aber für solche Fälle den bequemen Ausweg, daß man den Betreffenden für einen großen Lehrer erklärt. An sich sollte es im akademischen Leben oberster Grundsatz sein, daß man nur solche Leute als Lehrer zuläßt, die sich irgendwie auch als Forscher hervorgetan haben. Wenigstens dürfte man ganz erstklassige Forscher nicht mit der billigen Ausrede unterdrücken, daß sie keine guten Lehrer sind, wie man es ganz mit Unrecht Study nachgesagt hat. Ich selbst, der ich so viel bei ihm gehört habe, kann das Gegenteil bestätigen.

Von großem Wert, auch für die spätere Zeit, war für mich die Bekanntschaft mit Czuber, diesem allgemein bekannten Forscher auf dem Gebiete der Wahrscheinlichkeitsrechnung und der angrenzenden Disziplinen, diesem ausgezeichneten Kenner der gesamten Mathematik. Er blieb seit der ersten Begegnung in Karlsbad mein wohlwollender Protektor. Nicht lange nach dieser Tagung wurde an der großen Technischen Hochschule in Wien durch den Rücktritt des Professors Allé ein ordentlicher Lehrstuhl frei, für den ich auf Czubers Anregung an erster Stelle in Vorschlag kam. Ich wußte damals nicht, wie man sich in solchen Fällen zu verhalten hat. Später, als schon längst ein anderer mir den Rang abgelaufen hatte, erfuhr ich, daß ich unbedingt hätte hinreisen müssen, mich im Ministerium vorstellen, die Kollegen besuchen usw. Da ich es nicht tat, glaubte man, ich hätte an der Berufung kein Interesse. Wenigstens konnte man diese Auffassung an die maßgebende Stelle lancieren und hat es auch tatsächlich getan. Gegen solche Machenschaften, die leider angewandt werden, ist man vollkommen wehrlos. Mein Leben wäre in vieler Hinsicht anders verlaufen, wenn ich damals das schöne Wiener Ordinariat erlangt hätte. Czuber hatte, bevor er nach Wien kam, an der altberühmten Deutschen Technischen Hochschule zu Prag gewirkt, neben Anton Grünwald. Der in Prag damals stationierte Korpskommandant Erzherzog Ferdinand Karl hatte auf einem Ball Fräulein Berta Czuber kennengelernt und dem Kaiser seine Absicht kundgetan, sie zu heiraten. Es war ihm bekannt, daß er in diesem

Falle auf seine Erzherzogswürde verzichten mußte,, er wollte aber dieses Opfer bringen. Der Kaiser machte einen ernsten Versuch, Ferdinand Karl von seiner Absicht abzubringen, und bat den zur Audienz befohlenen Hofrat Czuber um seine Hilfe. Czuber hat sich nach besten Kräften bemüht, des Kaisers Wunsch zu erfüllen. Die Heirat kam aber trotzdem zustande; der Erzherzog hieß fortan Ferdinand Burg und lebte mit der jungen Frau auf einem seiner Güter, wo später auch Hofrat Czuber nach der Emeritierung hinzog. Ferdinand Burg starb nach wenigen Jahren an einem schweren Lungenleiden.

Ich blieb, nachdem sich die Wiener Chance zerschlagen hatte, noch einige Zeit in Greifswald. Study kam damals als Nachfolger von Lipschitz nach Bonn. An der Durchsetzung seiner Berufung hatte besonders der berühmte Chemiker Anschütz mitgewirkt, wofür ihm die Mathematiker zu Dank verpflichtet sind. Ohne seine tatkräftige Hilfe wäre vielleicht die Berufung nicht zustande gekommen, und es war im Interesse der besseren Propagierung seiner wichtigen Theorien für Study so notwendig, an einen bedeutenderen Platz zu kommen. Kurz vor Studys Weggang wurde von Breslau aus angeregt, mich mit Franz London auszutauschen. Man hatte in Breslau für ihn ein Extraordinariat errichtet. Die Stelle war da, aber das Ministerium sperrte sich, ihn zu ernennen. Die Breslauer Ordinarien Rosanes und Sturm kannten mich von einer Tagung der Mathematiker-Vereinigung, die einige Zeit vorher in Breslau stattgefunden hatte und mir Gelegenheit zu einem Vortrag bot. Ich war damals Gast im Hause meines alten Königsberger Studiengenossen und Freundes Franz Ernst Neumann, der dort die Physikprofessur betreute und von seinem Assistenten Clemens Schäfer, dem jetzt so berühmten Physiker, in ausgezeichneter Weise unterstützt wurde. Die Breslauer Fakultät, die London sehr wohlgesinnt war, schlug, wie schon gesagt, auf Anregung von Rosanes und Sturm dem Ministerium vor, mir das Breslauer Extraordinariat zu geben und London nach Greifswald zu setzen. Die Greifswalder Studenten wollten mich aber nicht verlieren und reichten eine große Bittschrift ein, worin sie sich für mein Verbleiben in Greifswald einsetzten. Ich mußte das Breslauer Angebot ablehnen. An sich wäre diese Auswechselung mit London für mich in mancher Hinsicht vorteilhaft gewesen. Aber gar zu groß waren die Vorteile nicht. So blieb ich also in Greifswald, freilich nicht mehr lange.

Fast um dieselbe Zeit wie Study kam der Chirurg August Bier von Greifswald nach Bonn und zog sehr bald noch den Psychiater Westphal und den Anatomen Bonnet dorthin, von deren Tüchtigkeit er sich in Greifswald aus nächster Nähe hatte überzeugen können. Mit ihnen gingen zahlreiche Assistenten ebenfalls nach Bonn, von denen sich einige in Bonn habilitierten, so daß die Bonner medizinische Fakultät eine merkliche Blutauffrischung erhielt. Bier arbeitete damals an seiner Blutstauungstherapie und an dem umfassenden Werk „Die Hyperämie als Heilmittel", das ihm so großen Ruhm einbrachte. Bier war ein Schüler des Kieler Chirurgen von Esmarch, der eine Verwandte der Kaiserin zur Frau hatte, und durch Esmarchs Einfluß nach Greifswald gekommen. Alle, die ihn in Greifswald kannten, bewunderten seinen starken, freimütigen Charakter und seine kraftvolle Natur. Er ging im strengsten Winter ohne Mantel von seiner Wohnung zur Klinik. Ein Greifswalder Pfarrer sah ihn täglich vorübergehen, kannte ihn aber nicht und bedauerte ihn. Eines Tages erzählte er dem sehr begüterten Theologieprofessor Viktor Schultze, es gebe in Greifswald einen augenscheinlich hochintelligenten Menschen, der bei strengstem Frost ohne jeglichen Kälteschutz, ja sogar ohne Handschuhe ausgehen müsse; ob er es nicht ermöglichen könne, dem armen Menschen zum bevorstehenden Weihnachtsfest einen Mantel zu schenken. Schultze war ein großer Philanthrop, der viel für die Armen hergab. Der Pastor lud ihn ein, am nächsten Morgen gegen 9 Uhr zu ihm in die Wohnung zu kommen, um den notleidenden Menschen selbst zu sehen, der überdies immer denselben stark mitgenommenen Anzug trage. Schultze war sehr gern bereit zu helfen und erschien zur verabredeten Zeit in der Wohnung des Pfarrers. Beide standen am Fenster. „Da kommt er. Fällt Ihnen nicht das intelligente Gesicht auf, in dem so eine bittere Resignation ausgeprägt ist?" Viktor Schultze erwiderte lachend: „Aber das ist ja unser berühmter Chirurg Bier. Dem brauchen wir keinen warmen Mantel zu schenken. Der läuft absichtlich so leicht bekleidet umher. Er ist sehr abgehärtet. Da er keine Frau hat, kann er machen, was er will." Bier hatte einmal in Kiel Heiratsabsichten gehabt, und zwar wollte er eine Tochter Esmarchs heiraten. Man stieß sich aber, wie erzählt wurde, zu sehr an seinem Namen. Lange nachher ist er dann in Bonn doch in den Ehestand getreten.

Im Greifswalder Hafen sah man oft ein großes neues Segelschiff, das auf den Namen „Professor August Bier" getauft war. Ein Schiffsreeder, den Bier durch eine glückliche Operation von schwerem Leiden befreit hatte, wollte ihn durch diese Benennung eines stolzen Schiffes ehren. Bier hat in Greifswald auch Gehirntumoren operiert, wie nachher in Prag der Chirurg Schloffer, der auf diesem Gebiet erstaunliche Erfolge erzielte. Später nahm Bier einen mehr konservativen Standpunkt ein. Er war der Meinung, daß man in erster Linie stets versuchen sollte, ohne chirurgischen Eingriff zu heilen. Sein Assistent Professor Klapp hat Rückenverkrümmungen ohne Operation durch gymnastische Methoden wunderbar geheilt. Ein Dackel, dem er das Rückgrat gewaltsam verkrümmt und in Gips hatte heilen lassen, war darin sein Lehrer. Das kluge Tier brachte durch unablässiges Kriechen unter Nachschleppung der Hinterbeine sein Rückgrat ohne Arzt völlig in Ordnung. Dieses Verfahren ließ Klapp von seinen Patienten nachahmen, ein sehr glücklicher Gedanke. Klapp und seine Frau waren

zwei wunderbar schöne Menschen, fröhlich und kerngesund.
Sie gingen mit Professor Bier nach Bonn.

Studys Nachfolger in Greifswald wurde Professor Engel
aus Leipzig. Er kam einige Jahre später nach Gießen, wo
er bis zu seinem Tode blieb. In Greifswald fand er einen
verständnisvollen Freund in dem Physiker Gustav Mie,
der auch mir nahe stand. Mie hat später die große Physikprofessur in Halle bekleidet und war dann in Freiburg tätig.

Seit Kropatschecks Verheiratung hatte ich dessen Jung-
gesellenwohnung bezogen. Mir gegenüber auf derselben
Etage wohnte ein Korpsstudent Graf Stillfried, der aus
Schlesien stammte. Da er sehr verschwenderisch gelebt
hatte, gab ihm der Vater nicht mehr größere Geldsummen
in die Hand, übertrug vielmehr die finanzielle Betreuung
des jungen Grafen einem Greifswalder Rechtsanwalt. Ein
alter Greifswalder Dienstmann fungierte stundenweise als
Kammerdiener. Oft gab es größere Abendgesellschaften,
bei denen es manchmal bis tief in die Nacht hinein sehr
geräuschvoll zuging. Dann erschien am nächsten Vormittag
der Kammerdiener mit einem Entschuldigungsbrief. Ich
bin glücklicherweise gegen Geräusche sehr abgehärtet. Mir
brachte der Radau eher Erheiterung als Ärger, während
Kropatscheck sich immer nur geärgert hatte. So fand ich
es sehr belustigend, daß geleerte Flaschen gegen die Wand
geschleudert wurden und unter großem Krachen zerbrachen.
In Königsberg wurde einmal im Kasino der Wrangel-
kürassiere von übermütigen jungen Offizieren ein Piano
aus einem oberen Stockwerk durchs Fenster gestürzt, wobei
das wertvolle Instrument in tausend Trümmer ging. Es
gibt eben Stimmungen, in denen unbedingt etwas Außer-
gewöhnliches angestellt werden muß. In Greifswald war
auch die alte Sitte des Laternenausdrehens noch in Übung.
Wenn der Polizeidirektor und Universitätsrichter Gesterding bei irgendeiner Korporation eingeladen war und man
in später Nacht nach Hause ging, konnten in seiner Anwesenheit die Studenten ungehindert Laternen ausdrehen.

Wenn Schutzleute in die Nähe kamen, um einzuschreiten, traten sie unter dem Ruf: „Hei is et sülwst!" (Er ist es selbst!) sofort den Rückzug an. Gesterding hatte, obwohl er doch ein großer Würdenträger (Mitglied des Herrenhauses) und nicht mehr jung war, immer noch sein fröhliches Studentengesicht. Jeder hatte ihn gern. Ich mußte, wenn ich mit ihm zusammen war, immer an die Scheffelschen Verse denken:

> „Nicht rasten und nicht rosten,
> Weisheit und Schönheit kosten,
> Durst löschen, wo er brennt,
> Die Sorgen vertreiben mit Scherzen,
> Wer's kann, der bleibt im Herzen
> Zeitlebens ein Student."

Wenn wir in Greifswald Kaisers Geburtstag feierten, beriet Gesterding uns alle aufs beste, welchen Sekt wir trinken sollten. Es galt direkt als Tradition, ihn darüber zu befragen, auch wenn man selbst ein Kenner war.

Berufung nach Bonn

In Bonn wirkte neben Study als zweiter Ordinarius Professor Kortum, ein Verwandter des Arztes Karl Arnold Kortum (gestorben 1824 in Bochum), dem wir die „Jobsiade" verdanken. Professor Kortum ist als Mathematiker weniger hervorgetreten. Er fiel in seinen Vorlesungen dadurch auf, daß er, wenn eine unendliche Reihe $n_1 + n_2 + n_3 + \ldots$ vorkam, mindestens sechs Glieder langsam aufschrieb und auch mindestens sechs Punkte folgen ließ. Als Lipschitz noch lebte, wollte sich der später so berühmt gewordene Funktionentheoretiker Pringsheim in Bonn habilitieren. Ob es nun Lipschitz oder Kortum war, weiß ich nicht mehr zu sagen. Aber einer von beiden brachte ihn im Habilitationskolloquium zu Falle. Ich denke schon, daß es Kortum gewesen sein muß. Lipschitz hätte etwas so Einfaches nicht gefragt. Kortum wollte wissen, wie man eine quadratische Gleichung auflöst. Darüber konnte der in den höchsten Sphären der Funktionentheorie beheimatete Habilitand nicht die geringste Auskunft geben. Es kamen noch andere Dinge zur Sprache, worüber er gut Bescheid wußte. Aber das nützte alles nichts. Man wollte ihm seine Unerfahrenheit in quadratischen Gleichungen nicht verzeihen. Er wurde abgewiesen und hat sich dann in München habilitiert, zum großen Schaden für Bonn.

Der Kaiser ließ zu wiederholten Malen eine geladene Gesellschaft auf seiner schönen Jacht „Meteor" eine Seereise machen. Es galt als besondere Auszeichnung, eine solche Einladung zu erhalten. Das Leben an Bord war sehr an-

genehm, die Verpflegung hervorragend. Professor Kortum
konnte nur freudigen Herzens zusagen, als diese Ehrung
an ihn herantrat. Es zeigte sich aber, daß er einer solchen
Seereise nicht gewachsen war. Schwer krank kam er zurück
und mußte sterben. Vielleicht war er schon, ohne es zu
wissen, mit irgendeinem Leiden behaftet.

Nun mußte die Kortumsche Professur besetzt werden.
Es gab damals in Bonn den sehr tüchtigen Extraordinarius Lothar Heffter. Er hatte sich durch schöne Arbeiten über lineare Differentialgleichungen hervorgetan
und war auch ein glänzender Lehrer, außerdem ein überaus
sympathischer Mensch, den alle sehr gern hatten. Ich will
gegen Study keinen Vorwurf erheben. Er hätte sich aber,
so sage ich mir, daran erinnern sollen, wie schwer ihm
selbst das Aufrücken ins Ordinariat gemacht worden war,
und hätte sich an die Mahnung halten sollen: „Edel sei
der Mensch, hilfreich und gut." Nein, er tat dem armen
Heffter genau dasselbe an, was man ihm früher angetan
hatte: Er setzte ihn nicht auf die Liste. Ein Glück war es,
daß man an der Technischen Hochschule Aachen gerade
ein Ordinariat frei hatte und es Heffter geben konnte.
So wurde die Zurücksetzung in Bonn etwas gemildert.
Aber viel lieber wäre er natürlich in Bonn geblieben, wo
er zudem noch eine hübsche Villa besaß. Study behauptete
damals, Heffter wäre für ein Ordinariat an einer Universität doch nicht genügend qualifiziert. Warum reichten
denn später seine Fähigkeiten aus, als man ihn nach Freiburg berief? Ach, wie ungerecht geht es doch bei solchen
Besetzungen zu! Heffter, der katholisch war, hätte die
Hilfe irgendeines einflußreichen Zentrumsführers anrufen
sollen. Dieser hätte es bestimmt durchsetzen können, daß
Althoff sich ins Mittel legte. Heffter wollte aber nur den
geraden Weg gehen. Das Kortumsche Ordinariat wurde in
zwei Extraordinariate geteilt, für die Study im ganzen
acht Vorschläge machte, die von der Fakultät gebilligt
wurden. Unter den Vorgeschlagenen befanden sich auch

London und Kowalewski, und diese beiden wurden vom Ministerium für Bonn ausersehen. Eines Tages erschien Geheimrat Elster in Greifswald und stieg im Hotel „Deutsches Haus" ab. Am nächsten Tage unterzeichnete ich in seinem Zimmer den Vertrag für Bonn. Ich sollte dort zwar auch nur ao. Professor sein. Aber es war eine große und berühmte Universität, und man erhöhte auch meine Gehaltsbezüge. Lachend sagte Elster: „Nehmen Sie sich, wo Sie jetzt so viel Geld in die Hände bekommen, nur in acht, daß Sie in Bonn nicht zu viel Wein trinken!"

Bei der mir befreundeten Familie Scholz gab es einen schönen Abschiedsabend, und an einem der nächsten Tage, es war im Herbst 1904, geleiteten mich die guten Greifswalder Freunde in corpore zum Bahnhof.

Als ich mich in Bonn dem Ernennungsschreiben gemäß beim Dekan, dem Germanisten Litzmann, vorstellte, hatte er aus Berlin noch keinerlei Nachricht über meine Berufung, ebensowenig über die des Professors London. Er benutzte die Gelegenheit, um seiner tiefen Abneigung gegen die Mathematik Ausdruck zu geben, und bedauerte, daß man in den Schulen so viel Zeit auf diesen „elenden Kram" verwende und ihn sogar noch auf den Universitäten weiter traktiere. Ich versuchte ihm in vorsichtiger Form klarzumachen, daß es eine höhere Mathematik gebe und daß wir in unsern Vorlesungen keineswegs das Einmaleins behandelten. In den Kreisen der Gebildeten begegnet man oft der Auffassung, daß es eigentlich unnötig sei, an einer Universität mehr als einen Mathematiker zu beschäftigen. Auf der Schule müsse doch der Mathematiklehrer auch alle Gebiete behandeln. O sancta simplicitas!

Auch dem damaligen Kurator der Bonner Universität, Freiherrn von Rottenburg, mußte ich mich vorstellen. Zu meinem Greifswalder Freundeskreise gehörte der ehemalige Hauslehrer der Rottenburgschen Kinder, der Indologe Heller. Er hatte in Greifswald ein außerplanmäßiges Extraordinariat. Als Rottenburg hörte, daß ich aus Greifswald käme, erkundigte er sich sehr interessiert nach Hellers Ergehen. Hellers Tätigkeit im Rottenburgschen Hause fiel in die Berliner Zeit, wo Rottenburg noch Staatssekretär im Außenministerium war. Er hatte diese Stellung schon unter Bismarck bekleidet. Als Bismarck gestürzt wurde, versuchte Rottenburg im Amte zu bleiben, was ihm Bismarck sehr übelnahm. Jahre hindurch gab es keinerlei Verbindung zwischen den beiden Staatsmännern. Rottenburg litt sehr unter dieser Entfremdung. Es war üblich, daß er auf dem großen Festessen, das alljährlich der jeweilige Rektor der Bonner Universität gab, eine große Rede hielt. Diese Rottenburgsche Rede dauerte manchmal eine ganze Stunde. Jedesmal kam er auf Bismarcks Abgang und sein eigenes Verbleiben im Amte irgendwie zu sprechen. Seine Auffassung war, daß für ihn damals eine Art Verpflichtung bestand, die Bismarcksche Politik, soweit es möglich war, zu retten und fortzuführen. Schließlich hatte sich dann aber doch ein weiteres Ausharren im Amte als ganz unmöglich erwiesen, Rottenburg mußte abdanken und wurde Kurator der Bonner Universität. Dies war eine besonders angesehene Stellung, weil in Bonn die kaiserlichen Prinzen studierten. Daß Rottenburg in seinen Reden immer wieder auf Bismarck zurückkam, ließ deutlich genug erkennen, daß er sich wegen seines Verhaltens nachträglich Vorwürfe machte. Es brachte ihm eine wohltuende Erleichterung, als Bismarck nach Jahren einmal auf eine Geburtstagsgratulation mit ein paar freundlichen Worten dankte. Rottenburg hatte ihm den „Prometheus" des Aeschylos zugeschickt und damit angedeutet, daß er Bismarcks Lage mit der des gefesselten Prometheus verglich. Vielleicht hatte diese Anspielung den Zorn des Giganten etwas gemildert. Meine Mutter war intim befreundet mit einem Fräulein von Borcke, einer Verwandten der Fürstin Bismarck. Durch sie wußten wir über alle diese Dinge genauer Bescheid als Herr von Rottenburg.

Ich habe, um gleich noch bei der Politik zu bleiben, in meiner Bonner Zeit den russisch-japanischen Krieg in seinen stimmungsmäßigen Auswirkungen erlebt. Die Rheinländer standen mit ganzem Herzen zu Japan. Sie begründeten diese Sympathie mit ihrer freiheitlichen Einstellung, die sie von dem autoritär regierten Rußland stark distanziere. Sie freuten sich über die Vernichtung des baltischen Geschwaders, das nach seiner abenteuerlichen Fahrt in den fernen Osten der modernen japanischen Schiffsartillerie zum Opfer fiel. In dem langen Landkrieg, den die Russen mit so großer Zähigkeit immer noch weiterführten, wurde jeder japanische Sieg mit Freuden begrüßt. Es gab nur ganz wenige, denen die Admirale Roschdjestwenski und Nebugatow leid taten und die Generäle Kuropatkin und Stössel einige Bewunderung einflößten.

Das gesellschaftliche Leben stand in Bonn auf hoher Stufe. Es herrschte in dieser Hinsicht ein ausgesprochener Luxus. In Bonn gab es eben sehr viele reiche Leute. Es existierte sogar ein Millionärsklub, zu dem unter anderen sehr viele ehemalige Apothekenbesitzer gehörten, die nach Verkauf ihrer Apotheken in Bonn ein geruhsames Dasein führten. Ferner gab es die exklusive Lesegesellschaft, kurz die „Lese" genannt, in die nur Leute aus den oberen Zehntausend aufgenommen wurden. Es war nämlich üblich, beim Eintritt eine größere Stiftung zu machen. Dann lag in Bonn ein feudales Husarenregiment, in welchem die Korpsstudenten ihr Jahr abdienten. Die Offiziere waren fast ausnahmslos adlig. Das hochgeschraubte gesellschaftliche Niveau zeigte sich auch im Leben der Korpsstudenten, die sich von dem Gros der übrigen Studenten völlig fernhielten, besonders von den katholischen Studentenverbindungen, weil diese das Duell verwarfen. Das Korps „Borussia", bei welchem die kaiserlichen Prinzen aktiv waren, galt nicht einmal als das feudalste. An der Spitze stand das Korps „Palatia". Seine Mitglieder entstammten den reichen Industrie- und Handelskreisen des Rheinlands.

Der Monatswechsel bei der „Palatia" betrug 2000 Mark, bei anderen Korps etwas weniger. Nur wirklich reiche Eltern konnten ihrem Sohn 2000 Mark monatlich geben. Mit diesem Geld erkauften sie ihm allerdings wertvolle Beziehungen fürs spätere Leben. Die Bonner Bürger hatten für diese reichen Studenten die größte Bewunderung. Man merkte es auf Schritt und Tritt, daß Reichtum eben doch der höchste Trumpf war.

Professor Bier, ein Anhänger schlicht spartanischer Lebensweise, machte einmal einen ernsten Versuch, das gesellschaftliche Leben der Universität zu vereinfachen. Er ließ ein Rundschreiben herumgehen, in welchem er sehr schöne und anerkennenswerte Grundsätze aufstellte. Die ärmeren Professoren stimmten ihm zu und erklärten sich bereit, an der Vereinfachung mitzuwirken. Im übrigen blieb die Biersche Aktion völlig wirkungslos. Die Reichen ließen sich dadurch nicht im geringsten stören. Man muß es aber Professor Bier hoch anrechnen, daß er in damaliger Zeit seine Stimme gegen den übertriebenen Luxus erhob. Er blieb übrigens nicht lange in Bonn und wurde als Nachfolger von Bergmann nach Berlin berufen.

Außer Study, London und mir gab es an der großen Bonner Universität keine mathematische Lehrkraft. Study, der selbst mit Göttingen nicht gut stand, schickte mich eines Tages dorthin, um nach einem Privatdozenten Ausschau zu halten. Ich besprach mich mit Hilbert und Minkowski. Sie waren auf Study etwas böse, daß er für die geteilte Kortumsche Professur acht Kandidaten in Vorschlag gebracht hatte, darunter aber keinen einzigen Göttinger. Sie wußten auch, daß Study viel vom Bazillus Göttingensis redete, dem Bazillus des Hochmuts. Übrigens hatte man damals in Göttingen einen Privatdozenten Max Abraham, der ein viel boshafterer Kritiker war als Study. Abraham sprach vom Bonzongehalt, nach welchem er die Professoren in Rangordnung brachte. Auch verhöhnte er auf sehr drastische Weise in seinen Vorlesungen verschiedene Vortragseigenheiten der Großen. Ich habe Abraham zum erstenmal in Karlsbad gesehen, wo er über Geschwindigkeitsmessungen bei Elektronen sprach zusammen mit Kaufmann, dem jungen Bonner Physiker. Sie hatten sich ins Experimentelle und Theoretische geteilt. Ihre Vorträge bildeten eine Sensation des Kongresses, auf dem übrigens auch die Plancksche Quantentheorie zu Worte kam. Das Ergebnis meiner Göttinger Besprechungen war überaus günstig. Mit Hilberts Hilfe gelang es mir, Erhard Schmidt für Bonn zu gewinnen, der eben in Göttingen seinen Doktor gemacht hatte. Seine Dissertation ist sehr bald klassisch geworden. Sie brachte in wunderbar eleganter Form eine neue Theorie der Fredholmschen Integralgleichungen mit symmetrischem Kern. Dieses Sondergebiet der Fredholmschen Theorie hatten die Göttinger in Arbeit genommen. Fredholm, der geniale Begründer der Theorie der Integralgleichungen, sah es im Grunde nicht gern, daß man sich in Göttingen so rasch seines großen Themas bemächtigte und die Weiterbehandlung in die Hand nahm. Wieder einmal, so sagte Abraham, haben wir etwas Schönes „nostrifiziert". Man muß aber in solchen Dingen auch gerecht sein. Die Göttinger brachten ganz neue Gesichtspunkte in die Fredholmsche Theorie hinein und haben sie in ungeahnter Weise gefördert. Fredholm selbst hat außer seiner großen Abhandlung in Band 28 der „Acta mathematica" fast nichts mehr darüber geschrieben. Er war, wie gesagt, durch die geräuschvolle Geschäftigkeit der andern etwas verärgert. Aber ein anderer hochbedeutender schwedischer Mathematiker, Carlemann, hat einen starken Anteil an der Weiterentwicklung der Fredholmschen Theorie durch seine umfassenden Arbeiten über singuläre Fredholmsche Kerne. Obwohl auch andere über singuläre Kerne das eine oder andere fanden und publizierten, steht doch Carlemann auf diesem Gebiet weitaus an der Spitze. Er ist am 11. Januar 1949 gestorben.

Schmidts Habilitation in Bonn ging rasch vonstatten.

Er hielt eine sehr schöne Probevorlesung über das Problem der Verteilung der Primzahlen. Auch in der Zahlentheorie hatte er sich bereits durch wichtige Arbeiten hervorgetan. Später habilitierte sich noch Caratheodory in Bonn. Wenn wir unser mathematisches Seminar hielten, was immer gemeinsam geschah, konnten wir den Studenten schon etwas bieten.

Die Physik hatte in Bonn eine große Tradition durch Heinrich Hertz, dessen Witwe dort noch lebte. Aber man war etwas einseitig geworden. Der alte Geheimrat Kayser arbeitete nur auf dem Gebiet der Spektroskopie. Er sammelte fortlaufend Material. Deshalb gab es bei ihm so viele Doktoranden. Der Zudrang war derart katastrophal, daß man sich schon im ersten Semester in die Liste der Exspektanten eintragen mußte, wenn man im neunten oder zehnten Semester seinen Doktor machen wollte. Ein Thema war wie das andere. Neben Kayser wirkte noch der schon erwähnte ao. Professor Kaufmann, der verschiedene Vorlesungen bei mir gehört hat, um sich mathematisch weiterzubilden. Die theoretische Physik lag in den Händen des ao. Professors Pflüger, eines reichen Bremensers, der ein feudales Auto besaß und ein großes Haus führte. Er war ein Schüler von Helmholtz und hatte die Eigenheit, beim Vortrag überlaut zu sprechen. Kayser ließ sehr viele Privatdozenten zu, weil er für seine Forschungen Hilfskräfte brauchte. Zu meiner Zeit waren bei ihm die Herren Bucherer, Konen und Eversheim habilitiert. Konen hat als einziger eine erfolgreiche Laufbahn gemacht. Bucherer und Eversheim kamen nicht vorwärts, obwohl sie sehr tüchtig waren. Mit Bucherer schloß ich bald enge Freundschaft. Seine Frau war eine geborene Hegeler, verwandt mit dem berühmten deutsch-amerikanischen Schriftsteller Wilhelm Hegeler. Bucherers Bruder hatte eine Chemieprofessur an der Technischen Hochschule Dresden bekleidet und ging dann in die Industrie. Die Mutter war eine Engländerin aus der berühmten Familie Archibald.

Bucherer war sehr reich, aber ein großer Idealist, der mit ganzem Herzen an seiner Wissenschaft hing. Er hielt sich einen eigenen Assistenten, einen Mr. Scott, und hatte ein selbsteingerichtetes Laroratorium. Ich war viel mit ihm zusammen. Wir verstanden uns sehr gut.

Als Astronom wirkte damals auf dem Lehrstuhl Argelanders der hochangesehene Professor Küstner, der viele berühmte Schüler herangebildet hat, unter denen Heckmann, der jetzige Hamburger Astronom, besonders hervorragt. Der ao. Professor Mönnichmeyer, mit Minkowski in dessen Bonner Zeit sehr befreundet, fiel durch seinen unverwüstlichen Humor angenehm auf. Dieser Humor hatte aber einen bittern Unterton. Mönnichmeyer war ein so tüchtiger Astronom, daß er sehr wohl Anspruch auf ein Ordinariat hatte. Es gibt aber erstens nicht an jeder Universität eine Sternwarte und zweitens, wenn eine solche vorhanden ist, nur einen ordentlichen Professor. Höchstens in Berlin oder Wien waren es manchmal zwei. Immerhin kann man verstehen, daß ein Mann wie Mönnichmeyer mit seiner Lage unzufrieden sein mußte. Es wäre durchaus möglich gewesen, ihn wenigstens zum persönlichen Ordinarius zu ernennen. Warum tat man das nicht? In Berlin hätte man natürlich gesagt, es wäre von der Fakultät kein Antrag gestellt worden. Aber wie oft kam es vor, daß auf einen Wink aus Berlin solche Anträge erfolgten!

Ein sehr humorvoller und völlig zufriedener Mensch war in Bonn der ao. Professor der Chemie Rimbach. Wenn er bei irgend einer Gelegenheit das Wort ergriff, freute man sich schon im voraus auf seine feinen witzigen Bemerkungen. Dabei hatte er den sympathischen rheinischen Akzent. In rheinischer Mundart hat alles einen so herzlichen Klang. Rimbach machte mich einmal darauf aufmerksam, wie wunderbar weich aus dem Munde einer rheinischen Mutter das Wort Kind klingt. Selbst wenn man in rheinischer Mundart zusammengeschimpft wird, ist es fast ein Genuß.

In der Bonner medizinischen Fakultät gab es ein wundervolles Original. Das war der Anatom Freiherr von Lavalette-Saint-George, ein schöner, klangvoller Name. Beim Karneval kostümierte sich alljährlich ein Student mit verblüffender Ähnlichkeit als Lavalette und saß mit allerhand Leuten an einem runden Tisch im „Hähnchen" oder irgendeinem anderen Restaurant. Einer raunte es dem andern zu: Lavalette sitzt im „Hähnchen". Da ging man denn hin und knüpfte eine Unterhaltung mit ihm an, wobei es Lavalettesche Kraftausdrücke hagelte. Als ich nach Bonn kam, war Lavalette schon recht alt. Man hatte damals noch nicht die Einrichtung der Altersgrenze, und für Winke und Anspielungen auf Emeritierung war Lavalette schwerhörig. Zum siebzigsten Geburtstag hatte man ihm seine Büste in sehr vollkommener Ausführung geschenkt, von einem berühmten Bildhauer modelliert. Sie wurde im Anatomiegebäude, gerade auf dem Gang, der zum Hörsaal führte, aufgestellt. Damit wollte man den Schlußpunkt hinter die akademische Tätigkeit des Gefeierten setzen. Lavalette ließ die Ehrung mit Humor und Seelenruhe über sich ergehen. Als er dann aber im nächsten Semester zur allgemeinen Überraschung doch ruhig weiter Kolleg hielt, bemerkte man, wie er auf dem Wege zum Hörsaal vor seiner Büste stehen blieb und ihr freundlich zunickte. Er kam immer mit dem sogenannten großen akademischen Viertel zur Vorlesung, d. h. 25 Minuten nach Voll. Dann sah er sich zunächst unter allerhand Gemurmel des Lobes oder Tadels die aufgestellten Präparate an, nahm dies oder jenes Stück in die Hand und betrachtete es von allen Seiten. Endlich, es war schon etwa 30 Minuten nach Voll, begann sein Vortrag. Er sprach sehr gut, und was er vorbrachte, hatte Hand und Fuß. Etwa fünf Minuten vor Voll hörte er aber gewöhnlich schon auf. Der Schwerpunkt der Ausbildung lag nach seiner Meinung in den Präparierübungen. Da konnte man viel bei ihm und seinen gut eingearbeiteten Assistenten lernen. Eine nahe Verwandte von

Frau Study, Fräulein von Langsdorff, studierte damals Medizin und hörte auch bei Lavalette. Sie sagte es ihm einmal ganz offen, daß er im Kolleg gar so wenig brächte. Darauf erwiderte er lachend: „Ja, sehen Sie, so ein Kolleg ist wie ein paar Hosenträger. Man kann sie lang oder kurz stellen." Fräulein von Langsdorff, eine überaus gewissenhafte Studentin, ging hauptsächlich wegen der Anatomie für zwei Semester nach Zürich, wo sie dieses Kolleg mit den zugehörigen Übungen noch einmal hörte. Sie war beim Arbeiten an den Leichen so unerschrocken und gründlich, daß sie sich das Geruchsorgan vollkommen ruinierte.

Lavalette hatte eine besondere Vorliebe für die Burschenschaft „Germania". Wenn einer mit dem Germanenband zur Prüfung erschien, konnte er einer wohlwollenden Behandlung sicher sein. Gewöhnlich wurde zunächst lang und breit davon gesprochen, wie viele Aktive bei der „Germania" wären usw. Dann kamen ein paar harmlose Fragen. Zum Beispiel sagte Lavalette: „Was hat der Mensch auf dem Kopfe?" Darauf der Kandidat: „Haare." „Sehen Sie mich an!" erwiderte der Professor, der eine totale Glatze hatte. Der Kandidat mußte lachen. Schließlich kam er darauf, daß es die Kopfhaut war, die der Professor meinte.

Eine sehr interessante Persönlichkeit lernte ich in Bonn kennen. Ich hatte sie bei Gesellschaften oft als Tischdame. Wir unterhielten uns immer recht gut. Das war die berühmte Zoologin Gräfin von Linden. Sie wirkte am zoologischen Institut als Assistentin und lebte so bescheiden, daß sie noch ihrem Bruder, der als Referendar kaum etwas verdiente, Unterstützung gewähren konnte. Sie stammte aus der katholischen Linie der bekannten schwäbischen Grafenfamilie. Ihre Versuche mit Schmetterlingspuppen, bei denen sie Funktionen feststellte, wie man sie nur im Pflanzenreich beobachtet, brachten ihr großen Ruhm. Ihr Bild erschien mit lobenden Kommentaren in den illustrierten Zeitungen. Sie erhielt später eine ao. Professur in Rostock. Ähnlich wie Sonja Kowalewski hatte Gräfin Linden eine männliche Herbheit in ihrem Wesen. Als sie einmal im Wartezimmer ihres Zahnarztes saß und als letzte drankommen sollte, sagte der Zahnarzt zu seiner Assistentin: „Da muß doch noch die Gräfin Linden im Wartezimmer sein." „Nein, es ist nur noch ein Herr da", lautete die Antwort. Offenbar hatte die Assistentin nur den Kopf der Gräfin gesehen, den man bei flüchtigem Hinschauen leicht für einen männlichen halten konnte.

*

In der mathematischen Welt gab es damals viele wichtige Ereignisse. Der Heidelberger internationale Mathematikerkongreß (1904) brachte eine ganz besondere Überraschung, von der ich nun erzählen will.

Georg Cantor hatte seine berühmte Theorie der Ordnungszahlen, aufgebaut. Er war zu diesen Zahlen, wie er selbst sagte, durch seine Untersuchungen über Punktmengen gekommen. Wir wollen eine lineare Punktmenge betrachten, das heißt eine Punktmenge auf einer Geraden. P wird als Häufungsstelle oder Häufungspunkt dieser Menge bezeichnet, wenn jedes um P als Mitte konstruierte Intervall unendlich viele Punkte der Menge enthält. Ein solcher Häufungspunkt braucht keineswegs ein Punkt der Menge zu sein. Ist $\mathfrak{P}$ die betrachtete Punktmenge, so bezeichnet Cantor mit $\mathfrak{P}'$ den Inbegriff ihrer Häufungspunkte und nennt $\mathfrak{P}'$ die erste Ableitung von $\mathfrak{P}$. Die Ableitung von $\mathfrak{P}'$ wird als zweite Ableitung von $\mathfrak{P}$ bezeichnet und durch $\mathfrak{P}''$ symbolisiert usw. Man überzeugt sich leicht, daß $\mathfrak{P}''$ ein Bestandteil von $\mathfrak{P}'$ ist, das heißt jede Häufungsstelle von Häufungspunkten der Menge $\mathfrak{P}$ wieder eine Häufungsstelle von $\mathfrak{P}$. Ebenso ist also $\mathfrak{P}'''$ ein Bestandteil von $\mathfrak{P}''$ usw. Nun kann es Punkte geben, die in allen $\mathfrak{P}^{(n)}$ enthalten sind ($n = 1, 2, 3, \ldots$). Sie bilden eine Punktmenge, für die Cantor unbedingt ein Symbol brauchte. Er führte das Symbol $\mathfrak{P}^{(\omega)}$ ein, und ω ist seine erste transfinite Ordnungszahl. Wie p die Zahl ist, die der Menge $0, 1, \ldots, p-1$ entspricht, so war für Cantor

ω die Zahl, die zu 0, 1, 2, 3, ... gehört. Nachdem dieser erste Schritt ins Transfinite getan ist, kann man ungehindert weiterzählen. Die Ableitung von $\mathfrak{P}^{(\omega)}$ wird $\mathfrak{P}^{(\omega+1)}$ genannt. $\omega + 1$ ist die transfinite Zahl, die auf ω folgt, oder, wie man auch sagen kann, zu der Menge

$$0, 1, 2, \ldots, \omega,$$

gehört. Diese Menge entsteht aus 0, 1, 2, ... dadurch, daß man hinter alle diese Elemente ω setzt. Zu

$$0, 1, 2, \ldots, \omega, \omega + 1$$

gehört die Zahl $\omega + 2$ usw. Auch bei

$$0, 1, 2, \ldots, \omega, \omega + 1, \omega + 2, \ldots$$

bleibt Cantor nicht stehen. Hinter diese Zahlen setzt er eine neue Zahl, die den Ausgangspunkt für ein Weiterzählen bildet.

Von hier aus kam Cantor zu dem grundlegenden Begriff der Wohlordnung. Geordnet heißt eine Menge, wenn es eine Regel gibt, nach welcher von zwei beliebig herausgegriffenen Elementen stets das eine den niederen, das andere den höheren Rang hat, wobei auch noch gefordert wird, daß die Rangordnung transitiv sein soll; wenn a von niedrigerem Range als b und b von niedrigerem Range als c ist, soll a auch von niedrigerem Range als c sein. Wohlgeordnet nennt Cantor eine geordnete Menge, bei der es in der Menge selbst und in jeder Teilmenge ein Element niedrigsten Ranges, ein sogenanntes erstes oder Anfangselement gibt. Solcher Art sind die soeben betrachteten Mengen von Ordnungszahlen. Sie haben Cantor auf den grundlegenden Wohlordnungsbegriff zwangsläufig hingeführt.

Von grundlegender Bedeutung war nun für den Aufbau einer Theorie der wohlgeordneten Mengen der Ähnlichkeitsbegriff. Zwei wohlgeordnete Mengen heißen ähnlich, wenn sie sich so aufeinander abbilden lassen, daß immer dem Element niederen Ranges das Element niederen Ranges entspricht, daß also die Rangordnung der einen in die Rangordnung der anderen übergeht. Man nennt das auch eine ordnungstreue Abbildung. Gibt es überhaupt eine solche, so ist neben ihr, wie man leicht zeigen kann, keine zweite vorhanden. Sind zwei wohlgeordnete Mengen $\mathfrak{W}_1$ und $\mathfrak{W}_2$ nicht ähnlich, so kann man beweisen, daß entweder $\mathfrak{W}_1$ mit einem Abschnitt von $\mathfrak{W}_2$ oder $\mathfrak{W}_2$ mit einem Abschnitt von $\mathfrak{W}_1$ ähnlich ist. Ein Abschnitt besteht aus allen denjenigen Elementen, die von niedrigerem Range sind als ein bestimmtes Element der betreffenden Menge. Auch hier gilt Eindeutigkeit. Es kann nie vorkommen, daß $\mathfrak{W}_1$ mit zwei Abschnitten von $\mathfrak{W}_2$ ähnlich ist. Sonst müßten diese beiden Abschnitte, deren einer ein Abschnitt des andern wäre, unter sich ähnlich sein. Es kann aber, wie leicht zu erkennen ist, eine wohlgeordnete Menge nie mit einem ihrer Abschnitte ähnlich sein.

Mit jeder wohlgeordneten Menge verknüpft nun Cantor eine Ordnungszahl. Im Falle einer endlichen Menge fällt sie mit der Anzahl, also mit der Kardinalzahl zusammen. Sind α und β die Ordnungszahlen, die den wohlgeordneten Mengen $\mathfrak{A}$ und $\mathfrak{B}$ entsprechen, so setzt Cantor im Fall $\mathfrak{A} \sim \mathfrak{B}$ ($\sim$ ist das Ähnlichkeitszeichen) $\alpha = \beta$, im Falle $\mathfrak{A} \sim \mathfrak{B}_1$ ($\mathfrak{B}_1$ ein Abschnitt von $\mathfrak{B}$) $\alpha < \beta$, im Falle $\mathfrak{B} \sim \mathfrak{A}_1$ ($\mathfrak{A}_1$ ein Abschnitt von $\mathfrak{A}$) $\alpha > \beta$.

Haben $\mathfrak{A}$ und $\mathfrak{B}$ dieselbe Mächtigkeit, so rechnet Cantor die Ordnungszahlen α und β zu derselben *Klasse*. Die endlichen Ordnungszahlen, deren jede streng genommen eine Klasse für sich bildet, faßt er zu einer einzigen Klasse, die er die *erste Zahlenklasse* nennt, zusammen. Die Mitglieder dieser ersten Klasse bilden eine abzählbare Menge, deren Mächtigkeit Cantor unter Verwendung des ehrwürdigen hebräischen Symbols $\aleph$ mit $\aleph_0$ bezeichnet. Die zweite Zahlenklasse besteht aus allen Ordnungszahlen, die zu abzählbaren wohlgeordneten Mengen gehören, also zu wohlgeordneten Mengen von der Mächtigkeit $\aleph_0$. Diese zweite Zahlenklasse ist, wie sich zeigt, nicht abzählbar. Sie hat eine höhere Mächtigkeit, die Cantor mit $\aleph_1$ bezeichnet. Er kann aber zugleich beweisen, daß es zwischen $\aleph_0$ und $\aleph_1$

keine Zwischenmächtigkeit gibt. Nun kommen wir zur dritten Zahlenklasse. Sie besteht aus allen Ordnungszahlen, die zu wohlgeordneten Mengen von der Mächtigkeit $\aleph_1$ gehören. Die dritte Zahlenklasse hat eine Mächtigkeit, die größer ist als $\aleph_1$ und mit $\aleph_2$ bezeichnet wird. Wieder kann Cantor beweisen, daß es zwischen $\aleph_1$ und $\aleph_2$ keine Zwischenmächtigkeit gibt. Wenn man allgemein die Zahlen einer bestimmten Klasse k betrachtet, so stellen sie eine Menge dar, deren Mächtigkeit mit $\aleph$ (ohne Index) bezeichnet werde. Alle Ordnungszahlen, die zu wohlgeordneten Mengen von der Mächtigkeit $\aleph$ gehören, bilden die nächst höhere Zahlenklasse k^* und stellen eine Menge von einer Mächtigkeit $\aleph^*$ dar, die größer ist als $\aleph$, aber keine Zwischenmächtigkeit zwischen sich und $\aleph$ duldet. Man kann also sagen, daß die verschiedenen Klassen von Ordnungszahlen uns einen lückenlosen Aufstieg von Mächtigkeiten liefern. Diese Mächtigkeiten, die Cantorschen Alephs, waren für Cantor etwas Heiliges, gewissermaßen die Stufen, die zum Throne der Unendlichkeit, zum Throne Gottes emporführen. Seiner Überzeugung nach waren mit diesen Alephs alle überhaupt denkbaren Mächtigkeiten erschöpft. Ganz wunderbar ist der Zusammenhang zwischen $\aleph$ und $\aleph^*$, wie wir ihn oben dargelegt haben. Man kommt von $\aleph$ zu $\aleph^*$, indem man eine Menge von der Mächtigkeit $\aleph$ auf alle möglichen Arten wohlordnet. Der Inbegriff aller Wohlordnungen einer Menge von der Mächtigkeit $\aleph$ stellt eine Menge von der nächst höheren Mächtigkeit $\aleph^*$ dar.

Dies muß man alles wissen, um zu verstehen, was damals auf dem dritten internationalen Mathematikerkongreß in Heidelberg geschah (1904). Unter vielen andern interessanten Vorträgen gab es einen von Professor Julius König aus Budapest, einem äußerst scharfsinnigen und absolut zuverlässigen mathematischen Denker. Er bewies, daß das Kontinuum, dessen Mächtigkeit nach Cantors Überzeugung $\aleph_1$ sein sollte, eine Mächtigkeit c hat, die unter den Cantorschen Alephs überhaupt nicht vorkommt. Cantor selbst war anwesend. Auf ihn wirkte das Königsche Ergebnis geradezu erschütternd. Es warf nicht nur jene Überzeugung $c = \aleph_1$ erbarmungslos um, sondern widerlegte auch einen andern Glaubenssatz Cantors, nach welchem für jede Menge eine Wohlordnung möglich ist. Wäre nämlich das Kontinuum wohlordnungsfähig, so würden den verschiedenen Wohlordnungen des Kontinuums die Ordnungszahlen einer Zahlenklasse entsprechen. Die Mächtigkeit des Kontinuums wäre also ein Aleph. Übrigens kann man diese Mächtigkeit, was auch Cantors Gepflogenheit war, durch die niedrigste oder die Anfangszahl jener Zahlenklasse repräsentieren und überhaupt die Alephs mit diesen Anfangszahlen identifizieren, so daß $\aleph_0$ das ω und $\aleph_1$ das Ω wäre, wenn wir diese Bezeichnungen für die Anfangsglieder der zweiten und dritten Zahlenklasse aus dem Schoenfliesschen Bericht über Mengenlehre gebrauchen wollen.

So waren also durch den Königschen Vortrag zwei Grundanschauungen Cantors widerlegt. Cantor ergriff damals das Wort in tiefster Bewegung. Es kam darin auch ein Dank gegen Gott vor, daß er ihm vergönnt habe, diese Widerlegung seiner Irrtümer zu erleben. Die Zeitungen brachten Berichte über den bedeutsamen Königschen Vortrag. Der Großherzog von Baden ließ sich durch Felix Klein über diese Sensation berichten.

Glücklicherweise stellte sich schon am nächsten Tag heraus, daß Königs Beweisführung unhaltbar war. Sie stützte sich auf ein Theorem von Felix Bernstein, das sich bei näherer Prüfung als falsch erwies. Zermelo, ein äußerst scharfsinniger und rasch arbeitender Denker, machte diese wichtige Feststellung. Ja, er fand sogar in jenen Tagen einen Beweis für die Wohlordnungsfähigkeit einer beliebigen Menge, dem er später noch einen zweiten hinzufügte unter Verwendung ganz anderer Überlegungen. Man weiß seitdem, daß jede Mächtigkeit ein Aleph ist. Was die Mächtigkeit c des Kontinuums anbetrifft, so wissen wir zwar, daß c ein Aleph ist, aber noch immer nicht, welches Aleph. Cantors Meinung war, wie schon erwähnt wurde, daß $c = \aleph_1$ ist. Da die Menge aller Teilmengen des Abzählbaren die Mächtigkeit c hat und die Menge aller Wohlordnungen des Abzählbaren die Mächtigkeit $\aleph_1$, so müßte es, wenn Cantor recht hätte, eine Abbildung zwischen den Teilmengen und den Wohlordnungen des Abzählbaren geben. Es müßte möglich sein, die Teilmengen und die Wohlordnungen restlos zu paaren. Auf diese Frage läuft das berühmte Kontinuumproblem hinaus.

In meinen Bonner Vorlesungen über Mengenlehre, die, wie schon erwähnt, auch der Physiker Kaufmann besuchte, habe ich alle diese Fragen behandelt. Einer meiner damaligen Hörer, Herr Dillenburger, ein hochbegabter Mathematiker, fand damals einen Beweis dafür, daß jede Punktmenge entweder abzählbar oder von der Mächtigkeit des Kontinuums ist, also einen Beweis für die Gleichung $c = \aleph_1$. Es stellte sich aber heraus, daß der Beweis eine Lücke hatte. Cantor war schon zu dem Ergebnis gelangt, daß eine abgeschlossene Punktmenge entweder abzählbar ist oder von der Mächtigkeit des Kontinuums. Für eine Zwischenmächtigkeit kommen nur nichtabgeschlossene Punktmengen in Frage, bei denen es also Häufungspunkte gibt, die nicht zur Menge gehören.

Eine andere Sensation, die die mathematische Welt damals erlebte, war die Erweiterung des Integralbegriffs durch Lebesgue. Sie hing mit der Cantorschen Mengenlehre zusammen, in der es für Punktmengen eine Maßtheorie gibt. Lebesgue hat diese Maßtheorie in zweckmäßiger Weise verallgemeinert. Um das Integral $\int_a^b f(x)\,dx$ für den Fall eines positiven beschränkten $f(x)$ zu erklären, geht er auf die alte, schon bei Archimedes auftretende geometrische Auffassung des Integrals zurück. Wir wissen ja durch Heibergs Forschungen, daß Archimedes eine Integralrechnung entwickelt hat. Lebesgue betrachtet im Anschluß an die geometrische Interpretation des Integrals die Menge $\mathfrak{P}$ aller Punkte

$$x, \ tf(x),$$

wobei x zwischen a und b variiert und t zwischen 0 und 1. Für diese Punktmenge gibt es einen äußeren und einen inneren Inhalt, die Lebesgue über das Bisherige hinaus gehend in folgender Weise erklärt: Er betrachtet eine Umschließung der Punktmenge durch eine abzählbare Menge von Dreiecken. Die umschlossene Punktmenge ist eine Teilmenge im Inbegriff aller Punkte, die den umschließenden Dreiecken angehören. $\triangle$ sei die Summe der Inhalte dieser Dreiecke. Dann ist die untere Grenze aller $\triangle$ das äußere Maß der vorliegenden Punktmenge. Um das innere Maß zu erklären, betrachte man das Rechteck mit der Basis $a \ldots b$ und der Höhe M, wobei M die obere Grenze der beschränkten Funktion $f(x)$ bedeutet. Die Punkte dieses Rechtecks, die nicht zu der Menge $\mathfrak{P}$ gehören, bilden eine Punktmenge $\mathfrak{P}_1$. Zieht man von $(b-a)\,M$ das äußere Maß von $\mathfrak{P}_1$ ab, so ergibt sich das innere Maß von $\mathfrak{P}$. Stellt man sich eine Umschließung $\triangle$ von $\mathfrak{P}$ und eine Umschließung $\triangle_1$ von $\mathfrak{P}_1$ vor, so werden die Dreiecke beider Umschließungen offenbar eine Umschließung des Rechtecks $(b-a)\,M$ bilden. Daher wird $(b-a)\,M$ kleiner sein als $\triangle + \triangle_1$ und $(b-a)\,M - \triangle_1 < \triangle$. Hieraus folgt, daß das innere Maß nie größer als das äußere Maß sein kann. Die Punktmenge $\mathfrak{P}$ heißt meßbar, wenn ihr äußeres und ihr inneres Maß zusammenfallen. Der gemeinsame Wert beider wird als das Maß von $\mathfrak{P}$ bezeichnet und als Wert des Integrals $\int_a^b j(x)\,dx$ betrachtet. Das ist Lebesgues neuer Integralbegriff. Von der Voraussetzung $f(x) > 0$ kann man sich leicht freimachen, so daß dann das Lebesguesche Integral für jede beschränkte Funktion erklärt ist. Der Riemannsche Integralbegriff ist weniger umfassend als der Lebesguesche. Jede im Riemannschen Sinne integrierbare Funktion ist auch im Lebesgueschen Sinne integrierbar, und die Integralwerte fallen zusammen. Aber es gibt Funktionen, die im Riemannschen Sinne nichtintegrierbar sind, wohl aber im Lebesgueschen. Ein Beispiel hierfür sehen wir in der Funktion, die für alle rationalen x gleich 1, für alle irrationalen gleich 0 ist. Das Riemannsche Integral existiert bei ihr nicht, während das Lebesguesche einen Sinn hat und gleich Null ist. Das Lebesguesche Integral hat also einen umfassenderen Geltungsbereich als das Riemannsche. Von ganz besonderer Bedeutung ist aber der Umstand, daß jede Abteilung $f'(x)$, vorausgesetzt, daß sie sich zwischen endlichen Schranken hält, stets im Lebesgueschen Sinne integrierbar ist und daß die berühmte Beziehung

$$\int_a^b f'(x) = f(b) - j(a)$$

gilt. Man kann also immer von der Ableitung zur Funktion zurückgelangen, wenigstens dann, wenn die Ableitung beschränkt ist.

Lebesgues neue Ideen waren in seiner Thèse niedergelegt, mit der er bei der Pariser Faculté des Sciences das Doktorat machte. Es ist eine alte Pariser Tradition, daß nur Doktorarbeiten zugelassen werden, die etwas Neues von grundlegender Bedeutung bringen. Auch Fréchets große Theorie bildete den Gegenstand einer Doktorarbeit. Sie war der erste Schritt in ein noch völlig unerschlossenes wichtiges Gebiet, den Calcul fonctionnel, an dessen weiterer Erforschung hervorragende Männer, wie Volterra, mitarbeiteten.

*

Ich habe in meinen Bonner Vorlesungen diese neuen Fortschritte eingehend behandelt und alles so weitgehend vereinfacht, daß mich die Hörer gut verstanden. Das Interesse an diesen Vorlesungen war sehr groß, obwohl es sich nicht um Examensgegenstände handelte. Die Bonner Studenten stellten sich nicht, wie es leider sonst so oft zu beobachten ist, nur auf das Examen ein. Sie studierten aus wissenschaftlichem Interesse. Ich erinnere mich sehr gern noch heute an die vielen Gespräche, die ich mit ihnen führte. Einige hingen mit großer Liebe an mir, so der später in Aachen habilitierte Philosoph Gerhards, der ursprünglich Maler gewesen war und eine Künstlerseele hatte. Er war ein überaus gründlicher Denker. Wenn er ein Theorem bis in den letzten Winkel hinein völlig verstanden hatte, unterstrich er es in seinem Buche. Er verlangte restlose Klarheit und erreichte sie auch immer.

Damals begannen in Bonn die ersten Studentinnen aufzutauchen. An andern Universitäten begegnete ihnen von seiten angesehener Professoren noch schroffe Ablehnung, z. B. in Berlin, wo Gustav Roethe, wenn er Damen im Hörsaal erblickte, einfach nicht begann, bis sie das Auditorium verlassen hatten. In Bonn war man nicht so engherzig. Die Studentinnen gründeten sogar einen Verein und veranstalteten Bälle, zu denen sie auch ihre Professoren einluden. Es gab eine ganze Reihe tüchtiger Mathematikerinnen. Viele von ihnen machten bei mir das Staatsexamen, so die schon erwähnte Wanda Beutner, eine Straßburger Hauptmannstochter, die einmal ihre Ferien bei meinen Eltern verbrachte und bei meiner Mutter einen großen Stein im Brett hatte wegen ihres heiteren Temperaments und ihrer sympathischen Erscheinung. Die später so berühmt gewordene Romanschriftstellerin Marie Vaerting, deren erster Roman „Haßkamps Anna" aus ihrer Bonner Studentenzeit stammt, war auch meine Schülerin, ebenso ihre Schwester Mathilde, die später eine Professur für Pädagogik an der Universität Jena bekleidete und durch große pädagogische Werke stark hervortrat. Marie Vaerting sorgte in bewundernswürdiger Weise für ihre Geschwister, unter denen sich auch ein Bruder befand, der Jura studierte. Die Eltern waren beide gestorben und Marie Vaerting war das Oberhaupt der Familie. Das Manuskript von „Haßkamps Anna" reichte die Verfasserin beim Verlag Langen in München ein. Es wurde von Korfiz Holm begutachtet, der damals in diesem angesehenen Verlagshaus tätig war, und fand seinen Beifall. Der Vertrag, den man mit Marie Vaerting abschloß, war recht günstig. Sie hat noch mehrere Romane herausgegeben, die viel gelesen wurden. Daneben arbeitete sie in Bonn unter meiner Leitung an einer Doktordissertation über ein recht schwieriges Thema. Es kam aber nicht dazu, daß sie bei mir promovierte, da ich nach Prag berufen wurde. Sie zog dann mit allen Geschwistern nach Gießen, wo ihre Arbeit von Professor Pasch angenommen wurde, so daß sie dort ihren Doktor machen konnte. Ich bin auf meinem Lebensweg nur noch einmal einer Dame begegnet, die mir so große Hochschätzung und Verehrung einflößte wie Marie Vaerting. Das war Leontine von Winterfeldt, die sich als Schriftstellerin einen großen Namen machte. Sie stammte aus einer angesehenen Offiziersfamilie, ihre Mutter aus dem mecklenburgischen Adel. Eine Schwester von Leontine, namens Adelheid, schloß sich an Rudolf Steiner an und hat in Dornach am Aufbau des Goetheanums mitgewirkt. Leontine von Winterfeldt heiratete einen Kavallerieoffizier, Herrn von Platen. Auch Marie Vaerting heiratete, nicht lange nach Erscheinen ihres ersten Romans.

*

Meine mengentheoretischen Vorlesungen erregten in Bonn die Aufmerksamkeit des Philosophen Benno Erdmann, der eine umfangreiche Logik geschrieben hat. Er ließ sich von mir über verschiedene Fragen der Cantorschen Theorie informieren. Ich mußte ihm ausführlich über die Ereignisse in Heidelberg berichten, auch über das Cantorsche W-Paradoxon. Dieses Paradoxon, das Cantor viel Kopfzerbrechen bereitete, ergibt sich, wenn man alle Ordnungszahlen zusammen betrachtet. Der wohlgeordneten Menge der Ordnungszahlen muß Cantor, wie jeder andern wohlgeordneten Menge, eine Ordnungszahl zuordnen. Da diese selbst in der Menge der Ordnungszahlen enthalten ist und einen Abschnitt in ihr bestimmt, zu dem sie als Ordnungszahl gehört, so käme man zu dem Schluß, daß die wohlgeordnete Menge der Ordnungszahlen einem ihrer Abschnitte ähnlich sein müßte, was aber ganz ausgeschlossen ist. Cantor half sich aus diesem Widerspruch dadurch heraus, daß er die Menge aller Ordnungszahlen für inkonsistent erklärte. Wir haben diese Einteilung der Mengen in konsistente und inkonsistente schon an früherer Stelle erwähnt. Es gibt, so müssen wir feststellen, Mengen, „von denen zu sprechen Verlegenheit ist". Man könnte sie mit jenen labilen chemischen Verbindungen vergleichen, die, wenn man sie eben hergestellt hat, sofort zerfallen. Auch von dem berühmten Russellschen Paradoxon sprach ich mit Benno Erdmann. Ich mußte ihm für seine Logik ein kleines Exposé darüber machen. Russell, der berühmte Logiker der Mathematik, hat dieses merkwürdige Paradoxon konstruiert. Mein Bruder, der sich viel mit Bolzano beschäftigte, stellte fest, daß es bereits bei diesem tiefen Denker, den man den böhmischen Leibniz genannt hat, vorkommt. Man muß, um das Russellsche Paradoxon vorzuführen, mit der Frage beginnen: „Gibt es eine Menge, die sich selbst als Element enthält?" Darauf wird man gewöhnlich die Antwort hören: „Höchstens die Menge, die aus einem einzigen Element besteht." Wenn man von diesem Fall absieht und ihn vielleicht von vornherein dadurch ausschaltet, daß man nur unendliche Mengen betrachtet, so wird man sagen können, daß eine Menge nie sich selbst als Element enthält. Vorsichtigerweise wollen wir aber Mengen, die sich selbst nicht als Element enthalten, als normale Mengen bezeichnen und uns nur auf normale Mengen beschränken. Von Cantors Freiheitsprinzip Gebrauch machend, betrachten wir nun den Inbegriff $\mathfrak{N}$ aller normalen Mengen. Bei dieser Menge $\mathfrak{N}$ wollen wir uns nun einmal überlegen, ob sie eine normale Menge ist oder nicht. Wenn man das zu ergründen versucht, kommt man in eine ganz merkwürdige Lage. Nehmen wir einmal an, $\mathfrak{N}$ wäre anormal, enthielte sich also selbst als Element. Dann müßte $\mathfrak{N}$ in der Menge der normalen Mengen als Element auftreten, also eine normale Menge sein, während wir doch gerade von der Annahme ausgehen, daß $\mathfrak{N}$ anormal ist. Diese Annahme ist also, so müssen wir gestehen, unhaltbar. Versuchen wir es nun mit der entgegengesetzten Annahme, daß $\mathfrak{N}$ eine normale Menge ist. Eine normale Menge enthält sich nicht selbst als Element, so daß also $\mathfrak{N}$ in der Menge aller normalen Mengen fehlen würde. Diese wäre demnach unvollständig, während sie doch alle normalen Mengen umfassen soll. Auch die Annahme, daß $\mathfrak{N}$ eine normale Menge ist, führt also zu einem Widerspruch. Man kann von dem Inbegriff $\mathfrak{N}$ aller normalen Mengen weder sagen, daß er eine normale Menge, noch auch, daß er eine anormale Menge ist. Diese merkwürdige Aporie nennt man das Russellsche Paradoxon. Darüber ist viel geschrieben worden, und man hat verschiedene Vorschläge gemacht, wie man es totschlagen könnte. Über solche Fragen habe ich mich mit Benno Erdmann, diesem scharfsinnigen Logiker, oft stundenlang unterhalten. An sich sollte es uns, so meinte er, nicht überraschen, daß über einen Gegenstand weder die Aussage A noch die Aussage $non\text{-}A$ gemacht werden kann, daß sich ihm weder die Eigenschaft A noch die Eigenschaft $non\text{-}A$ anhängen läßt. Nehmen wir z. B. den Lehrsatz des Pythagoras. Besteht er aus Holz oder besteht er nicht aus Holz? Beides ist sinnlos, wenn man es als Behauptung aufstellt.

Zermelos Beweise des Wohlordnungssatzes wurden heftig kritisiert und von bedeutenden Fachleuten direkt abgelehnt. Z. B. bemängelten viele das von ihm verwendete Auswahlprinzip. Er kann für eine Menge eine Wohlordnung zustande bringen, wenn er davon ausgeht, daß in jeder Teilmenge ein Element ausgezeichnet ist. Daran stießen sich die Kritiker und wollten eine solche Auszeichnung nur dann zulassen, wenn man eine Regel aufstellen kann, nach welcher die Auszeichnung erfolgt. Dieser Einwand erinnert an Kroneckers Kritik gewisser Beweisführungen in der Theorie der reellen Funktionen. Unter den Kritikern Zermelos befanden sich Männer wie Borel und Schoenflies. Zermelo versuchte ihnen das Wasser abzugraben, indem er eine Axiomatik für die Mengenlehre schuf. Aber diese Axiomatik war, wie es bei einem ersten Versuch kaum anders zu erwarten ist, nicht ganz hieb- und stichfest. Auch Julius König hat in seinem 1914 erschienenen Buche „Neue Grundlagen der Logik, Arithmetik und Mengenlehre" eine solche Axiomatisierung versucht. Nicht viele Mathematiker haben Geschmack an solchen Dingen und Verständnis dafür. Ich weiß von dem polnischen Mathematiker von Zaremba, mit dem ich manchmal französische Briefe wechselte, daß ihn solche Fragen von jeher interessierten. Wir gewöhnlichen Mathematiker haben vielleicht zu grobe Organe dafür, betrachten es aber wohl alle als ein Glück, daß es Fachgenossen gibt, die so feine Gedankenarbeit leisten können. Benno Erdmann rechnete auch mich zu dieser Elite. Ich bin aber im Grunde doch mehr für die mathematische Hausmannskost.

Auch der katholische Philosoph August Dyroff hatte Interesse für derartige mathematische Fragen. Als Kenner des heiligen Thomas sah er die Cantorsche Theorie mit ganz andern Augen an. Die Paradoxien der Mengenlehre waren für ihn eine Bestätigung für die Ansicht des großen Aquinaten, daß man das aktual Unendliche überhaupt ablehnen müsse oder, wie man im Anschluß an Cantors Terminologie sagen könnte, daß jede unendliche Menge inkonsistent ist.

Ich habe in meiner Bonner Zeit die „Grundzüge der Differential- und Integralrechnung" geschrieben (1909) und bin Herrn Hofrat Ackermann-Teubner sehr zu Dank verpflichtet, daß er dieses Buch in Verlag nahm. Es erlebte sehr gute Besprechungen seitens hervorragender Autoritäten, wie Wirtinger, Jules Taunery und anderen. Ich hatte darin die Limesbeziehung in besonders einfacher Weise formuliert: lim $x_n = g$ bedeutet, so sagte ich, daß in jeder Umgebung von g *fast alle* Glieder der Folge x_1, x_2, x_3, ... enthalten sind (fast alle = alle mit endlich vielen Ausnahmen). Die konvergenten Folgen kennzeichnete ich als beschränkte Folgen mit nur einem Häufungswert, also mit der Minimalzahl von Häufungswerten. Hinsichtlich der Beweise gab es in meinem Buche recht viel Neues. Z. B. bewies ich den Weierstraßschen Maximumssatz auf eine ganz besondere Art. Ich nannte $\alpha \ldots \beta$ einen ausgezeichneten Teil von $a \ldots b$, wenn $f(x)$ darin mindestens so große Werte annimmt wie im ganzen Intervall. Dann ließ sich sofort erkennen, daß von den beiden Hälften $a \ldots \dfrac{a+b}{2}$ und $\dfrac{a+b}{2} \ldots b$ mindestens eine ein ausgezeichneter Teil von $a \ldots b$ übertroffen wird. Damit ist der Weierstraßsche usw. Ist c der Punkt, auf den diese Hälften bei unendlicher Wiederholung des Halbierungsverfahrens hinschrumpfen, so kann man im Falle einer stetigen Funktion $f(x)$ leicht erkennen, daß $f(c)$ von keinem Funktionswert $f(x)$ in $a \ldots b$ übertroffen wird. Damit ist der Weierstraßsche Maximumssatz bewiesen. Ich habe in meinem Buch absichtlich das Arbeiten mit ε und δ nach Möglichkeit vermieden und z. B. die Stetigkeit von $f(x)$ an der Stelle x_0 so erklärt, daß aus x_1, x_2, x_3, ... $\rightarrow x_0$ stets folgt $f(x_1)$, $f(x_2)$, $f(x_3)$, ... $\rightarrow f(x_0)$. Auch meine Definition der gleichmäßigen Konvergenz in der Theorie der Funktionenreihen war neuartig, ebenso die Behandlung des Riemannschen Integrals unter Zugrundelegung der ausgezeichneten Zerlegungsfolgen. Bei den Fourierschen Reihen hatte ich auch meine besonderen Beweisführungen. Wenn ich jetzt noch einmal ein solches Buch zu schreiben hätte, würde ich vieles noch ganz anders machen. Ich habe in späteren Jahren den Plan gefaßt, ein mehrbändiges oder, wie Herr von Mises sagte, n-bändiges Buch über Differential- und Integralrechnung zu schreiben, um mich in aller Ausführlichkeit über alles aussprechen zu können. Den Verlegern erschien das Projekt zu groß. Der berühmte Jesuitenpater Hagen, Direktor der vatikanischen Sternwarte, interessierte sich dafür. Er hat selbst eine große „Synopsis der höheren Mathematik" herausgegeben, von der vier dicke Bände erschienen sind. Hätte ich meine Bekanntschaft mit dem jungen Parey, den ich in Greifswald kennenlernte, besser gepflegt, so wäre mit seiner Hilfe mein Plan vielleicht verwirklicht worden, obwohl allerdings Pareys Verlag mehr auf dem geisteswissenschaftlichen Gebiet arbeitete. Es kann sein, daß ich jetzt noch darauf zurückkomme. Mein verstorbener Freund Ziwet, Professor der Mathematik an der schönen Universität Ann Arbor, ermunterte mich des öfteren zur Ausführung des großen Projekts und meinte, wenn das Werk erst einmal fertig wäre, würde sich auch der Verleger finden. Ich habe den ganzen Aufbau des Buches eingehend überdacht und auch alles in Stichworten niedergeschrieben. Jederzeit kann ich an die Ausführung des großen Baues herangehen. Mir scheint, daß ein so inhaltreiches Buch, mit gutem Sachregister versehen, ein vorzügliches Nachschlagewerk für alle Mathematiker der Welt sein würde. Ich will es von vornherein deutsch, englisch und französisch herausbringen.

In Bonn ist auch mein großes Determinantenbuch entstanden, wobei ich zum erstenmal die unendlichen und die Fredholmschen Determinanten in besonderen Kapiteln behandelte und damit in die Determinantentheorie einbezog. Bei den unendlichen Determinanten, über die verschiedene Italiener und der schwedische Mathematiker Helge von Koch gearbeitet haben, ist man in Verlegenheit, auf welche Klasse solcher Determinanten man sich beschränken soll. Deshalb habe ich in späteren Auflagen weniger Wert auf diesen Abschnitt gelegt und ihn stark zusammengestrichen. Bei den Fredholmschen Determinanten sieht man einen geraden Weg vor sich und kommt ohne Schwierigkeit auf die Fredholmsche Reihe, wie es Hilbert in einer seiner ersten Arbeiten über Integralgleichungen gezeigt

hat. Ich brachte auch die klassisch schöne Schmidtsche
Theorie in mein Buch hinein, ebenso seine Behandlung
unendlich vieler linearer Gleichungen mit unendlich vielen
Unbekannten. Wenn ich jetzt noch einmal ein neues Determinantenbuch schreiben könnte, nicht bloß eine Neube-
arbeitung des alten, so würde dieses Buch ein ganz anderes
Aussehen haben. Durch das große historische Werk des
berühmten Determinantenforschers Muir und durch meinen
Briefwechsel mit ihm hat sich mir erst die ganze Größe
dieses Gebiets erschlossen. Ich würde jetzt auch die dreidimensionalen Determinanten mit einbeziehen, nachdem
es mir inzwischen gelungen ist, auch dreidimensionale
Fredholmsche Determinanten zu konstruieren und verschiedene Anwendungen von ihnen zu machen. Die großen
Arbeiten des ungerechterweise so sehr zurückgesetzten
belgischen Mathematikers Lecat kann man nicht beseite
schieben. Mein Determinantenbuch fand eine sehr günstige
Aufnahme. Ein Mann wie Hensel hat es überall gelobt.
Es erschien in dem Leipziger Verlag Veit & Co., dessen
Chef damals Hofrat Credner war, ein Bruder des berühmten Leipziger Geologen. Mit ihm konnte man aus-
gezeichnet verhandeln. Er stieß sich auch nicht an dem
großen Umfang meines Buches. Großzügigkeit war ein
Grundzug im Charakter dieses wahrhaft bedeutenden
Mannes.

Durch Benno Erdmanns Vermittlung erhielt ich einen
gut bezahlten Lehrauftrag an der städtischen Handelshoch-
schule in Köln, wo ich über Versicherungsmathematik vortragen mußte zur Ergänzung der Vorlesungen Molden-
hauers. Ich fuhr mit der schönen Rheinuferbahn jede
Woche einmal hinüber und trug zwei Stunden vor. Leiter
der Kölner Hochschule war der Geograph Professor Eckert.
Der Lehrkörper hatte sich in den wenigen Jahren ihres
Bestehens stattlich erweitert. Die Stadt machte für diese
Hochschule bedeutende Aufwendungen. Alljährlich wurde
eine große Exkursion unternommen, z. B. einmal mit

einem eigens für die Hochschule gecharterten Dampfer nach Deutsch-Ostafrika. Überhaupt herrschte an der Kölner Hochschule ein feudaler Ton. Zu den Prüfungen mußten die Kandidaten im Frack erscheinen. Es gab auch Korporationen, die die Gepflogenheiten der Bonner Korps imitierten. Ich sage das nicht im tadelnden Sinne. Die Kölner Studenten entstammten ja denselben reichen Familien wie die Bonner und hatten das gute Recht, ihr studentisches Leben nach ihrem Geschmack zu gestalten.

In meinen Bonner Vorlesungen hatte ich einen so großen Zulauf, daß meine Kolleggeldeinnahmen höher waren als die Gehaltsbezüge. Dazu kam noch die gute Besoldung in Köln. Es ging mir damals in jeder Beziehung ausgezeichnet, und ich konnte noch besser als früher für meinen Bruder sorgen, der immer noch außerplanmäßiger Professor mit einem schlecht bezahlten Lehrauftrag war. Trotzdem freute ich mich, als durch Intervention meines hochherzigen Protektors Czuber eine Berufung nach Prag an mich herantrat (1909).

Berufung nach Prag

Es war ein Ordinariat an der Deutschen Technischen Hochschule, auf das ich berufen wurde, und zwar das Ordinariat für Mathematik II. Kurs. Ich wurde der Nachfolger des in den Ruhestand tretenden Hofrats Anton Grünwald. Er war noch sehr rüstig, hatte aber die Altersgrenze erreicht und bereits das sogenannte Ehrenjahr absolviert, ja sogar noch ein weiteres Jahr, weil die Besetzung der Professur sich verzögerte, da ich nicht Hals über Kopf von Bonn fortgehen wollte. Grünwald hatte, als ich nach Prag kam, alles für die Übergabe vorbereitet. Ich mußte aber z. B. auf seinen besonderen Wunsch die Handbibliothek des Lehrstuhls, die ziemlich umfangreich war, mit ihm zusammen Buch für Buch durchgehen und mich überzeugen, daß nichts fehlte. Der alte Herr nahm es sehr genau.

Den bisherigen Assistenten Emil Stransky übernahm ich auf Grünwalds Empfehlung und habe an ihm eine große Stütze gehabt, da er gut eingearbeitet war. Der Lehrstuhl, bestehend aus einem Professoren- und einem Assistentenzimmer, war einfach, aber sehr nett eingerichtet. Ich hatte gleich angrenzend ein großes Auditorium mit vielen Fenstern und daher schön hell. Ein Diener war dem Lehrstuhl zugewiesen, der für die Reinhaltung aufkam und allerhand Besorgungen machte. Es gab an der Hochschule eine ganze Menge solcher Diener. Sie erhielten ihre Uniform vom Staat und hatten auch sonst allerlei Vergünstigungen. An manchen Lehrstühlen oder, wie man in Österreich sagt,

Lehrkanzeln hatten sie auch Einnahmen aus Trinkgeldern, die ihnen die Studenten zahlten, wenn sie ihnen ein verspätetes Testat beschafften oder ihnen die Examensnote aus der Liste verrieten u. dgl.

Ich hielt zunächst in Anwesenheit des ganzen Lehrkörpers und eines Regierungsvertreters, des Statthaltereirates von Geitler, meine Antrittsvorlesung, in der ich von reiner und angewandter Mathematik sprach und die angewandte Mathematik als Alltags-, die reine als Sonntagsmathematik bezeichnete. Ich gab Beispiele für die verschiedene Einstellung des reinen und des praktischen Mathematikers. Der Beifall, in solchen Fällen nur ein Akt der Höflichkeit, war enorm. Der Rektor, damals Herr Janisch, Professor der darstellenden Geometrie, sprach einige herzliche Begrüßungsworte.

Um die Ernennung durch den Kaiser zu ermöglichen, hatte ich die preußische Staatsangehörigkeit aufgeben müssen und war nun, wie so viele andere aus dem Reich berufene Professoren, ein richtiger Österreicher. An einem der nächsten Tage wurde ich vom Statthalter Grafen Coudenhove empfangen und leistete den vorgeschriebenen Diensteid. Dabei trug ich schon die Professorenuniform mit den Abzeichen eines Obersten. Ich mußte dann auch nach Wien fahren, um vom Kaiser empfangen zu werden. Es war ein unvergeßliches Erlebnis, dieser ehrwürdigen Persönlichkeit gegenüberzustehen. Nach der Audienz folgte ein Besuch bei dem damaligen Kultusminister Grafen Stürgk, der im Laufe der Unterhaltung die verbindlichen Worte sagte: „Wir sehen Ihrer Tätigkeit in Prag mit den größten Erwartungen entgegen."

Nach Erledigung aller dieser Formalitäten konnte ich mich in die Lehrtätigkeit stürzen. Außer dem großen Kurs Mathematik II, der durch zwei Semester ging, hatte ich noch in jedem Semester ein zweistündiges „Spezialkolleg" zu halten, dessen Gegenstand ich frei wählen konnte. Für dieses Spezialkolleg gab es eine besondere Gehaltszulage.

Die Übungen lagen in der Hand des Assistenten, mit dem ich aber die zu behandelnden Aufgaben immer eingehend besprach. Mein Vorgänger hatte die Graßmannsche Ausdehnungslehre in den Kurs eingebaut. Ich ersetzte sie durch Vektor- und Tensorrechnung. In der Vortragsweise paßte ich mich ganz den Bedürfnissen der Ingenieure an und brachte in der Vorlesung viele Beispiele. Meine Spezialkollegs wurden auch von Studenten der Deutschen Universität besucht. Mathematik I vertrat in hervorragender Weise Pofessor Carda, wie ich ein Schüler von Sophus Lie, aber auch von Czuber.

Ich knüpfte gute Beziehungen zu den Mathematikern Georg Pick und Josef Grünwald an, die an der Universität wirkten. Pick war eine vornehme Persönlichkeit mit ausgezeichneten Umgangsformen. Er hatte mit drei anderen Professoren, zu denen der Maschinenbauprofessor Camillo Körner gehörte, ein Quartett, das wunderbar spielte. Damals interessierte sich Pick für die Lieschen Theorien und las jedes Semester darüber. Er war ein ausgezeichneter Funktionentheoretiker im Riemannschen Sinne und hatte auch in Leipzig bei Felix Klein studiert. Er setzte in ausgezeichneter Weise die Tradition von Durège fort, dessen Bücher und Vorlesungshefte in der Seminarbibliothek aufgestellt waren. Es lebte damals noch eine Tochter von Durège in Prag. Josef Grünwald hat schöne Arbeiten über die Parametrisierung der räumlichen Bewegungen geschrieben. Er war ein hochbegabter Mathematiker und ist leider in jungen Jahren an einer zu spät operierten Blinddarmentzündung gestorben, wie seinerzeit Minkowski. In einer seiner Publikationen weist er auf einen Fehler Sonja Kowalewskis hin. Es handelt sich um ein Problem der mathematischen Physik. Er meinte, daß auch in andern Arbeiten der gefeierten Mathematikerin Fehler steckten, z. B. in ihrer Abhandlung über den Saturnring. Vielleicht ist das aber eine Übertreibung. Josef Grünwald war sehr temperamentvoll. Als Sohn meines Vorgängers stand er mir besonders nahe. Sein älterer Bruder wurde einer meiner treuesten Freunde. Er war Dozent für Geometrie an der Technischen Hochschule oder, wie man in Österreich sagt, an der Technik, nebenbei auch Mittelschulprofessor. Sein Sohn Erich wurde später Dozent für Elektrotechnik und war außerordentlich begabt. Der alte Hofrat Grünwald hatte eine ganze Reihe stattlicher Söhne. Da seine Frau schon einige Jahre tot war, lebte er in bester Obhut in der Familie eines seiner Söhne, der eine hervorragend tüchtige Frau hatte. Der jüngste Sohn Alois, von den Eltern sehr verwöhnt und bevorzugt, war Dozent für Kunstgeschichte, eine prächtige Erscheinung mit schönem Blondhaar. Dieser Alois Grünwald hat aufsehenerregende Arbeiten über den Altersstil Michelangelos geschrieben und erhielt später unter meiner tatkräftigen Mitwirkung die kunstgeschichtliche Professur, ist aber leider in jungen Jahren in Venedig gestorben, an einer Austernvergiftung. Er wäre sicher einer der größten Kunsthistoriker unseres Zeitalters geworden.

An der deutschen Technik in Prag gab es verschiedene Berühmtheiten. Zu ihnen ist vor allen zu rechnen der damalige Professor für Elektrotechnik Puluj, ein Ruthene, der in Wien Physikdozent gewesen war und vor Röntgen die X-Strahlen experimentell hergestellt und untersucht hatte. Eines Tages erschien ein österreichischer Erzherzog in seinem Laboratorium, um sich die Experimente anzusehen, und war so stark davon beeindruckt, daß er in einem Brief den Kultusminister ersuchte, dem Dr. Puluj sofort eine Professur zu geben, damit er seine Forschungen in Ruhe fortsetzen könnte. Da keine Physikprofessur frei war, wohl aber die Lehrkanzel für Elektrotechnik an der deutschen Technik zu Prag, ernannte man Puluj raschestens für diese Lehrkanzel. Röntgen kam ihm aber mit seiner Publikation über die neuen Strahlen zuvor. Puluj, der mich sehr gern hatte, sprach mit mir sehr oft von dieser Enttäuschung und meinte, der rettende Engel in Gestalt des

Erzherzogs hätte mindestens ein Jahr früher kommen müssen. Puluj war ein großer Bibelkenner und hatte einen Teil des Neuen Testaments, der noch fehlte, ins Ruthenische übersetzt, so daß es dann vollständig vorlag. Er war im ganzen ruthenischen Volk hoch angesehen. In seinem Wesen lag so viel Frieden. Es war eine Wohltat, mit ihm zusammenzusein. Jeden Sommer ging er mit seiner ganzen Familie nach Aussee im Salzkammergut, immer in dasselbe Quartier. Seine Kinderzahl war, da er zweimal geheiratet hatte, recht groß, und schon die Reise verschlang viel Geld. In Aussee führten die Pulujs eigenen Haushalt und lebten noch billiger als in Prag. Jedesmal kamen sie schön erholt zurück. Zwei Töchter aus erster Ehe waren Lehrerinnen, ebenso idealistisch veranlagt wie ihr Vater. Nie mehr im Leben bin ich einer solchen Persönlichkeit wie Puluj begegnet. Ich habe es sehr bedauert, daß er Ende 1918 nach Kiew auswanderte. Er ging mit großer Begeisterung in die Heimat, erlebte dort aber schwere Enttäuschungen und starb sehr bald. Die Familie kehrte nach Österreich zurück.

Ein anderer bedeutender Professor an der Prager deutschen Technik war der Maschinenbauer Doerfel. Er hat viele berühmte Schüler herangebildet und als praktischer Ingenieur Großes geleistet. Wenn es bei der großen Prager Firma Ringhoffer irgendein schweres Problem gab, mit dem niemand fertig wurde, kam man zu Hofrat Doerfel. Er meisterte alle Schwierigkeiten. Man legte ihm sogar Fragen vor, die außerhalb seines Faches lagen. Baron Ringhoffer wollte einmal eine große Maschinenhalle ganz aus Eisen bauen. Die Pläne waren vollkommen fertig. Die Kosten schienen aber abnorm hoch zu werden. Man legte den ganzen Entwurf Herrn Doerfel vor, der es fertigbrachte, so und so viel Eisen einzusparen und dadurch die Kosten ganz bedeutend herabzudrücken. Die Halle wurde nach seinen Angaben gebaut und hat allen Beanspruchungen standgehalten.

Auch der Maschinenbau war in Prag in Kurse zerlegt. Maschinenbau I vertrat Hofrat Doerfel, Maschinenbau II Professor Körner. Dann gab es noch einen Maschinenbauprofessor Schiebel und verschiedene Dozenten. Doerfel, der auch politisch sehr einflußreich war, hatte für einen reichen Ausbau seines Faches bestens gesorgt. Camillo Körner war auch mathematisch sehr interessiert. Er hatte in Wien studiert und viel Mathematik gelernt. Die Anforderungen müssen damals sehr hoch gewesen sein. Vieles, was später im mathematischen Studienplan gestrichen wurde, galt als unentbehrlicher Bestandteil der mathematischen Ausbildung, sicher nicht zum Schaden der Ingenieure. Körner war auch der Ansicht, daß man die Mathematik nicht so sehr hätte zurückdrängen sollen.

Ein Mann von ganz überragender Bedeutung war der Brückenbauer Melan, in seinem Wesen ein schweigsamer Moltketypus. Er sprach in den Sitzungen des Professorenkollegiums nicht oft. Aber wenn er das Wort ergriff, herrschte immer allgemeine Spannung. Was er sagte, war stets bedeutsam. Sein mehrbändiges Werk über Brückenbau ist in der ganzen Welt bekannt. Er hatte leider eine sehr schwache Stimme, überhaupt einen zarten Körperbau, war aber überaus widerstandsfähig und ausdauernd. Seine Vorlesungen litten unter der schwachen Stimme und dem geringen Temperament. Man nannte in Studentenkreisen den Brückenbau die Melancholie.

In meiner Erinnerung nimmt einen hervorragenden Platz ein der Botaniker Fridolin Krasser, der als Phytopaläontologe Weltruf erlangte. Er hat das große Verdienst, aus den Versteinerungen festgestellt zu haben, wann zum erstenmal die Blütenpflanzen auf der Erde erschienen sind. Die Pflanzen waren ursprünglich blütenlos. Krasser fuhr allwöchentlich nach Wien, weil er in Prag kein Forschungsmaterial hatte. Er war Junggeselle und lebte in spartanischer Einfachheit. Er aß zu Mittag in einem billigen Restaurant in der Nähe der Technik, das den Namen

Platteis führte, tschechisch Platys. Man kochte dort sehr gut. Nur war die Aufmachung mehr als schlicht. Im Platteis hielten auch die Professoren nach den Kollegiumssitzungen immer eine gemütliche Nachsitzung. Was hätten wohl die Bonner Professoren zu dieser Einfachheit gesagt! Krasser bezog später eine kleine abgeschlossene Wohnung; er wohnte, wie man in Österreich sagt, „unter eigenem Gesperr". Eine Aufwartefrau kam alle paar Tage dorthin, um reinzumachen. Eines Tages fand sie den Professor tot in seinem Bett. Er war ganz einsam und verlassen gestorben.

Der Physiker Tuma, in seiner äußeren Erscheinung ein Ebenbild Gerhart Hauptmanns, mit dem er, wenn er nach Deutschland reiste, oft verwechselt wurde, ist durch seine Versuche über Teslaströme stark hervorgetreten. Er war in erster Ehe verheiratet mit einer Tochter des Wiener theoretischen Physikers von Lang, dessen Einleitung in die theoretische Physik sehr bekannt ist. Lang hätte nach Tumas Meinung seinen Schwiegersohn besser fördern können, tat es aber nicht aus lauter Angst, daß man darüber reden würde. Er protegierte andere, z. B. Jaumann, in erfolgreicher Weise. Als Tuma ihm ganz offen Vorwürfe darüber machte, sagte der herzlose Schwiegervater: „Ja, sieh mal, du bist eben nicht so bedeutend wie Jaumann." Seitdem hat Tuma den Professor von Lang nie mehr besucht. Als zweite Frau heiratete er eine Hamburgerin, die sich gut mit ihm verstand. Er verbrachte seitdem die akademischen Ferien sehr oft in Hamburg.

Es gab damals im Professorenkollegium der Prager Technik zwei Parteien, die Hofratspartei, an Kopfzahl ziemlich zusammengeschmolzen, und die Storchpartei, deren Oberhaupt der Chemieprofessor Storch war. Tuma hielt sich zur Hofratspartei. Daher wurde er von den andern ein wenig angefeindet. Man mäkelte an seinen Vorlesungen herum. Es hieß, er bringe zuviel Theorie und zeige zu wenig Experimente. Tatsächlich ließ er sich manchmal durch eine mathematische Entwicklung so sehr gefangen nehmen, daß er mehrere Vorlesungsstunden dafür opferte. Über Fouriersche Reihen z. B., welche die Hörer aus den mathematischen Vorlesungen schon zur Genüge kannten, sprach er eine ganze Woche hindurch und ließ die Experimente ganz ruhen. Das war vielleicht ein Fehler. Aber er wird sich schon irgendeine, seinen besonderen Zwecken angepaßte Behandlung dieses Gegenstandes ausgedacht haben, die man in den Büchern nicht findet, und fühlte sich dann verpflichtet, sie den Hörern vorzutragen. Wenn man ihn in den Sitzungen angriff, habe ich ihm immer die Stange gehalten. Ebenso schützte ich den Chemiker Wilhelm von Gintl, den Sohn jenes berühmten Hofrats von Gintl, der die ersten Analysen des Biliner Wassers machte und den Weltruf der Biliner Quellen begründete. Der alte Hofrat von Gintl erfreute sich in Österreich eines hohen Ansehens. Kaiser Franz Joseph unterhielt sich mit keinem Professor so gern wie mit dem alten Gintl. In irgendeinem Badeort ist es einmal passiert, daß der Kaiser, begleitet von einem hohen Würdenträger, ausfuhr und unter den Passanten seinen lieben Hofrat von Gintl erblickte. Sofort sagte er zu seinem Begleiter, er möchte doch aussteigen und seinen Platz dem Hofrat von Gintl einräumen. Wilhelm von Gintl war natürlich als Sohn eines so berühmten Mannes in der akademischen Laufbahn leichter emporgekommen als mancher andere. Darum haßten manche Kollegen, in erster Linie Storch und seine Getreuen, den jungen Gintl. Ich war mit ihm sehr befreundet und habe auch seine Mutter kennengelernt, die ihn oft in seiner Lehrkanzel besuchte und dort eine Zigarre rauchte. Der alte Hofrat von Gintl war schon vor Jahren gestorben. Um so dankbarer war mir die Mutter, daß ich mich des Sohnes so annahm. Hauptsächlich ärgerten sich die Kollegen darüber, daß Wilhelm von Gintl so viele gut bezahlte Aufträge aus der Industrie erhielt. Er hatte durch seinen Vater ausgedehnte Beziehungen zu diesen Kreisen, besonders zu dem Kohlenmagnaten Petschek und zu den Schichtwerken in Aussig. Der Brotneid ist die häßlichste, aber leider die virulenteste Form des Neides. Gintl versuchte einmal, eine kleine Vorlesung über Metallographie in sein Programm einzureihen, und stieß auf heftigsten Widerstand. Es gelang aber meiner ruhigen und sachlichen Intervention, die dann noch von andern unterstützt wurde, ihm das kleine Kolleg zu retten. Man fürchtete, er würde nun auch aus der Metallindustrie Aufträge erhalten.

Ein sehr sympathischer Kollege, Ritter von Georgevitsch, der die Nahrungsmittelchemie vertrat, hatte einen ganz netten Zeitvertreib ausgedacht. Wenn er und seine Frau sich einmal einen vergnügten Abend machen wollten, hielten sie Kollegiumssitzung. Der Professor fungierte als Rektor, die Frau als Rektoratssekretär. Um den Tisch herum mußte man sich die Professoren verteilt denken. Vor jedem lag ein Zettel mit seinem Namen. Nun eröffnete der Rektor die Sitzung und ersuchte den Sekretär, die Tagesordnung zu verlesen. Dann kam Punkt 1, Errichtung eines Lehrstuhls für Turbinenbau oder irgend etwas anderes. Die Diskussion begann. Der Rektor erteilte das Wort Herrn Hofrat Doerfel, und nun folgte, unter genauer Nachahmung der Stimme, dessen kurze Rede. Besonders hübsch soll es gewesen sein, wenn zwei Professoren sich richtig in die Haare gerieten und der Rektor sie ermahnte, sich doch zu mäßigen.

Tatsächlich gab es in den wirklichen Sitzungen manchmal sehr scharfe Auseinandersetzungen. Einmal hatte man, aber vor meiner Zeit, den Rektor so schwer beleidigt, daß er aufsprang, Mantel und Hut nahm, zur Hauptpost ging und dort ein Abdankungstelegramm nach Wien aufgab. Die Professoren blieben eine Weile wie versteinert sitzen. Dann hieß es: „Man muß ihm nachgehen, daß er nichts Unüberlegtes tut." In richtiger Ahnung des Geschehenen gingen sie zur Heinrichsgasse, wo das Postamt lag. Der Rektor trat eben aus dem Gebäude. „Sie werden doch nichts

Unüberlegtes tun, Magnifizenz. Wir haben Sie beleidigt, nehmen aber alles mit Bedauern zurück." Die lakonische Antwort lautete: „Ich habe abgedankt, und dabei bleibt es. Habe die Ehre, meine Herren." Bis zur Ernennung eines neuen Rektors mußte der Prorektor die Geschäfte führen. Der Rektor blieb den Sitzungen ganz fern.

Professor Janisch hatte als darstellender Geometer, da er dieses umfangreiche Fach ganz allein vertrat, nur unterstützt von zwei guten Assistenten, eine ungeheure Arbeitslast auf sich. Dazu kam nun noch das Rektorat. Schließlich wollte er auch seine geometrischen Forschungen nicht ganz liegen lassen. Janisch war ein ausgezeichneter Geometer. Interessant war sein Diener Lang, der immer bei den Prüfungen sozusagen mitwirkte, weil oft Modelle aus den Schränken herauszuholen waren und die Tafel abgewischt werden mußte. Auch bei den Vorlesungen war Lang häufig anwesend. So kam es, daß er schließlich eine Menge Geometrie verstand, ganz ähnlich wie jener Schneidergeselle, dem der erblindete Euler seine Anleitung zur Algebra diktierte, mit der Zeit ein ganz tüchtiger Algebraiker wurde. Es kam vor, daß der Diener Lang am Schluß eines Examens zu seinem Professor sagte: „Den dürfen wir nicht durchlassen. Er ist zu schwach in Axonometrie." Janisch ließ sich solche Einmischungen gefallen und hatte seinen Spaß daran. Wer weiß, ob Lang nicht zu Hause heimlich Mathematik studierte. Er machte von allen Dienern den intelligentesten Eindruck.

Solche Professoren, die mitten aus der Praxis heraus auf ihren Lehrstuhl berufen worden waren, hatten manchmal große Schwierigkeiten mit der Vorbereitung ihrer Vorlesungen. Es wurde erzählt, daß einmal ein neu berufener Chemiker die Kolleghefte seines Vorgängers für einen erheblichen Preis von der Witwe kaufte und danach die Vorlesungen hielt. Am groteskesten war aber ein Vorgang, den der Physiker Lampa der Vergessenheit entrissen hat. Es gab einmal einen Geodäten an der Prager Technik, der ebenso wie jener Chemiker die Kolleghefte seines Vorgängers ankaufte. Sie waren mit der Hand geschrieben. In diesen Heften wurde viel mit dem Sehwinkel operiert. Irgendwo stand die Definition, wo es dann zuletzt hieß: „Diesen Winkel nennt man den Sehwinkel." Immer wieder und wieder kam im weiteren Text der Sehwinkel vor. Unglücklicherweise war das e undeutlich geschrieben und sah aus wie ein c. Der brave Professor las also das e als c und prägte sich das Wort „Schwinkel" gut ein. Er mochte glauben, daß der Schwinkel irgendwie mit Schwenken zusammenhing. Wenn man von zwei um O drehbaren Schenkeln, die zunächst zusammenfallen, den einen eine Schwenkung ausführen läßt, so beschreibt er einen Winkel. So mag er sich vielleicht das merkwürdige Wort gedeutet haben. Jedenfalls kam in seiner Geodäsie fortlaufend der „Schwinkel" vor. Professor Lampa wurde wegen dieser Enthüllung, die er in einen Zeitungsartikel hineinbrachte, von den Professoren der Technik in die Acht erklärt. Man ärgerte sich besonders darüber, daß die Enthüllung auch in tschechischen Kreisen bekannt geworden war. Lampa mußte seine Mitteilung über jenen Schwinklisten abschwächen und einfach erklären, er habe einen Witz für Ernst genommen und sei in übelster Weise düpiert worden. Privatim erklärte er aber seinen Freunden gegenüber, die Sache mit dem Schwinklisten habe schon ihre Richtigkeit (Und sie bewegt sich doch!).

Die Geodäsie vertrat an der Prager Technik Professor Adamczik, dem wir auch ein gutes Lehrbuch darüber verdanken. Er war als Examinator sehr gefürchtet. Es fielen bei ihm so viele Kandidaten durch, daß man sich genötigt sah, den Dozenten Dr. Härpfer ebenfalls in die Prüfungskommission hineinzusetzen. Obwohl er größere Vorlesungen über Geodäsie nicht halten durfte, konnte man doch bei ihm die Prüfung machen. Zwischen ihm und Adamczik gab es infolgedessen fortwährend Reibereien, aber auch zwischen Adamczik und den Studenten. Der Professor war

sehr nervös und konnte z. B. das Geräusch des Bleistift-
spitzens nicht ertragen. Es brachte ihn ganz aus der Fassung.
Die Studenten wußten das. Er hatte sie mehrfach gebeten,
die Bleistifte vor Beginn der Vorlesung anzuspitzen. Immer
wieder kam es aber vor, daß er nach Betreten des Hörsaals
durch dieses Geräusch gestört wurde. Er verließ dann das
Auditorium und suchte Schutz beim Rektor. Dieser ging mit
ihm ins Auditorium und ermahnte die Studenten, das Bleistiftspitzen zu unterlassen. Der Professor begleitete den
Rektor hinaus und bedankte sich bei ihm. Kaum war er
wieder im Hörsaal, als ein vielstimmiges Bleistiftspitzen einsetzte. Erschüttert verließ er das Auditorium und ließ die
Vorlesung ausfallen. Dieses Vorkommnis, das sich oft wiederholte, erinnerte mich immer an die häßlichen Machenschaften der Schüler gegen den Probekandidaten Löwinski,
von denen ich früher erzählt habe. Adamczik vermutete,
daß Dr. Härpfer die Studenten gegen ihn aufwiegelte. Er
war eine Art Märtyrer und hat sich später, als ich nicht
mehr in Prag war, in seiner Lehrkanzel erhängt.

Mit dem Vertreter des Wasserbaus, Hofrat Rippl, war
ich sehr befreundet. Auch er war aus der Praxis berufen
worden, hatte sich aber sehr schön in die Tätigkeit des
akademischen Lehrers hineingefunden und betreute sein
Fach in mustergültiger Weise. Einige Teile des Wasserbaus, der sich in vier Kurse gliederte, boten erhebliche
Schwierigkeiten. Da mußte man viel von Hydrodynamik
verstehen, wozu wieder allerhand Mathematik nötig ist.
Manchmal konnte ich Rippl mit Auskünften mathematischer Art Hilfe bringen und Vereinfachungen ermöglichen.
Er hatte eine adelige Ungarin zur Frau und sprach perfekt
Ungarisch, ebenso der Sohn und die Tochter. Die Tochter
war in Musik ausgebildet und hatte eine wunderbare Alt-
stimme. Sie trat in Prag in Kirchenkonzerten auf und
machte auch mit einem kleinen Ensemble Konzertreisen
durch Deutschland. Wenn sie das Händelsche Largo sang,
wurde man bis ins Innerste ergriffen. Irene Rippl hörte

auch Vorlesungen an der Technik. Sie interessierte sich besonders für Botanik und hatte den Plan, einmal Assistentin an einem botanischen Lehrstuhl zu werden. Neben alledem konnte sie ausgezeichnet kochen und backen, hatte ein wunderbares Aussehen und war in der Unterhaltung überaus angenehm. Der Bruder machte in meinen ersten Prager Jahren mit gutem Erfolg sein Abitur und begann Jura zu studieren. Alles schien im Hause Rippl aufs beste bestellt zu sein. Niemand ahnte, wie unsagbar Schweres diese Familie treffen sollte. Zuerst stellten sich bei dem Sohn Symptome geistiger Abnormität ein. Er mußte alles aufgeben und kam in die Bodelschwinghschen Anstalten nach Bethel bei Bielefeld. Die Ärzte erklärten ihn für völlig unheilbar. Einige Jahre später stürzte sich Irene Rippl aus dem Fenster. Die Wohnung lag im vierten Stock. Sie wurde schwer verletzt ins Krankenhaus gebracht und konnte nicht mehr gerettet werden. Dann starb der alte Hofrat, und die Witwe blieb, ganz gebrochen durch dieses Übermaß von Leid, allein zurück. Man traf sie manchmal in den Choteksanlagen, wo sie weinend auf einer Bank saß. Jedes menschliche Trostwort ist bei einem Unglück von solchem Ausmaß so nichtig, daß man sich fast schämt, es auszusprechen.

Unter allen Fächern an der technischen Hochschule steht den Mathematikern die Mechanik am nächsten. In Prag war der alte Hofrat von Stark ihr Vertreter. Die Studenten lobten ihn sehr; sie merkten nicht, daß er alles so vortrug, wie er es seinerzeit als Student gelernt hatte. Er war mit der Zeit nicht mitgegangen, sondern einfach stehengeblieben. Glücklicherweise sind die grundlegenden Prinzipien und Theoreme der Mechanik nicht so sehr der Veraltung unterworfen. Nur die Behandlungsweise hat sich geändert. Bei Stark war sie etwas zu altmodisch. Sein Nachfolger wurde später Professor Pöschl, ein Schüler Wittenbauers. Er brachte in die Prager Mechanik neues Leben hinein und hielt mit den Mathematikern engste

Fühlung. Wittenbauer hat sich auch in der schönen Literatur einen Namen gemacht. Sein Drama „Der Privatdozent" hatte ich in Bonn auf der Bühne gesehen.

Auch unter den Professoren der Prager Technik gab es einen Herrn von ähnlicher Art wie Wittenbauer. Das war Hofrat Birk, der den Lehrstuhl für Eisenbahnwesen betreute. Er hatte eine dichterische Ader und schrieb allerlei schöne, allgemein verständliche Bücher, u. a. eine groß angelegte Biographie des österreichischen Ingenieurs Negrelli, der lange vor Lesseps das Projekt des Suezkanals bearbeitete und in allen Einzelheiten durchdachte. Hofrat Birk hatte einen Sohn, der zum Theater ging und sich durch eine neue Bühnenbearbeitung von Kleists „Zerbrochenem Krug" einen Namen machte, wahrscheinlich unter Mitwirkung des Vaters. Später war der Sohn in Dresden am Albert-Theater als Regisseur tätig. Der alte Hofrat, damals schon emeritiert, zog nach Dresden und stand dem Sohn mit Rat und Tat zur Seite. Frau Birk, jahrelang gelähmt und von ihrem Manne in rührender Weise betreut, war schon vor Jahren gestorben. Der junge Birk wirkte nachher als Dozent für Theaterwesen an der Prager Deutschen Universität. Auch bei dieser Tätigkeit konnte ihm sein hochbegabter Vater wertvolle Hilfe leisten. Hofrat Birk wurde im Kollegium viel angefeindet. Ich habe ihm immer nach Kräften geholfen, ohne Rücksicht darauf, daß ich mich selbst dadurch unbeliebt machte. Die Storchpartei suchte dem alten Birk, wo sie nur konnte, Schaden zu tun.

*

Ich wohnte in Prag in dem hochgelegenen Stadtteil Kgl. Weinberge am Georgsplatz. Ein tschechischer Architekt Břeněk hatte hier ein mehrstöckiges großes Mietshaus neu erbaut und mir eine schöne Wohnung im zweiten Stock überlassen. Auf unserem Balkon stand eine Büste Georgs von Podiebrad. Herr Břeněk war ein großer Verehrer dieses berühmten böhmischen Königs. Als wir in Prag eintrafen, war unsere Wohnung noch nicht ganz hergerichtet. Wir wohnten viele Wochen in dem schönen, damals neu eingerichteten Palasthotel in der Herrengasse und hatten es dort sehr gut. Herr Břeněk zeigte uns alltäglich Prager Sehenswürdigkeiten. Er war ein ausgezeichneter Führer, hatte umfassende historische Kenntnisse und sprach ein wunderbares Deutsch. An Sonntagen fuhr er mit uns in die Umgebung. Wir lernten u. a. die berühmte Burg Karlstein und die Grotte des heiligen Iwan kennen. Durch diese Führungen gewannen wir rasch einen Überblick über alle Herrlichkeiten unserer neuen Heimat. Meine Frau, eine strenggläubige Katholikin, war tief beeindruckt durch die vielen alten Kirchen der hunderttürmigen Stadt.

Wir gewannen durch die Emausmönche, bei denen meine Frau zur Beichte ging, Beziehungen zu den tschechischen Kreisen. Die Mathematiker der beiden tschechischen Hochschulen waren sehr freundlich zu uns. An der tschechischen Universität wirkten Petr, Sobotka und Laska. Laska ist auch in Deutschland durch seine schöne Formelsammlung bekannt. Petr, ein äußerst scharfsinniger und auf absolute Strenge eingestellter Mathematiker, hat viele schöne Forschungsergebnisse aufzuweisen und wird als der tschechische Weierstraß bezeichnet. Er ist mir bis heute ein lieber, stets hilfsbereiter Freund geblieben. Auch mit Sobotka, einem bedeutenden und sehr produktiven Geometer, blieb ich bis zu seinem Tode in engster Verbindung.

Die Benediktiner von Emaus, die ich durch meine Frau kennenlernte, hatten in ihren Reihen einen tüchtigen Mathematiker und Astronomen, Pater Adalbert Riedlinger. Nach der Regel des heiligen Benedikt sollen alle großen Gebete zu bestimmten Tageszeiten gehalten werden. Deshalb mußten die Mönche seit jeher die genaue Mittagszeit feststellen. Dies geschah auch jetzt, obwohl die Prager Sternwarte täglich das Mittagszeichen durch Schwenken einer Fahne gab, worauf dann auf einer Bastion ein Kanonenschuß gelöst wurde. Sogleich sagten in ganz Prag die Arbeiter „Padla" (er, d. h. der Schuß, ist gefallen), und die Mittagspause begann. Dieser Mittagsschuß wurde nach einigen Jahren abgeschafft. Das Fahnenschwenken hielt sich noch etwas länger. Der gute Pater Adalbert mußte, wie gesagt, täglich mit seinem Sextanten, der nicht so leicht zu handhaben ist, die Sonnenhöhe beobachten und den Zeitpunkt der Kulmination ermitteln. Wenn ich zufällig dabei war, konnte ich ihm als gelernter Astronom helfen. Wir unterhielten uns oft über mathematische und astronomische Fragen. Pater Adalbert zeigte mir die schöne Bibliothek des Klosters, u. a. die Werke von Beda venerabilis, in denen auch Alkuins „Propositiones ad acuendos iuvenes" mit abgedruckt sind, weil manche diese Schrift dem großen Beda zuschreiben. Er erzählte mir bei dieser Gelegenheit viel von dem berühmten mittelalterlichen Gelehrten Caramuel, der aus der böhmischen Fürstenfamilie Lobkowitz stammte. Dieser Caramuel war ein gefürchteter Gegner bei Disputationen. Einmal trat er bei einer Disputation auf, ohne seinen Namen zu nennen. Er setzte seinem Partner so scharf zu, daß dieser in seiner Bedrängnis ausrief: „Entweder bist du der Teufel oder Caramuel." Die fürstliche Familie Lobkowitz, die ein schönes Palais auf dem Hradschin bewohnte, ließ ihre Kinder durch Pater Benedikt vom Emauskloster unterrichten, vielleicht den bedeutendsten Kanzelredner, den es jemals gegeben hat. Wenn er predigte, war die große Emauskirche so besucht, daß alle Gänge dicht voll Menschen standen. Man fühlte aber nicht die Anstrengung des langen Stehens. Pater Benedikt sprach so wunderbar und so fortreißend, daß alle andern Eindrücke ausgeschaltet waren, als befände man sich in einer Narkose. Diese gewaltigen Predigten sind in den St.-Benedikts-Stimmen abgedruckt. Ich habe die vielen Hefte immer wieder gelesen und mich an den herrlichen Predigten des nun schon längst Verstorbenen erbaut.

Die Prager Benediktiner stammten aus dem berühmten Kloster Beuron, dessen erster Abt in Bonn zu Hause war. Meine Frau hatte ihn und seine Eltern gut gekannt. An

demselben Tage, an dem er seinerzeit den Eltern erklärte,
er wolle Mönch werden, bat seine Schwester um die Er-
laubnis, zur Bühne zu gehen. Beide Kinder setzten ihren
Willen durch. Die Eltern waren sehr reich. Sonst wäre es
dem jungen Abt nicht gelungen, den Ausbau des alten
Beuroner Klosters so schön durchzuführen und die Anerkennung der Beuroner Benediktiner als besonderer Kongregation zu erreichen. Diese Kongregation hat sich in
Wissenschaft und Kunst rühmlichst hervorgetan. Die Beuroner Malerei fand in der Welt viel Anerkennung.

Der Prior der Prager Benediktiner, Odilo Wolf, war wie
der Beuroner Abt ein Rheinländer, und zwar ein Kölner.
Seine Mutter hatte in schwerer Krankheit das Gelübde
getan, den Sohn Gott zu weihen, wenn er ihr das Leben
schenkte. Sie sagte dem Sohn zunächst nichts davon und
ließ ihn ruhig das Gymnasium durchmachen. Als er das
Abitur bestanden hatte und nun mit der Mutter über die
Berufswahl sprach, gestand sie ihm, daß über seinen Beruf
schon verfügt sei. Sie stellte es ihm frei, sich über das Gelübde hinwegzusetzen, betonte aber zugleich, daß sie nach
ihrer Meinung in solchem Falle vor Gott als Wortbrecherin
dastände, der ihr doch auf Grund des Gelübdes das Leben
geschenkt hätte. In aller Liebe und Güte riet sie ihm,
darüber nachzudenken und ihr dann seinen Entschluß mit-
zuteilen. Nach kurzer Zeit war dieser Entschluß gefaßt.
Odilo Wolf war bereit, ein Mönch zu werden und in den
Beuroner Orden einzutreten. Die Mutter war mit seinem
Plan einverstanden, die Reise dorthin zu Fuß zu machen.
Diese Reise durch eine blühende, abwechslungsreiche Landschaft war sein Abschied von der Welt. Als ich Odilo Wolf
kennenlernte, war er schon ein alter Mann mit weißem
Haar. In seinem ganzen Wesen lag eine heitere Zufrieden-
heit. Man sah, daß er seinen Entschluß nie bereut hatte.
Odilo Wolf war ein fleißiger Forscher auf dem Gebiete der
Baukunst. Er hat ein dickes Buch über die Maßverhältnisse
der Tempelbauten geschrieben und eine wunderbare Gesetz-

mäßigkeit herausgefunden, die er in seinem Werk darlegt. Wieviel entsagungsvolle Arbeit steckt darin!

Im Emauskloster verkehrten auch einige tschechische Professoren ganz regelmäßig, z. B. der Theologe Kordač der später Erzbischof von Prag wurde. Er war früher, bevor man ihn an die tschechische Universität berief, Leiter des Priesterseminars in Leitmeritz gewesen, einer rein deutschen Anstalt, und sprach ein vollendetes Deutsch. Kordač hat einen großen tschechischen Hilfsverein gegründet, der sich die Förderung begabter junger Theologen zur Aufgabe machte und die Namen der slawischen Apostel Cyrill und Methodius auf seine Fahne geschrieben hatte.

Eines Tages führte mich Pater Adalbert zu einem andern berühmten tschechischen Theologen namens Pachta. Dieser Pachta war ein großer Kenner der semitischen Sprachen. Da die Araber den Aristoteles so gut kommentiert haben, sagte sich Pachta, daß man, um Aristoteles gut zu verstehen, unbedingt Arabisch lernen müßte. Jahre hindurch hat er das so gründlich getan, daß er diese schwere Sprache mit Virtuosität beherrschte. Dann erst warf er sich auf Aristoteles, und man kann wohl sagen, daß niemand auf der Welt diesen großen griechischen Denker so gründlich kannte wie Pachta.

Als wir Pachta in seiner stillgelegenen Wohnung auf dem Hradschin besuchten, empfing uns ein Diener und bat uns, zunächst im Wartezimmer Platz zu nehmen. Dort standen um einen runden Tisch bequeme Sessel und auf dem Tisch zwei Glaskrüge mit Rotwein und Weißwein und eine Menge Gläser. Der Diener bat, wir möchten uns bedienen. Zwei Besucher, die ebenfalls warteten, hatten bereits gefüllte Gläser vor sich. Pater Adalbert schickte durch den Diener meine Visitenkarte hinein. Offenbar hatte er unsern Besuch schon angekündigt. Pachta erschien sofort, mit einer Soutane bekleidet und mit einem violetten Käppchen auf dem Kopfe. Er wechselte einige Worte mit den beiden andern Besuchern und bat sie, noch etwas Geduld zu haben. Dann nahm er Pater Adalbert und mich in seine Gemächer, fünf Zimmer, durch offene Türen verbunden. Alle Wände waren mit Bücherregalen besetzt, die bis zur Decke reichten, ganz mit Büchern gefüllt. Dann aber hatte Pachta aus den übrigen Büchern Säulen aufgebaut, an die dreißig in jedem Raum. Diese Säulen reichten bis zur Decke und standen so dicht, daß man sich nur vorsichtig hindurchschlängeln konnte. Nur das eine Zimmer, und zwar das kleinste, war frei von Büchersäulen und hatte nur Wandschränke, die dicht mit Büchern besetzt waren. In diesem Zimmer stand ein Harmonium, ein Schreibtisch, ein Sofa. Auch einige Sessel und Stühle gab es da. Hier unterhielten wir uns einige Zeit. Dann zeigte uns Pachta seine große Bibliothek. Er besaß allerhand Kostbarkeiten, z. B. eine wundervolle Palestrina-Ausgabe, die noch nicht ganz abgeschlossen war. Er nahm den letzten Band und spielte uns einiges daraus auf dem Harmonium vor. Dann kam er auf die Mathematik zu sprechen, für die er sich sehr interessierte. Er besaß die Werke der großen mathematischen Klassiker, sogar die große Cauchy-Ausgabe. Außerdem sah man in den mathematischen Säulen Jordans „Cours d'Analyse", Picards „Traité" und überhaupt alles, was man sich nur denken kann. In einigen Jahren, so sagte der ehrwürdige Gelehrte, käme seine Pensionierung. Dann würde er sich ganz auf mathematische Studien werfen. Er sei gewöhnt, den ganzen Tag zu arbeiten. Auch bei seinen Spaziergängen im Baumgarten (der großen Prager Parkanlage) habe er immer irgendein Buch bei sich. Er lud mich ein, ihn öfter zu besuchen und in seiner Bibliothek zu arbeiten.

Beim Heimgang erzählte mir Pater Adalbert, die große Bibliothek sei schon jetzt einem Prager Franziskanerkloster vermacht. Pachta habe seine laufenden Einnahmen immer fast restlos auf Bücherankäufe verwendet und führe ein äußerst bescheidenes und sparsames Leben. Ich will vorweg bemerken, daß dieser große Freund der Wissenschaft kurz nach dem Übertritt in den Ruhestand gestorben ist und nicht mehr die Zeit fand, alles das zu lesen, was er sich vorgenommen hatte. Er hatte sich diese ungeheuren Vorräte angeschafft und dabei ganz vergessen, daß wir auf dieser Erde nicht ewig leben und irgendeine kleine körperliche Störung all unsere Pläne zunichte machen kann.

Auch das Prämonstratenserkloster Strahow mit seinen ungeheuren Bücherschätzen lernte ich durch Pater Adalbert kennen. Dort sind die Erstausgaben der Schriften Tycho Brahes zu sehen. Auch von Kepler ist viel vorhanden. Pater Adalbert stellte mich dem Abt Zavoral vor, der mich einlud, in der Bibliothek des Klosters nach Belieben zu arbeiten. Diese Bibliothek war in zwei riesengroßen Räumen untergebracht. Es gab da mehrere Galerien; auf jeder standen verschiebbare Leitern, die man zur Entnahme von Büchern aus den oberen Schrankreihen brauchte. Nur für den einen Raum gab es einen Katalog. Der andere war damals noch nicht bearbeitet. Was mochte da noch an unentdeckten Raritäten schlummern! Ich machte von der Einladung des Abtes des öfteren Gebrauch, war auch wiederholt sein Mittagsgast. Mein Hauptziel war, irgend etwas Neues von Kepler zu finden. Ich hatte aber wenig Glück. Pater Adalbert besaß umfangreiche Exzerpte aus Keplerschen Schriften, die er mir manchmal zeigte. Kepler hat bekanntlich den Begriff der exzentrischen Anomalie eingeführt und dadurch die Ephemeridenrechnung wesentlich vereinfacht. Wenn t die seit dem Perihel verflossene Zeit ist und T die Umlaufzeit des Planeten, so wird die exzentrische Anomalie u, die eine einfache geometrische Bedeutung hat, aus der berühmten Keplerschen Gleichung berechnet, die in moderner Schreibung so lautet:

$$u - \varepsilon \sin u = \frac{2 \pi t}{T}.$$

ε ist die numerische Exzentrizität. Die wahre Anomalie v ist der Winkel, um den sich der Radiusvektor des Planeten (Sonne—Planet) im Laufe der Zeit t gedreht hat. Sie hängt, wie Kepler an der Figur ablas, mit u durch folgende Gleichungen zusammen:

$$\cos v = \frac{\cos u - \varepsilon}{1 - \varepsilon \cos u}, \quad \sin v = \frac{\varepsilon^* \sin u}{1 - \varepsilon \cos u},$$

wobei wir uns wieder der modernen Schreibung bedienen und $(1-\varepsilon^2)^{\frac{1}{2}} = \varepsilon^*$ gesetzt haben. Diese Formeln standen in Pater Adalberts Exzerpten. Auch er hatte die Keplersche Bezeichnungsweise modernisiert. Mir waren natürlich alle diese Dinge aus meinem Astronomiestudium in Königsberg bekannt. Und doch übten sie auf mich in dieser anderen Umgebung eine ganz besondere Wirkung aus.

*

Ich machte im Anschluß an die Keplerschen Formeln für u und v eine Entdeckung, deren Tragweite ich auch jetzt noch nicht ganz übersehe. Deshalb habe ich auch nichts darüber geschrieben, will aber hier das Wesentliche sagen, um es vor dem Versinken in die Vergessenheit zu retten. Wer weiß, ob ich noch einmal Gelegenheit finde, es zu publizieren! Wenn man $x = \cos u$, $y = \sin u$ und $x_1 = \cos v$, $y_1 = \sin v$ setzt, so lauten jene Keplerschen Formeln

$$x_1 = \frac{x - \varepsilon}{1 - \varepsilon x}, \quad y_1 = \frac{\varepsilon^* y}{1 - \varepsilon x}.$$

Das ist eine Projektivität. Wenn man ε als Parameter betrachtet, so liegen hier ∞^1 Projektivitäten vor. Die Entdeckung, die ich damals machte, bestand in der Feststellung, daß diese Projektivitäten eine Gruppe bilden. Läßt man nämlich auf die obenstehende Transformation noch

$$x_2 = \frac{x_1 - \varepsilon_1}{1 - \varepsilon_1 x_1}, \quad y_2 = \frac{\varepsilon_1^* y_1}{1 - \varepsilon_1 x_1}$$

folgen, so hängen x, y und x_2, y_2 in folgender Weise zusammen:

$$x_2 = \frac{x - \varepsilon_2}{1 - \varepsilon_2 x}, \quad y_2 = \frac{\varepsilon_2^* y}{1 - \varepsilon_2 x}.$$

Dabei ist

$$\varepsilon_2 = \frac{\varepsilon + \varepsilon_1}{1 + \varepsilon\,\varepsilon_1}, \quad \varepsilon_2{}^* = (1 - \varepsilon_2{}^2)^{\frac{1}{2}}.$$

Kepler kam hier also in Berührung mit einer eingliedrigen projektiven Gruppe, wenn wir uns der Lieschen Terminologie bedienen, und zwar handelt es sich um eine Untergruppe der Gruppe des Kreises $x^2 + y^2 = 1$, die man auch die Lobatschefskijsche Bewegungsgruppe nennt. Mich als Schüler Lies mußte diese Feststellung aufs höchste interessieren. Ich bemerkte damals noch, daß durch Einführung eines neuen Parameters α, der mit ε durch die Beziehung $\varepsilon = th\,\alpha$ zusammenhängt, die Keplersche Gruppe folgende Gestalt erhält:

$$x_1 = \frac{x\,ch\,\alpha - sh\,\alpha}{ch\,\alpha - x\,sh\,\alpha}, \quad y_1 = \frac{y}{ch\,\alpha - x\,sh\,\alpha}.$$

Die Multiplikationsregel lautet bei dieser neuen Parametrisierung $\alpha_2 = \alpha + \alpha_1$. Der Parameter α ist, wie Lie zu sagen pflegte, additiv. Auch für die Astronomie hat dieser Parameter α seine Wichtigkeit. Aus den Keplerschen Formeln für u, v entnimmt man

$$\tan\frac{v}{2} = \sqrt{\frac{1 + \varepsilon}{1 - \varepsilon}}\,\tan\frac{u}{2},$$

und mit dieser Beziehung pflegen die Astronomen zu arbeiten. Nach Einführung des Parameters α hat sie folgende, viel einfachere Gestalt:

$$\tan\frac{v}{2} = e^{\alpha}\tan\frac{u}{2}.$$

Benutzt man statt x, y homogene Koordinaten x, y, z, so ergibt sich folgende Schreibung der Keplerschen Gruppe:

$$x_1 = x\,ch\,\alpha - z\,sh\,\alpha, \quad y_1 = y, \quad z_1 = -x\,sh\,\alpha + z\,ch\,\alpha.$$

Achtet man nur auf die erste und letzte Gleichung, so hat man eine Transformation in x, z vor sich, bei welcher $x^2 - z^2$ sich invariant verhält, also eine Lorentztransformation.

Man sieht, wie Kepler, geleitet vom Instinkt des Genies, in unmittelbare Nähe von Überlegungen kam, die erst viel später die richtige Beleuchtung erhielten und in ihrer ganzen Wichtigkeit erkannt wurden. Er hatte Formeln unter den Händen, aus denen sich so bedeutsame Ergebnisse herauspräparieren ließen.

Im Emauskloster gab es auch Keplererinnerungen. Kepler hatte dort, als er nach Prag zu Tycho Brahe kam, eine Zeitlang gastliche Aufnahme gefunden. Man zeigte mir noch das „Keplerzimmer", in dem er seinerzeit wohnte. Ich weiß aber nicht mehr, welcher Orden sein damaliger Gastgeber war.

*

Der Prager deutschen Universität kommt das große Verdienst zu, Einstein die erste ordentliche Professur als Grundlage für seine Forschertätigkeit geboten zu haben. Als der theoretische Physiker Hofrat Lippich zurücktrat, berief man Einstein, der damals in der Schweiz mit seinen ersten Arbeiten über die spezielle Relativitätstheorie hervorgetreten war, auf den vakanten Lehrstuhl. Lampa und Pick gaben die Anregung hierzu. Leider blieb Einstein nur wenige Jahre in Prag. Er wurde nach einigen Semestern in die Schweiz zurückberufen und später als Akademiker nach Berlin. Ich will hier einiges über Einsteins Prager Zeit berichten.

Unvergeßlich ist mir der Eindruck, den seine Antrittsvorlesung machte. Die ganze Prager Intelligenz war zusammengeströmt und füllte den größten Hörsaal, den man in den naturwissenschaftlichen Instituten hatte finden können. Einstein hatte eine überaus schlichte Art des Auftretens. Dadurch eroberte er alle Herzen. Er sah die Dinge dieses Lebens von einer hohen Warte. Was dem Durchschnittsmenschen wichtig erscheint, hatte für ihn keine Bedeutung. Deshalb verschmähte er jegliche Art rednerischer Künste. Er sprach lebhaft und klar, aber nicht irgendwie geschraubt, sondern vielmehr ganz natürlich und stellen-

weise mit erfrischendem Humor. Mancher Hörer wird ge-
staunt haben, daß die Relativitätstheorie etwas so Einfaches ist. Einstein hat in meisterhafter Weise für weitere
Kreise der Gebildeten über seine Theorie geschrieben. Auch
hat später der bekannte Schriftsteller Moschkowski ein
Buch über Albert Einstein herausgegeben, das sich auf Gespräche mit dem berühmten Forscher stützt und auch etwas
in die allgemeine Relativitätstheorie hinübergreift. Die
spezielle Relativitätstheorie entstand aus dem Bestreben,
die unerwarteten Ergebnisse gewisser Experimente, vor
allem des berühmten Michelson-Versuchs, zu erklären, was
mit den bisherigen physikalischen Grundanschauungen
nicht gelang. Es mußte irgend etwas an diesen Grundanschauungen geändert werden, und diesen kühnen Schritt
tat Einstein. Man hat ihn daher mit Recht den modernen
Galilei genannt. In seiner Prager Zeit beschäftigte sich
Einstein mit dem Aufbau einer neuen Gravitationstheorie,
die er nach seiner Rückkehr in die Schweiz mathematisch
fundierte, wobei ihm der Züricher Mathematiker Groß-
mann behilflich war. Man könnte also Einstein ebensogut
als den modernen Newton bezeichnen. Da Newton sich
auch um die Grundlagen der Mechanik verdient gemacht
hat, so wäre diese Bezeichnung noch treffender als die
andere. Aber Einstein läßt sich nicht auf eine solche Formel
bringen. So überragend ist seine Größe.

Ich verdanke Einstein meine Berufung an die Prager
deutsche Universität. Als Josef Grünwalds Professur zu
besetzen war, gab er die Anregung, mich auf die Liste zu
bringen. Er hatte einmal irgend etwas aus der Determinantentheorie gebraucht und war von Pick auf mein
Buch hingewiesen worden. Meine Darstellung machte einen
so starken Eindruck auf ihn, daß er in der Besetzungs-
kommission seine Stimme für mich erhob. Auf der Liste
stand übrigens auch Hans Hahn. Ich war also wirklich in
sehr guter Gesellschaft, und, was die Hauptsache ist, ich
wurde wirklich ernannt (1912). Ziemlich lange hat es aber

gedauert, bis die Ernennung herauskam. Jedenfalls war ich froh, daß ich wieder an eine Universität kam, wo ich doch eigentlich hingehörte. Der Chemiker Meyer, der vor mir von der Technik an die Universität gekommen war, sagte, als er mir zu meiner Ernennung gratulierte: „Hier an der Universität weht eine reinere Luft als da unten." Die Technik, d. h. das Hauptgebäude, in welchem auch die Mathematik untergebracht war, lag in der Husgasse (Altstadt), das große naturwissenschaftliche Institut der Universität in der Weinberggasse (Neustadt), tatsächlich höher als die Technik. Aber auch im übertragenen Sinne, wie sie wirklich gemeint war, stimmte Meyers Behauptung.

Da Josef Grünwalds Stelle nur ein Extraordinariat war, mußte das Ministerium mich als persönlichen Ordinarius berufen mit allen Rechten und Pflichten eines ordentlichen Professors. Der Sektionschef Cwiklinski, Nachfolger des berühmten Hofrats von Kelle, den alle alten österreichischen Professoren noch in bester Erinnerung haben, war gegen mich sehr wohlwollend und tat alles, um meine Berufung durchzuführen. Nicht lange vorher war ein Ruf nach Gießen an mich herangetreten. Cwiklinski, von den Professoren kurz „der Zwick" genannt, hatte es fertiggebracht, mich zur Ablehnung dieses schönen Rufes zu bewegen. Um so mehr fühlte er sich nun verpflichtet, mich an die Prager deutsche Universität zu bringen. Ja, er wollte mir sogar behilflich sein, nach Wien zu kommen, wo der Rücktritt des Zahlentheoretikers Mertens bevorstand. Als ich einmal in Wien war, machte er mich mit Mertens bekannt. Dieser hatte schon längst dem Geometer Gustav Kohn, von dem ich oben erzählt habe, versprochen, daß er einmal sein Nachfolger werden sollte. Kohn begleitete Mertens auf allen Reisen und war sein treuer Freund. Als dann aber der Augenblick kam, wo es hieß: „Hic Rhodos, hic salta", da versagte Mertens ganz kläglich. Er machte eine ganz andere Liste. Auf ihr standen nur Zahlentheoretiker, und zwar an erster Stelle Furtwängler, an

zweiter Stelle Landau, der sich durch diese Rangierung
sehr zurückgesetzt fühlte. Um Furtwängler hervorzuheben,
hatte man in der Fakultät die Forderung aufgestellt, der
neu zu berufende Professor müßte auch über angewandte
Mathematik lesen. Es ginge nicht an, der Zahlentheorie
allein eine ordentliche Professur zuzubilligen. Auch Wirtinger trat für Furtwängler ein. Landau hatte aber auch
eine große Anhängerschaft. So gab es in der Fakultät
heftige Kämpfe. Im Ministerium fanden die Landau-
anhänger in dem Ministerialrat Maurus einen klugen und
energischen Förderer. Aber „der Zwick" war für Furtwängler, und das gab die Entscheidung. Furtwängler siegte. Aber
dieser Erfolg brachte ihm kein Glück. Kurz nach seiner
Ankunft in Wien wurde er von einer Lähmung befallen,
die sich nicht heilen ließ. Ein entsetzliches Schicksal. Es
gab damals Leute, die glaubten, seine Gegner hätten
irgendeinen bösen Fluch gegen ihn ausgesprochen. Cwiklinski stieg nachher bei einem der vielen Kabinettswechsel,
die es damals in Österreich gab, zum Kultusminister
empor und erhielt das übliche wortesparende Schreiben des
Kaisers: „Mein lieber Cwiklinski. Ich ernenne Sie zu
meinem Minister." Ich war unklug genug, die guten Beziehungen, die ich zu Cwiklinski hatte, überhaupt nicht
auszunutzen. Er hätte manches für mich tun können.
Übrigens war Cwiklinski von Hause aus klassischer Philologe und hatte mich, weil ich auch zuerst klassische
Sprachen studiert hatte, doppelt gern. Sehr oft habe ich
mich mit ihm recht nett unterhalten, ohne etwas von ihm
zu verlangen. Vielleicht war ihm dieses Verhalten besonders angenehm, weil er von vielen Bittstellern und Stellen-
jägern bestürmt wurde. Um nochmals auf die vielen
Kabinettswechsel im damaligen Österreich zurückzukom-
men, möchte ich noch sagen, daß es viele einsichtige
Männer gab, denen die leidenschaftlichen Parteikämpfe
ernste Sorge bereiteten. Sie sahen darin mit Recht Vor-
boten des kommenden Zerfalls. Tatsächlich war der Kaiser

die einzige Kraft, die den divergierenden Tendenzen entgegenwirkte und den zerbröckelnden Staat noch zusammenhielt. Was wird geschehen, so sagte man sich, wenn diese zwei Augen sich einmal schließen! Es waren damals Bestrebungen im Gange, wenigstens im Kronland Böhmen die Gegensätze auszugleichen. Man berief den Landtag zusammen, und es schien, daß es dem neuen Statthalter Grafen Thun gelingen würde, die Einigung der Tschechen und Deutschen zustande zu bringen. Auf diesen Schein hin wurde er vom Kaiser in den Fürstenstand erhoben. Aber nun kamen die Heißsporne aus beiden Lagern und brachten wieder alles zu Fall. Auf deutscher Seite zeichnete sich in dieser Hinsicht besonders aus der evangelische Pfarrer oder Senior (d. h. Superintendent) Dr. Zilchert.

Zilchert war ein unermüdlicher Sammler schöner Zitate. Er gab seine umfangreiche Sammlung später als Buch heraus, eine Frucht jahrzehntelanger Arbeit, und zwar unter dem bescheidenen Titel „Von A bis Z". Die Spötter sagten „Von Adam bis Zilchert", weil der Verfasser beim Sammeln alle Zeitalter durchlaufen hatte. Dieser Zilchert war also einer von jenen, die das Friedenswerk des Fürsten Thun zum Zusammenbruch brachten. Dabei hatte er in Leipzig bei dem berühmten positiven Theologen Luthardt studiert, der die friedlichen Ideen des Christentums in so eindringlicher Weise in seinen Vorlesungen propagierte. Als ich zur Eideserneuerung beim Fürsten Thun in Audienz war und er hörte, daß ich schon seit 1910 in Prag wirkte, sagte er: „Nun, dann kennen Sie den Prager Boden mit allen seinen Nachteilen." Damals lag sein Friedenswerk schon in den letzten Zügen. Die Radikalen auf beiden Seiten triumphierten und glaubten, etwas Großes erreicht zu haben. Zu den Förderern des inneren Friedens gehörte auch der berühmte Leibarzt des Kaisers, Dr. Kerzl, der für das leibliche Wohl des Monarchen so ausgezeichnet sorgte und es fertigbrachte, daß der Kaiser bis ins höchste Alter ein frisches, blühendes Aussehen hatte. Ein Schwieger-

sohn Kerzls war der Wirtschaftsminister Dr. Trnka. Bei
allen Kabinettswechseln behielt Trnka seinen Posten, so
große Stücke hielt der Kaiser auf ihn.

Die philosophische Fakultät der Prager deutschen Universität blieb bis 1919 ungeteilt und war sehr groß. Sie
hatte etwa 40 Professoren. Manche Fächer waren in Berlin
nicht stärker besetzt. Wir hatten z. B. vier Ordinarien für
Geschichte, wovon allerdings einer nur österreichische Geschichte las. Für Physik gab es drei Ordinariate, eins davon für kosmische Physik. Auch die Chemie war reich besetzt. Die deutschen Hochschulen profitierten von der
tschechischen Konkurrenz. Hatten die Tschechen in Wien
irgend etwas durchgesetzt, so ruhten die Deutschen nicht,
bis sie genau dasselbe erreicht hatten. Dafür sorgten schon
die Abgeordneten, von denen einige sogar zum Professorenkollegium gehörten. Es gab in der Fakultät zwei Parteien,
die sich heftig befehdeten. Die beiden klassischen Philologen, der Grieche (Hofrat von Holzinger) und der Lateiner
(Hofrat Rzach), waren Feinde und führten die beiden
Parteien. Holzinger hatte durch seine vornehme, sachliche
Art auch die Naturforscher für sich gewonnen. Er übte
keinerlei Zwang auf seine Anhänger aus. Nur bei ganz
wichtigen Abstimmungen gab er eine Parole aus, die dann
auch genauestens befolgt wurde. Rzach hatte in seinem
Schwiegersohn, dem berühmten Grillparzerforscher Hofrat
Sauer, eine wichtige Stütze. Aber der andere Germanist
Lessiak, ein Schüler des berühmten, nach München berufenen Professors Krauß, war schon wieder ein Anhänger
von Holzinger. Wenn alle Mann an Deck waren, hatte
Holzinger eine kleine Majorität. Seine Art zu sprechen
war wundervoll, kein Wort zuviel und keins zu wenig. Es
war ein Genuß, ihm zuzuhören. In seinem Fach hatte er
großes Ansehen. Er konnte in reinstem Attisch ohne jede
Vorbereitung eine Tischrede halten. Es gab Professoren,
die solche Tischreden gehört hatten. Holzinger war auch
ständiger Leiter der wissenschaftlichen Prüfungskommission,

bei der die Examina fürs höhere Lehramt gemacht wurden. Seine Geschäftsführung erregte allgemeinen Beifall. Trotz aller Sachlichkeit hatte er doch ein Herz für die Kandidaten, die meist aus den ärmeren Schichten stammten und ihr Studium nur unter großen Entbehrungen durchführen konnten.

Die beiden Philosophen Marty und Baron Ehrenfels waren Anhänger von Franz Brentano, ebenso der ao. Professor Oskar Kraus. Franz Brentano war ursprünglich Mönch gewesen, hatte das Kloster verlassen, sich der Philosophie zugewandt, eine Professur in Wien erlangt und dann sogar geheiratet. Ohne die Heirat wäre vielleicht alles gut gegangen. Aber diesen Schritt konnte man dem ehemaligen Mönch nicht verzeihen. Dazu war in Österreich der Einfluß der Kirche doch zu groß. Brentano verlor seine Professur. Er zog mit seiner schwer reichen Frau nach Italien und führte dort ein stilles Gelehrtenleben, das allerdings durch seine völlige Erblindung getrübt wurde. Der ehemalige Mönch behielt sein Leben lang etwas Seelsorgerisches in seinem Wesen. Er war überaus gütig und stets hilfsbereit. Alle, die ihn einmal besucht hatten, sprachen von ihm mit größter Verehrung. Ich habe es immer bedauert, daß ich nicht auch zu denen gehörte, die diesen Mann persönlich kannten. Brentanos philosophische Grundanschauung war eine sehr vernünftige. Er stellte die Psychologie in den Mittelpunkt. Sehr stark trat seine Gegnerschaft gegen Kant hervor. Da ich nun doch in Kants Philosophie aufgewachsen war, konnte ich mich mit den Prager Philosophen nie gut verstehen. Nur Baron Ehrenfels, der nicht so streng brentanistisch dachte, befreundete sich mit mir. Leider war er in Mathematik vollkommen ohne Kenntnisse. Er muß auch auf der Schule nichts in diesem Fach gelernt haben. Einer von uns Mathematikern erwähnte einmal im Gespräch mit Ehrenfels den Lehrsatz des Pythagoras, von dem der Philosoph nicht das geringste wußte. Er ließ sich den Satz nebst Beweis vorführen und erzählte dann überall, jener Mathematiker habe einen wunderbaren Lehrsatz über das rechtwinklige Dreieck gefunden.. Daß Pythagoras so etwas schon gekannt haben sollte, erschien ihm offenbar ganz unmöglich.

Der berühmte Prager Pädagoge Willmann, dessen Tochter mit dem Verleger Herder verheiratet ist, lebte, als ich an die deutsche Universität kam, schon im Ruhestande, und zwar in Leitmeritz. Ich habe ihn durch die Emausmönche kennengelernt und auch verschiedene Bücher von ihm gelesen. Er war eine überragende Persönlichkeit und philosophisch, und pädagogisch eine Koryphäe. Sein Nachfolger, Professor Toischer, aus dem Schulamt berufen, hatte es schwer, den Platz eines so großen Vorgängers auszufüllen.

Der Indologe Professor Winternitz, ein überaus lauterer Charakter, trat mir durch seine hochbegabten Söhne näher, die bei mir studierten. Einer von ihnen, Arthur Winternitz, hat sich später habilitiert und wirkt jetzt an einer englischen Universität. Der alte Winternitz war lange Jahre Mitarbeiter des berühmten englischen Indologen Max Müller gewesen und hatte sich über seine Zukunft nie Sorgen gemacht, die durch einen so großen und in der ganzen Welt angesehenen Protektor völlig gesichert erschien. Als Max Müller dann eines Tages starb, fand sich unter den englischen Indologen niemand, der Winternitz fördern konnte oder wollte. So war er genötigt, mit seiner Familie auszuwandern, und kam nach Prag. Hier fand er bei der philosophischen Fakultät der deutschen Universität tatkräftige Hilfe und erlangte eine Professur. Winternitz war ein großer Idealist und, wie seine Söhne, Anhänger von Marx. Er schloß sich dem Verein freie Schule an, der die klerikalen Einflüsse ausschalten wollte. Auch der Physiker Lampa wirkte in dieser Richtung. Dann gab es noch einen medizinischen Dozenten, Professor Raudnitz, mit großer Praxis, der mit ganz besonderer Leidenschaft in der Arena „Freie Schule" kämpfte und sich dadurch seine Hochschullaufbahn verdarb. Raudnitz hatte zwei schöne Töchter. Die ältere hatte sich am Genfer See, als ihre Eltern von einem Dampferausflug zurückkehrten und die Tochter schon an der Landungsstelle erblickten, im Augenblick der Landung durch einen Dolchstoß ins Herz getötet. Nun wurde nach diesem schrecklichen Erlebnis die zweite Tochter wie ein Kleinod behütet und in unvorstellbarer Weise verwöhnt. Sie durfte machen, was sie wollte. Die Eltern billigten alles. Nur mußte sie immer wieder versprechen, am Leben zu bleiben. Soviel ich weiß, hat sie dieses Versprechen auch wirklich gehalten. Man kann aber begreifen, daß die Eltern in ständiger Unruhe lebten, zumal die Tochter sehr exaltiert war und ihr Interesse bald dieser bald jener Sache zuwandte, aber nie rechte Befriedigung fand.

Der Archäologe Wilhelm Klein, mit dem auch Einstein sich sehr befreundete, interessierte sich lebhaft für mich. Da er den jungen Kunsthistoriker Alois Grünwald protegierte und ich die Grünwalds gut kannte, bestand schon lange, bevor ich an die Universität kam, eine Verbindung zwischen uns. Klein hatte seinerzeit in Wien Rechtswissenschaft studiert und war dann aus reiner Begeisterung Archäologe geworden. In Göttingen machte er weitere archäologische Studien und habilitierte sich später in Wien am selben Tage wie der Philosoph Thomas Masaryk, mit dem er Brüderschaft schloß. Wer hätte damals geahnt, daß Thomas Masaryk einmal Präsident des tschechoslowakischen Staates werden würde! Klein stammte aus einer rein jüdischen Familie und trat in Wien ohne Rücksicht auf den Widerspruch der Mutter und aller andern Verwandten zum katholischen Glauben über. Er war tief religiös und nahm es mit den kirchlichen Pflichten sehr ernst. Die jüdischen Kollegen in Prag, unter denen es viele überaus lautere Charaktere gab, wie Pick, Steinherz (Historiker), Winternitz und andere, hielten sich von Klein merklich fern. Sie glaubten, er wäre nur wegen der Karriere

Katholik geworden. Daß Einstein sich von Klein so gefangennehmen ließ, konnten sie nicht begreifen. Wenn wir aus unserm mathematischen Kolloquium kamen, an dem auch Einstein teilnahm, stand manchmal Klein am Ausgang unseres Instituts und entführte uns Einstein. Wir waren alle erstaunt, daß er sich das gefallen ließ, und fühlten uns ein wenig gekränkt. Die Stimmung blieb während des ganzen Abends etwas gedrückt, wenn es auch noch so gute Sachen zu essen gab. Klein hatte eine wunderbare Art, mit Menschen umzugehen. Er muß jenen Zauberring besessen haben, dem die geheime Kraft innewohnt, „vor Gott und Menschen angenehm zu machen". Zu seinen ganz intimen Freunden gehörten in Wien der Komponist Gustav Mahler und der bekannte Historiker von Kralik, in Prag der Schriftsteller Gustav Meyrink und die beiden Maler Krattner und Brömse. Der berühmte Komponist von Rezniczek war so eng mit Klein verbunden, daß dieser bei jeder Uraufführung einer Rezniczekschen Oper unbedingt dabei sein mußte, ob sie nun in Berlin oder Frankfurt oder sonstwo stattfand. Ich habe hier nur einige wenige Prominente aus dem ungeheuer großen Freundeskreise Kleins herausgegriffen. Man staunte oft, wenn er einem Grüße mitgab, wen er alles kannte. Der berühmte Brauer Jakobsen, dem Kopenhagen so viele hochherzige Spenden verdankt, lud einmal unsern Hofrat Klein zu sich, um ihm seine Kunstschätze zu zeigen, die dann später der Stadt Kopenhagen geschenkt wurden. Klein konnte sich mit einem solchen Freundeskreis schon sehen lassen. Sein mehrbändiges archäologisches Werk wurde von einigen Fachgenossen ziemlich scharf kritisiert, brachte ihm aber doch überall großes Ansehen. Er konnte nach einer solchen Leistung schon das Recht beanspruchen, sich auf seinen Lorbeeren etwas auszuruhen. Klein war ein großer Lebenskünstler. Er wußte sich sein Leben sehr angenehm zu gestalten. Alles Unangenehme glitt an ihm ab. In seinem reich ausgestatteten Institut hatte er eine Menge Gipsabgüsse, die natürlich alle paar Wochen entstaubt werden mußten. Sein Diener war früher Pferdeknecht gewesen und staubte die Gipse so derb ab, wie er früher seine Pferde gestriegelt hatte. Da ging vieles in Trümmer. Jeder andere Institutsdirektor hätte daraufhin einen Tobsuchtsanfall bekommen. Klein blieb ganz ruhig und sagte lachend: „Sie haben eine zu rauhe Hand." In Prag konnte man seine Gehaltsbezüge nur auf einem vorgeschriebenen, etwas umständlichen Wege beheben. Es mußte ein besonderer Zahlungsbogen ausgefüllt werden, der Diener mußte mit diesem Bogen zur Finanzprokuratur gehen und das Geld dort in Empfang nehmen. Ich war einmal dabei, als der Diener mit dem Geld erschien und es dem Hofrat abliefern wollte. Dieser machte eine unwillige Handbewegung und sagte: „Bringen Sie das zur Unionbank!" Er ahnte nicht, daß der Diener das Geld manchmal nicht auf die Bank trug, sondern für sich behielt. In seiner naiven Großzügigkeit kontrollierte Klein niemals seinen Kontostand, obwohl die Bank ihm regelmäßig Mitteilung darüber gab. Als er später heiratete, stellte Frau Hofrat Klein zum erstenmal fest, wie oft der Diener das ganze Monatsgehalt unterschlagen hatte. Auch darüber regte sich Klein nicht auf, weil nach seiner Meinung immer noch genug zum Leben da war. Bei dem Diener, der ein armer Teufel war, mußte man auf eine Wiedergutmachung von vornherein verzichten. Derselbe Diener ließ sich auch andere Unredlichkeiten zuschulden kommen. Er mußte oft kostbare archäologische Werke aus der Universitätsbibliothek ins Institut holen. Die Ausleihescheine unterzeichnete Klein. Wenn um Rückgabe gemahnt wurde, ersuchte er gewöhnlich telephonisch um Verlängerung. Er merkte nicht, daß der Diener einige von diesen wertvollen Prachtbänden verkauft hatte. Als schließlich einmal doch auf der Rückgabe bestanden wurde, stellte sich heraus, daß so und soviel fehlte. Natürlich wollte die Bibliothek die Bände ersetzt haben. Als Klein dies kaltblütig ablehnte, setzte man den

Dekan, damals Professor Toischer, in Bewegung. Dieser, ein ehemaliger Gymnasialdirektor, erschien, begleitet von dem Dekanatsschreiber, mit ernster Amtsmiene im archäologischen Institut, um den Hofrat zu verhören. Da kam er aber an den Unrechten. Nach langem Hin und Her sagte Klein schließlich: „Ich kann Ihnen gar nicht sagen, wie dumm Sie mir vorkommen." Der Dekan zog empört ab und hat vermutlich einen ganz bösartigen Bericht nach Wien geschickt. Der „Zwick" wird ihn mit größter Gleichgültigkeit zur Kenntnis genommen und ad acta gelegt haben. Es erfolgte nämlich nichts weiter.

Jener Diener mit der rauhen Hand, der die Gipse im Kleinschen Institut ruiniert hatte, wurde eines Tages von Frau Hofrat Klein in die Wohnung bestellt, um Teppiche zu klopfen. Es wurde ihm ein Berg von Teppichen gezeigt, die er nacheinander im Hof ausklopfen sollte. Er begann mit einem schönen Perser. Nach kurzer Zeit kam er wieder und hatte über dem Arm ein paar Lumpen hängen. So hatte er den wertvollen Teppich zugerichtet. „Schön sauber ist er nun", meinte er grinsend. Natürlich wurde auf die Fortsetzung dieser zerstörenden Reinigung verzichtet.

Klein hielt allwöchentlich an einem bestimmten Abend mit seinen nächsten Freunden einen Stammtisch. Auch konnte man ihn jeden Nachmittag im Café Radetzky am Radetzkyplatz treffen. Wenn man etwas mit ihm zu besprechen hatte, war es ihm am angenehmsten, daß man ihn dort aufsuchte. Immer saß er an demselben Tisch und auf demselben Platz und las virginiarauchend seine Zeitungen. Manchmal kamen mehrere Besucher. Das war dann für ihn eine besondere Freude. Sehr oft war ich auch bei ihm in der Wohnung und er bei uns. Spaziergänge machte er nicht gern. Dazu waren nach seiner Meinung die großen Ferien da. Er verbrachte sie seit vielen Jahren regelmäßig auf der idyllischen Adriainsel Curzola. Dort war er fast den ganzen Tag im Freien und genoß die

Herrlichkeiten der Landschaft. Man lebt auf Curzola wie im Paradies. In den Jahren des ersten Weltkrieges machte Klein den Versuch, seine Ferien wieder auf Curzola zu verbringen. Einmal gelang ihm das, und zwar brachte ihn ein österreichisches Torpedoboot nach der Insel. Wie leicht hätte es da eine kleine Seeschlacht geben können! Es patrouillierten ja auch feindliche Flotteneinheiten in den dortigen Gewässern. Die Vermutung verdichtete sich zu einem Gerücht, und als Klein zurückkehrte, wurde er darauf angesprochen, wie denn die Seeschlacht verlaufen sei. Solche Frozzeleien hatte er sehr gern.

In Prag gab es eine geistig sehr hochstehende Dame, Frau Berta Fanta, die ähnlich wie seinerzeit Madame de Staël einen Kreis von Intellektuellen um sich sammelte. Man las gemeinsam Hegel oder Fichte, wobei der Philosoph Dr. Hugo Bergmann, der Schwiegersohn der Frau Fanta, als Interpret fungierte. Er war damals Bibliothekar an der Universitätsbibliothek. Jetzt ist er Professor der Philosophie an der Universität Jerusalem und eine anerkannte Koryphäe. Wir staunten an diesen Fanta-Abenden über den geistigen Hochstand dieser Frau. Herr Fanta, der Besitzer der altberühmten Einhorn-Apotheke am altstädtischen Markt, war auch manchmal anwesend und hatte ebenfalls starke philosophische Interessen. Der Sohn, Otto Fanta, besuchte meine Vorlesungen und hing mit ganzer Seele an mir. Manchmal erschien auch Einstein auf diesen Abenden, ebenso der Philosoph Baron Ehrenfels, späterhin die Physiker Philipp Frank und Freundlich. Freundlich hielt einmal einen schönen Vortrag über die Plancksche Quantentheorie. Ein ganz regelmäßiger und sehr interessierter Teilnehmer an diesen Sitzungen war der Schriftsteller Max Brod. Ich habe ihm auch an einem jener Abende von Dreyers Biographie des Astronomen Tycho Brahe erzählt, die ihm das Tatsachenmaterial zu seinem berühmten Roman „Tycho Brahes Weg zu Gott" lieferte. Ich hielt einmal bei Frau Fanta einen großen Vortrag über Cantors transfinite Zahlen, der besonders auf Max Brod einen tiefen Eindruck machte. Auch Hugo Bergmann war sehr interessiert, weil er sich viel mit Bolzano beschäftigt hatte und dessen Paradoxien des Unendlichen kannte. Ich ging bei meinem Vortrag von den Ordnungszahlen aus, also von dem Wohlordnungsbegriff, der ja tatsächlich Cantors genialste Konzeption ist. Auf die Kardinalzahlen kam ich dadurch, daß ich mir eine gegebene Menge auf alle möglichen Arten in Wohlordnung gesetzt dachte. Da jeder solchen Wohlordnung eine Cantorsche Ordnungszahl entspricht, so gehört also zu jener gegebenen Menge eine Teilmenge oder Klasse innerhalb der Gesamtheit aller Ordnungszahlen, und in dieser Klasse gibt es dann eine niedrigste Ordnungszahl, weil die Ordnungszahlen eine wohlgeordnete Menge bilden. Die so gewonnene niedrigste Ordnungszahl wird als die Kardinalzahl der betrachteten Menge proklamiert. Sie ist die niedrigste oder Anfangszahl einer Cantorschen Zahlenklasse. Die Kardinalzahlen oder, wie Cantor sie auch nennt, die Mächtigkeiten, sind also nichts anderes als die Anfangsglieder seiner Zahlenklassen. In diesen Mächtigkeiten haben wir die Cantorschen Alephs vor uns. Seit Zermelo den Wohlordnungssatz bewiesen hat, wissen wir, daß es außer den Alephs keine andere Mächtigkeit gibt. Damit ist eine ungeahnt tiefe Einsicht in das Wesen des Unendlichen gewonnen, fast zu tief für den Menschengeist. Kein Wunder, daß dieser kühne Gedankenflug auf Paradoxien führt. Die Frage, welche Hemmungen man einführen muß, um die Paradoxien zu beseitigen, ist schwer zu lösen. Auch Zermelos Versuch in dieser Richtung blieb, wie der große Forscher selbst zugibt, noch mit Mängeln behaftet. Ich habe selten mit so überschwenglicher Beredsamkeit gesprochen wie bei jenem Vortrag. Lange Zeit hindurch wurden immer noch Gedanken darüber ausgetauscht.

Einmal erzählte ich auf einem Fanta-Abend von dem berühmten Prager Dozenten Seligmann Kantor, der sich zuerst an der deutschen Technik, dann an der Universität habilitiert hatte. Das war vor meiner Prager Zeit. Kantor war so arm, daß er keine Strümpfe besaß. Um sein einziges Paar Schuhe zu schonen, ging er auf der Straße barfuß und trug die Schuhe behutsam in der Hand. Irgendeinmal hat ein Droschkenkutscher, der auf seinem Bock thronte, über ihn gelacht, vielleicht weil er dachte: „Das ist einer, der nie mit mir fahren wird." Seitdem betrachtete Kantor alle Kutscher als seine Feinde und fürchtete, sie würden ihm einmal etwas antun. Man stelle sich nun vor, welchen Eindruck es machte, wenn er, mit den Schuhen in der Hand, barfuß ins Auditorium kam, aufs Podium stieg und die Schuhe behutsam neben das Katheder stellte. Er soll ausgezeichnet vorgetragen haben. Später wohnte er nicht in Prag, sondern in Leitmeritz, wo eine Brauereibesitzerstochter sich für ihn interessierte, so daß er nun weniger Sorgen um seine Existenz hatte. Nun gruben die Prager Professoren aus den Statuten einen längst vergessenen Paragraphen über das Wohnen am Hochschulsitz aus und drohten Kantor mit der Aberkennung der Venia legendi. Das Wiener Ministerium trat ihm, so gut es ging, schützend zur Seite. Schließlich aber siegte die Kleinlichkeit der Fakultät, die den bedauerlichen Schritt tat, einen so großen Mathematiker zum Rücktritt zu zwingen. Er zog nach Italien und ist dort wenige Jahre später gestorben. Die italienischen Kollegen haben ihn in einem schönen Nekrolog eingehend gewürdigt.

Frau Fanta hatte eine Schwester, die mit dem Prager Rechtsanwalt Dr. Freund verheiratet war und dem Klub deutscher Künstlerinnen präsidierte. Ihre Tochter, die Medizin studiert hatte, heiratete den sehr tüchtigen Philologen Dr. Biehal, der sich zunächst als Mittelschulprofessor betätigte. Er gab dem Sohn des Verlagsbuchhändlers Bellmann Privatstunden. Die Bellmann-Fahrpläne, die alljährlich im Sommer und Winter herauskamen und wegen ihrer praktischen Anlage großen Absatz fanden, bildeten eine gute und sichere Einnahme dieses Verlages und ermöglichten ihm andere, weniger einträgliche Unternehmungen. Eines Tages sagte der junge Bellmann zu seinem Lehrer: „Eigentlich tun Sie mir leid, Herr Doktor. Ein so kluger Mann wie Sie muß sich für so wenig Geld plagen. Wollen Sie nicht zu uns ins Geschäft eintreten? Der Vater hat mir gesagt, ich möchte Sie fragen. Kommen Sie doch einmal zu ihm!" Diesen Antrag brachte der junge Bellmann in so netter Form vor, daß Dr. Biehal wirklich an einem der nächsten Tage zu Herrn Bellmann hinging und nach kurzer Besprechung mit ihm einig wurde. Er stand von nun an auf einer ganz andern Basis und konnte nebenbei seinen wissenschaftlichen Interessen nachgehen. Ich habe ihm damals zu diesem Übertritt in einen freien Beruf zugeraten und erzählte ihm von der glänzenden Laufbahn meines Freundes Dr. Thesing. Dieser, ein Sohn des Tilsiter Oberbürgermeisters, hatte Zoologie studiert und war als wissenschaftlicher Berater in die Firma B. G. Teubner eingetreten. Nach mehrjähriger Tätigkeit beantragte er eine Besserstellung. Als diese abgelehnt wurde, ging er zum Verlag Veit & Co., der ihn sogar zum Teilhaber machte. Als Kapital, das er in die Firma mitbrachte, wurden seine geistigen Fähigkeiten betrachtet. Nun war er also Mitinhaber des berühmten Verlages Veit & Co. Als solcher besuchte er mich eines Tages in Prag und ließ sich von mir beraten, was man alles unternehmen könnte. Wir entwarfen in wenigen Stunden so viele Projekte, daß sein großes Notizbuch nicht ausreichte. Unter den damals ins Auge gefaßten Publikationen befand sich z. B. Hausdorffs Mengenlehre. Ich schlug ihm für jedes Buch immer gleich den richtigen Autor vor. Er stand damals am Beginn einer großen Reise durch alle möglichen Länder, also einer Weltreise. An Hand der Minerva, die ich in meiner Bibliothek stehen hatte, machten wir einen großen Plan, welche Städte und welche Professoren er besuchen sollte. Er war beinahe entschlossen, mich auf die große Reise mitzunehmen und sagte scherzweise: „Mit Ihnen Arm in Arm fordere ich mein Jahrhundert in die Schranken!" Nach seiner Rückkehr von dieser Werbefahrt machte er bei Veit & Co. so große Investitionen, daß den andern Chefs die Haare zu Berge stiegen. Sie taten noch einige Zeit mit, schlugen dann aber Dr. Thesing vor, aus der Teilhaberschaft gegen eine große Abfindung auszuscheiden. Er zog nach München und errichtete dort einen kleinen eigenen Verlag. Schon vor Jahren ist er gestorben. Ich traf ihn zuletzt so um 1930 in Wiesbaden. Seine Gesundheit war schwer erschüttert. Jener Dr. Biehal war lange nicht vom Format Dr. Thesings. Er ging seinen Weg vorsichtig und bedächtig und hat nie eine solche Enttäuschung erlebt.

Frau Berta Fanta starb, um dies vorwegzunehmen, auf tragische Weise kurz nach 1918. Damals hatte sich Dr. Bergmann entschlossen, mit Frau und Kindern nach Palästina auszuwandern. Frau Fanta schwankte sehr, ob sie mitgehen sollte. Um dort in der neuen Heimat irgendwie nützlich sein zu können, warf sie sich mit der ihr eigenen Energie auf die Kochkunst. Aber noch vor der Abreise wurde sie während der Arbeit von einem Herzschlag getroffen. Ihre Totenfeier im jüdischen Rathaus, dessen großer Saal dicht gefüllt war, bleibt mir unvergeßlich.

Am 28. Juni 1914 fielen die Schüsse in Sarajevo. Der Thronfolger Franz Ferdinand, von dessen starker Hand die Österreicher eine Reorganisation ihres Staates erwartet hatten, wurde das Opfer fanatischer Verschwörer. Der erste Weltkrieg brach aus und warf seine Schatten auch auf das Leben der deutschen Universitäten. 1918 brach Deutschland zusammen, Österreich zerfiel in seine Bestandteile.

Die Errichtung
des tschechoslowakischen Staates

Am 17. Oktober 1918 kehrten wir von unserer Ferien-
reise nach Prag zurück. Wir waren in Deutschland gewesen, wo schon die Anzeichen des nahen Zusammen-
bruchs deutlich hervortraten. Am späten Abend kamen
wir an und gingen vom Bahnhof Bubentsch mit unsern
Koffern zu Fuß nach Dewitz zu unserer Wohnung. Es
herrschte absolute Stille. Wir begegneten niemand. Merkwürdigerweise waren wir ganz ruhig und sorglos. Vor
unserer Abreise hatte man zwar von einem bevorstehenden
Umsturz allerhand gemunkelt. Wir verließen uns aber auf
die guten ungarischen Regimenter, die in Prag lagen, und
ganz besonders auf ein berühmtes egerländisches Regiment,
von dem es immer hieß: „Die Egerländer lassen nicht mit
sich spaßen." Und doch wurde am nächsten Tage der tschecho-
slowakische Staat ausgerufen. Als vorläufiger Machtträger
fungierte ein sogenannter Narodni vybor (Nationalausschuß),
dessen Mitglieder zum großen Teil tschechische Universitäts-
professoren waren. Zufällig war ich Zeuge dieses denkwürdigen Vorgangs. Ich fuhr am Morgen des 18. Oktober
in die Stadt, um mich nach dem Anfang der Vorlesungen
zu erkundigen. Als ich auf dem Wenzelsplatz ausstieg,
fiel mir auf, daß eine große Menschenmenge das Wenzel-
denkmal umdrängte, und ich sah, daß oben zu Füßen
des Reiterstandbildes ein heftig gestikulierender Redner
stand. Er proklamierte gerade den neuen Staat und verkündigte das Ende Österreichs. Dann wurden an allen

Amtsgebäuden die österreichischen Embleme entfernt und den Offizieren auf der Straße die Kokarden abgenommen. Letzteres besorgten Gruppen von tschechischen jungen Damen aus den oberen Schichten, die jeden Offizier anhielten und ihn höflich baten, ihnen seine Kokarde zu schenken. Die Prager Polizei war von Stund an aufgelöst, und eine meist aus tschechischen Straßenbahnern zusammengesetzte Polizei trat in Aktion. Am Abend fand eine große Kundgebung im Representacni dum (Repräsentationshaus) statt. Die österreichischen Generäle und die hohen Beamten fuhren vor und stellten sich, wie es hieß, der neuen Regierung zur Verfügung. In deutschen Kreisen hatte man sich den Verlauf ganz anders gedacht. Man hatte gedacht, die Truppen würden für den alten Staat kämpfen. Nichts dergleichen geschah. Dadurch aber wurde erreicht, daß der Umsturz ohne Blutvergießen vor sich ging. Um dieselbe Zeit gründete man unter Führung einiger angesehener Politiker den Staat „Deutschböhmen". Man berief sich dabei auf das „Selbstbestimmungsrecht der Völker".

An der deutschen Universität und ebenso an der Technik tagte zu jener Zeit der akademische Senat in Permanenz. Es wurde hauptsächlich die Frage erörtert, ob man sich dem neuen Staat unterordnen oder die Hochschulen lieber nach Österreich oder nach Deutschböhmen verlegen solle. Die Gehälter wurden noch lange Zeit hindurch aus Wien gezahlt. Dann trat noch vor Abschluß des Friedensvertrages von Saint-Germain seitens des Narodni vybor die Aufforderung an uns heran, der neuen Regierung schon jetzt den Diensteid zu leisten. Die Fakultäten wurden aufgefordert, hierzu Stellung zu nehmen. Dann erst wollte der akademische Senat seinen Beschluß fassen. Ich erinnere mich noch gut an die sehr bewegte Fakultätssitzung. Es gab zunächst einige Professoren, die bei dieser Gelegenheit feierlich erklärten, daß sie ihren Hofratstitel ablegten. Andere waren der Meinung, daß man den Titel ruhig weiterführen solle. Dann gab es auch zwei oder drei

Herren, die mit aller Entschiedenheit gegen die Ablegung des Diensteides sprachen. Einer von ihnen ging so weit, daß er in großer Erregung ausrief: „Und wenn alle den Diensteid leisten, ich leiste ihn nicht."

Dekan war damals noch der vorhin schon erwähnte Professor Toischer. Er nahm alles, was gesagt wurde, sehr ernst und gab am Schluß der Sitzung folgende Zusammenfassung: „Ich werde also dem Herrn Rektor berichten, daß alle Herren bereit sind, den Diensteid zu leisten, mit Ausnahme des Professors H., der sich nicht in den neuen Staat einordnen lassen will." Mit hochrotem Kopf sprang Professor H. auf und schrie: „Sie verdrehen meine Äußerung. So etwas habe ich nicht gesagt." Wir andern ersuchten dann den Dekan unter begütigendem Zuspruch, den Professor H. nicht besonders zu erwähnen, sondern nur zu berichten, die Fakultät erkläre sich für Ableistung des Diensteides. Damit war die Sache dann erledigt. Der Narodni vybor milderte das Verfahren noch in der Weise, daß jeder Professor einfach nur ein Schriftstück unterzeichnen mußte, das folgenden Wortlaut hatte: „Ich gelobe Treue dem tschechoslowakischen Staate und verpflichte mich, seine Gesetze und Verordnungen zu halten." Dies geschah im Dekanatsbüro. Auch Professor H. hat das kleine Blättchen unterzeichnet. Übrigens war von Deutschböhmen aus die Parole gegeben worden, man solle den Eid leisten. Das war für die meisten von entscheidender Bedeutung. Die Parole wurde durch einen Sonderkurier überbracht. Auch von Wien aus war mitgeteilt worden, es wäre nicht angängig, die Prager Hochschulen nach Österreich zu verlegen.

Nach einiger Zeit erfolgte der feierliche Einzug des Präsidenten Thomas Masaryk. Er kam aus dem Exil und war begleitet von einer Abteilung tschechischer Legionäre. Vertreter der Ententemächte beteiligten sich an dem Einzug. Man geleitete den Präsidenten auf die Prager Burg, dann ins Parlament, wo er den Eid leistete. Masaryk

wollte seinen Staat nach dem Muster der Schweiz einrichten. Er hielt jeden Freitag einen großen Empfang,
wozu Deutsche und Tschechen eingeladen wurden und in
beiden Sprachen konversiert wurde. Man hörte aber auch
Englisch, Französisch, Italienisch. Als die ersten Einladungen an uns deutsche Professoren herankamen, wurde
eine Senatssitzung gehalten. Ich war inzwischen zum
Dekan der philosophischen Fakultät gewählt worden und
nahm an dieser Sitzung teil. Rektor war damals der Theologe Naegle, der sich durch seine Arbeiten über den
heiligen Wenzel bei den Tschechen sehr unbeliebt gemacht
hatte. Es gab eine lange Debatte, ob man die Einladung
des Präsidenten annehmen sollte. Der Theologe Zaus, ich
glaube ein Egerländer, regte sich sehr auf, schlug mit der
Faust auf den Tisch und erklärte: „Wenn alle hingehen,
ich tue es nicht." Am selben Abend kam Hofrat Klein zu
uns. Er hatte die Einladung für den kommenden Freitag
erhalten, er und seine Frau waren eingeladen. Ich sollte
ihm raten, was zu tun wäre. Von meinem Rat wollte er
seinen Entschluß abhängig machen. Ich riet zur Annahme
der Einladung und bat ihn zugleich, nach dem Empfang
zu mir zu kommen. Das geschah dann auch. Klein war
sehr befriedigt und hatte sich nett mit Masaryk unterhalten, der gleich von Anfang an das Du aufrechterhielt.
Als ich fragte, wer denn sonst noch von unsern Professoren
dagewesen wäre, nannte er unter andern auch Zaus, der
jenes starke Wort über das Nichthingehen gesprochen
hatte. Am Morgen nach der Einladung erschien ein Diener
Masaryks in Kleins Wohnung und überbrachte eine Kiste
Virginiazigarren. Diese Aufmerksamkeit wurde noch einige
Male wiederholt.

Unter meinem Dekanat wurden gleich in den ersten
Monaten fünf außerordentliche Professoren zu Ordinarien
ernannt. Ich mußte ihnen als Dekan die Ernennungsschreiben aushändigen und den Diensteid abnehmen.
Letzteres geschah durch einfaches Unterzeichnen der Eides-

formel ohne Nachsprechen und ohne erhobene Schwurfinger. Ich war sehr erstaunt, im Anschluß daran zu hören, daß einige dieser Herren über die „Formlosigkeit" der Eidesleistung ihre Unzufriedenheit geäußert hätten.

Professor Spina, der bekannte Slawist, hielt auf Anregung der Regierung gut besuchte tschechische Sprachkurse für die Professoren und ihre Angehörigen.

Als Referent für die deutschen Hochschulen fungierte Ministerialrat Dr. Mlčoch, der früher im Wiener Kultusministerium gearbeitet hatte und den dortigen Geschäftsgang gut kannte. Es ging alles sehr glatt. Bei Besetzung vakanter Lehrstühle machten wir nur unico-loco-Vorschläge, so daß es ganz in unserer Hand lag, wen wir berufen wollten. Da der neue Staat die Professorengehälter erhöht hatte, war es leicht, gute Kräfte aus Österreich, ja manchmal sogar aus Deutschland zu gewinnen, obwohl Berufungen aus Deutschland von der Regierung nicht gern gesehen wurden.

Ich war übrigens der letzte Dekan der ungeteilten philosophischen Fakultät. Gegen Ende meiner Amtszeit erfolgte die Teilung der Fakultät in eine philosophische und eine naturwissenschaftliche. Ich mußte aber bis zum Schluß meiner zwei Dekansjahre beide Fakultäten leiten. Die Teilung wurde von der Regierung mit Rücksicht auf die bevorstehende Rektorswahl durchgeführt. Diese Wahl erfolgte in der Weise, daß jede Fakultät ihre vier Wahlmänner stellte. Man wollte den Rektor Naegle, dessen Tätigkeit der Regierung mißfiel, in die Minorität bringen und wußte genau, daß die Wahlmänner der naturwissenschaftlichen Fakultät gegen seine Wiederwahl stimmen würden, was dann auch tatsächlich geschah. Naegle fiel durch. Er war eine echte Kämpfernatur. Ich erinnere mich noch, wie schwer er zu überreden war, die Einladung der tschechischen Universität zu ihrer Rektoratsübergabe anzunehmen. Tschechischer Rektor wurde damals der Indologe Zubaty, ein Freund meines Freundes Anton Grünwald junior. Zubaty gehörte zu den ausgesprochen deutschfreundlichen Tschechen, deren es im alten Österreich so viele gab. Er war ein äußerst bescheidener und durchaus aufrichtiger Mensch.

In jenen Jahren 1918—1920 besuchte mich mein Bruder Arnold sehr oft und blieb manchmal, wenn er gerade Ferien hatte, drei bis vier Wochen. Er war noch unverheiratet. Im böhmischen Museum in Prag gab es eine große Anzahl von Bolzano-Manuskripten, die meinen Bruder sehr interessierten. Er bearbeitete damals Bolzanos gedankenreiches Werk „Von dem besten Staat". Ebenso durchforschte er die im Museum vorhandenen Purkyně-Manuskripte und entdeckte Purkynés schönes „Sonntagsbuch".

Ich besuchte mit meinem Bruder sehr oft die Tagungen der Kantgesellschaft, die unter Leitung des berühmten Kantforschers Vaihinger in Halle stand. Meist wohnte ich mit meinem Bruder als Gast Vaihingers in dessen Villa. Geheimrat Vaihinger war damals völlig erblindet. Meistens fuhren wir dann beide nach Königsberg, wo unsere Eltern seit meines Vaters Pensionierung wohnten. Wir benutzten von Swinemünde aus die schönen Schiffe des Ostpreußischen Seedienstes. Das waren wundervolle Seefahrten. Mein Bruder beschäftigte sich damals intensiv mit dem Ausbau seiner Buntordnungslehre, die ihm auch in den Kreisen der Mathematiker großes Ansehen brachte und z. B. von Wirtinger hoch anerkannt wurde.

Ich habe in Prag noch die Habilitation von Ludwig Berwald zur Verwirklichung gebracht, die vielleicht ohne meine ständige Ermunterung und ohne meine aktive Hilfe beim Habilitationsakt nie zustande gekommen wäre. So habe ich der mathematischen Wissenschaft einen bedeutenden Forscher und Lehrer zugeführt.

Als Nachfolger Einsteins beriefen wir Philipp Frank aus Wien. Er hatte dort eine ausgezeichnete Ausbildung in allen Zweigen der Physik genossen und war auch ein tüchtiger Mathematiker. Neben ihm kam auch Ehrenfest in Frage, ein äußerst impulsiver Herr. Er hielt noch vor Einsteins Abgang in unserm Prager Kolloquium einen wunderbaren Vortrag über Strahlungsprobleme. Die weitere Entwicklung war dann so, daß Einstein der Lehrstuhl des berühmten holländischen Physikers H. A. Lorentz angeboten wurde, der in den Ruhestand trat. Da Einstein lieber nach der Schweiz ging, gab er Lorentz den Rat, Ehrenfest zu nehmen, was dann auch geschah. So blieb uns Philipp Frank allein als Einsteins Nachfolger übrig. Lorentz muß man als einen Vorläufer Einsteins betrachten. Sein „Versuch einer Theorie der elektrischen und optischen Erscheinungen in bewegten Körpern" beschäftigte sich mit denselben paradoxen Tatbeständen wie Einsteins Relativitätstheorie, die ihn aber weit überholte. Das Bessere ist ein Feind des Guten. Philipp Frank hat in Prag eine starke Wirkung geübt. Sein Vortrag zeichnete sich durch Ruhe und Klarheit aus. Am Anfang jeder Stunde gab er einen kurzen Überblick über das zuletzt Vorgetragene. Frank hat sich auch auf dem Gebiete der Naturphilosophie betätigt. Außerdem war er ein Sprachengenie. Er beherrschte das Arabische und Syrische. Auch Frau Professor Frank, eine geborene Gerson, war von überlegener Klugheit. Beide erschienen auch oft auf den Vortragsabenden der Frau Fanta. Ich erinnere mich noch eines eindrucksvollen Vortrags über Relativbewegung, den Philipp Frank dort hielt. Baron Ehrenfels trat ihm mit scharfer Kritik gegenüber und suchte den Begriff der absoluten Bewegung zu retten. Viel wurde hin und her debattiert, ob man in der Physik ein absolutes Bezugssystem nötig hätte. Es kam keine Einigung zustande. Der Philosoph war unnachgiebig. Er hatte etwas von Carl Neumanns Körper Alpha gehört und schien zu glauben, das Dogma vom Körper Alpha wäre noch immer in Geltung.

Einstein hat in Prag einen grimmigen Gegner gefunden in dem Philosophen Oskar Kraus, dem schon einmal erwähnten eingeschworenen Brentanisten. Kraus war ursprünglich Jurist gewesen und hatte als solcher bereits eine Stellung bei der Finanzprokuratur bekleidet. Nebenbei hatte er sich auch als Dichter betätigt. In Reclams Universalbibliothek ist sein berühmtes Epos, die Meyeriade, erschienen. Kraus besaß an naturwissenschaftlichen und mathematischen Kenntnissen nur die spärlichen Erinnerungsreste aus der Schulzeit. So ausgerüstet stürzte er sich in den Kampf um die Relativitätstheorie, die er nur aus einer kleinen populären Schrift Einsteins kannte. Als Jurist klammerte er sich an Worte und suchte Widersprüche zwischen irgendeinem Satz auf Seite x und einem auf Seite y herauszupräparieren. In Prag hatte er mehrfach öffentliche Disputationen mit Einstein, bei denen natürlich nichts herauskam. Am Schlusse eines solchen Diskussionsabends gab Einstein ein kleines Violinkonzert. Das war der einzige Genuß, den dieser Abend dem Publikum brachte. Ich habe bei einer Tagung der Kantgesellschaft in Halle Gelegenheit gehabt, die Kraussche Einsteinkritik näher kennenzulernen. Es trat dort ein Physiker gegen den streitbaren Philosophen auf und sagte ihm ganz offen, daß er über physikalische Dinge doch nicht mitreden könnte. Einsteins Theorie ließe sich nicht durch logische Spitzfindigkeiten, sondern nur durch mathematisch-physikalische Argumente widerlegen. Wenn irgendeinmal ein Experiment gemacht würde, dessen Resultat wesentlich anders ausfiele, als Einsteins Theorie es voraussagte, dann wäre das eine bessere Widerlegung als irgendein noch so geistreiches Geschwätz. Der Kritiker, dessen Namen ich nicht mehr weiß, sprach mit großem Nachdruck und erntete starken Beifall. Die Kraussche Antwort machte wenig Eindruck. Er hatte in diesem philosophischen Kreis sicher ganz etwas anderes erwartet. Der große Kant erlebte einmal etwas Ähnliches, als er sich mit seiner neuen Schätzung der lebendigen Kraft aufs physikalische Gebiet wagte. Da hieß es: „Kant schätzt die lebendigen Kräfte, nur seine eignen schätzt er nicht.". Das wurde dem braven Kraus, der manchmal an seelischen Depressionen litt, von seinen Prager Freunden zum Trost vorgehalten. Sie ahnten allerdings nicht, wie hoch erhaben über Kant sich dieser Brentanist vorkam.

In Prag gab es eine Brentano-Gesellschaft, die öffentliche Vortragsabende veranstaltete. Ich hörte dort einmal einen rechtsphilosophischen Vortrag von Oskar Kraus. Dabei kam es ihm zugute, daß er Jurist war. Trotzdem wurde er in der sich anschließenden Diskussion sehr scharf angegriffen, besonders von dem Strafrechtslehrer unserer Universität, Professor Exner, und von einem Ehrenfelsschüler, dem Mittelschulprofessor Kampe, der in späteren Jahren bei der von Walter Hensel gegründeten Singgemeinde eine führende Rolle spielte. Exner stammte aus der in Österreich sehr bekannten „Exnerdynastie", die viele bedeutende Gelehrte hervorgebracht hat, zu denen z. B. der Wiener Physiker Exner gehört. Auf allen Gebieten der Wissenschaft ist der Name Exner anzutreffen. Über Kampe möchte ich noch sagen, daß er sich als getreuer Gefolgsmann des Barons Ehrenfels seinem Lehrer auch in der äußeren Erscheinung angepaßt hatte. Er trug denselben Bart und hatte dieselbe Frisur, ging auf der Straße wie Ehrenfels mit gesenktem Kopf, die Hände auf dem Rücken. Seine Sprechweise, ja sogar die Stimme war die seines Lehrers. Dieser geistreiche und überaus sympathische Mann machte später, als der Faschismus hochkam, seinem Leben ein Ende. Er sah voraus, daß ein hochgeistiger Mensch wie er in einer solchen Atmosphäre nicht leben konnte.

Baron Ehrenfels war nach Masaryks Einzug mit einem Drama „Der Legionär" hervorgetreten, das diese tschechischen Kämpfer verherrlichte. In den deutschen Kreisen, wo es eine ziemlich starke radikale Strömung gab, hatte er damit Anstoß erregt. Oskar Kraus schrieb damals einen Zeitungsartikel über Masaryk, der mit dem platonischen Ausspruch begann, daß es erst dann im Staate besser gehen würde, wenn entweder die Könige Philosophen oder die Philosophen Könige wären. Ich kann auf Grund meiner persönlichen Bekanntschaft mit dem Präsidenten, die ich meinem Freunde Klein verdanke, versichern, daß solche Bemühungen, sich in Gunst zu bringen, bei ihm völlig wirkungslos blieben. Masaryks Freund Drtina, Professor der Pädagogik an der tschechischen Universität, war damals Staatssekretär im Unterrichtsministerium. Er trat auf Wunsch Masaryks in allen Angelegenheiten der Universität mit mir in Fühlung, war aber sehr vorsichtig, ja fast ängstlich. Ich habe es nie verstanden, solche Beziehungen irgendwie auszunutzen. Manchmal konnte ich irgendeinem Bedrängten auf Grund dieser Verbindungen Hilfe bringen. Masaryks großes Buch über Rußland, von dem er selbst eine deutsche Ausgabe bearbeitet hatte, bildete oft den Gegenstand meiner Unterhaltungen mit dem Präsidenten. Ich mußte ihm von Sonja Kowalewski, von Lobatschewskij, Tschebytscheff und andern russischen Größen aus meinem Fach erzählen. Masaryk hatte, wie der große Physiker Ampère, über die Zusammenhänge unter den Wissenschaften nachgedacht und wünschte einen lebendigen Kontakt zwischen ihnen herzustellen. Mein Bruder hielt diese „synergistischen Tendenzen" für sehr wichtig, auch innerhalb einer einzelnen Wissenschaft, die nicht zu sehr in getrennte Domänen von Spezialisten zerfallen darf. Ich kannte durch ihn verschiedene Argumente, die sich zur Rechtfertigung solcher Bestrebungen anführen lassen. Das konnte ich alles bei meinen Gesprächen verwerten. Der Leipziger Philosoph Paul Barth, ein Verwandter des bekannten Wendenführers Dr. Barth, hatte Masaryk auch kennengelernt und sagte einmal zu meinem Bruder und mir, als er uns in Halle bei einer Kant-Tagung traf: „Sie haben bei Masaryk einen großen Stein im Brett." Wenn ich jetzt daran zurückdenke, so sehe ich mit Bedauern ein, wie töricht es von mir war, daß ich dieses große Wohlwollen so gleichgültig hinnahm. Masaryk hätte mich und meinen Bruder mit

Leichtigkeit an eine große amerikanische Universität bringen können. Wir waren damals nicht viel älter als 40 Jahre und konnten uns eine neue glückliche Zukunft sichern. Eine so große Chance ließen wir ungenutzt!

Die jüdische Bevölkerung Böhmens, die sich in ihrer Hauptmasse bisher immer zu den Deutschen gehalten hatte, fiel bald nach Gründung des tschechoslowakischen Staates vom Deutschtum ab und bildete fortan neben den Tschechen und Deutschen eine dritte selbständige Schicht. Man nannte scherzweise das Hebräische die dritte Landessprache. Max Brod gehörte mit zu den Führern dieser Bewegung. Eine Abordnung der neuen Volksschicht wurde vom Präsidenten empfangen. Die Deutschen waren wegen des Abfalls der Juden stark verstimmt. Auch an der Universität zeigte sich diese Verstimmung, obwohl keiner unserer jüdischen Kollegen sich an jener Bewegung beteiligte. Unter meinem Dekanat wollte sich ein Fräulein Dr. Moscheles, die Jahre hindurch bei uns Assistentin gewesen war, für Geographie habilitieren. Sie mußte unter jener Verstimmung, die gegen die Juden entstanden war, leiden. Rektor Naegle, von dessen radikaler Einstellung ich schon sprach, erschien in der Dekanatskanzlei und forderte mich auf, das Habilitationsgesuch abzuweisen. Die erste Dozentin an der deutschen Universität dürfe nicht Moscheles heißen. Der Vater von Fräulein Dr. Moscheles war übrigens ein angesehener Prager Rechtsanwalt und der berühmte Musiker einer ihrer Vorfahren. Ich erklärte dem Rektor, daß ich das Habilitationsverfahren bereits in Gang gesetzt und eine Kommission mit der Sache betraut hätte. Auf Wunsch der Kandidatin, die schon etwas von den aufgetauchten Widerständen gehört hatte, schickte ich eine Abschrift ihrer Habilitationsschrift an Professor Hassinger, der damals einen geographischen Lehrstuhl in der Schweiz bekleidete und als bedeutender Morphologe für die Beurteilung der Arbeit gerade der richtige Mann war. Sein Gutachten fiel überaus günstig aus, So hatte ich keinerlei Zweifel, daß die Habilitation gelingen würde. Leider gab es eine große Enttäuschung. In der entscheidenden Fakultätssitzung stimmten nur zwei Herren für die Zulassung des Fräuleins Dr. Moscheles, nämlich der Fachprofessor und ich als Dekan. Es geschah hier ein wirkliches Unrecht.

Noch ein anderer jüdischer Kandidat, Dr. Schleifer aus Wien, wurde damals bei der Habilitation abgewiesen, obwohl sich Professor Winternitz sehr nachdrücklich für ihn einsetzte. Schleifer war Ägyptologe, und da konnte die Ablehnung mit einer sachlichen Begründung unterbaut werden. Wir hatten in der Fakultät keinen Ägyptologen. Zur Not hätte allerdings unser Orientalist Hofrat Grünert Gutachter sein können. Aber man war eben, wie die Abstimmung zeigte, entschlossen, das Gesuch abzulehnen.

Über den alten Grünert möchte ich gern noch ein Wort sagen. Er hatte einen Sohn Felix, der sich als Dichter betätigte und sonst keinen Beruf ausübte, während z. B. Max Brod, der studierter Jurist war, im höheren Postdienst arbeitete und nur nebenbei, aber sehr ausgiebig, schriftstellerte. Felix Grünert war nur Dichter. Der Vater unterhielt ihn vollständig und erlaubte ihm sogar zu heiraten. Außerdem mußte er noch ganz erhebliche Aufwendungen machen, um die rein lyrischen Werke seines Sohnes in Druck zu bringen. Verkauft wurde davon sehr wenig, obwohl die Besprechungen recht günstig waren. Es gab in Prag eine große Anzahl von Dichtern und Schriftstellern, die nur von der Feder lebten, wie Franz Werfel, Hermann Essig, Else Lasker-Schüler und viele andere. Auch der berühmte Gustav Meyrink ist zu den Pragern zu rechnen, obwohl er nach traurigen Schicksalsschlägen, die ihn dort trafen, der Stadt den Rücken kehrte und sich am Starnberger See niederließ. Hugo Salus lebte nicht ganz von der Feder, war vielmehr von Beruf Frauenarzt. Die Prager Dichter hatten im Café Continental am Graben einen Stammtisch, wo man sie meist alle sehen konnte, wenn man durch einen angesehenen Mann, etwa Hofrat Klein, irgendeinmal dort eingeführt war. Ich habe manche schöne Stunde in diesem Kreise verlebt. Von den weniger berühmten Dichtern wurden dem alten Klein manchmal Verse zur Begutachtung vorgelesen. Man legte Wert auf sein Urteil. Ich erinnere mich noch, wie einmal Liebstöckl den Versuch machte, Klein etwas vorzulesen. Dieser wehrte sich ganz energisch dagegen. Der Dichter bat schließlich, von seinem neuesten Gedicht wenigstens eine Strophe lesen zu dürfen. Der Hofrat erwiderte lachend: „Jede Strophe ist für mich eine Strafe (österreichisch gesprochen ,Strofe‘)!“ Auch in den Weinstuben von Binder am altstädtischen Markt gab es einen Stammtisch von Schriftstellern. Man trank ein Viertel Wein und aß dazu Sandwiches, die herumgetragen wurden. Als ich dort einmal mit Hofrat Klein erschien, sagte einer der Herren zum Kellner: „Herr Ober, bringen Sie mir jetzt noch ein akademisches Viertel!“ Eigentlich hatte er gerade vor zu zahlen. Die Unterhaltung war geistsprühend. Es waren eben auserlesen kluge Leute. Wo aber der alte Klein dabei war, führte er das Wort. Er übertraf doch bei weitem alle andern.

Ich habe in Prag auch den berühmten Angelo Neumann kennengelernt, der den Posten des Generalintendanten der beiden deutschen Theater bekleidete. Das eine dieser Theater, gerade das alte Landestheater, wo Mozart den „Don Juan“ dirigiert hatte (1787), wurde uns dann von den Tschechen genommen. Man tröstete uns damals mit dem Gerücht, daß es gründlichst verwanzt sei. Ich habe aber in dieser Hinsicht von tschechischer Seite nie eine Klage gehört. Angelo Neumann war ein Mann von Weltruf. Ich brauche seine Verdienste nicht besonders hervorzuheben. Was mich immer besonders rührte, war die unendliche Liebe und Fürsorge, mit der er seinen Sohn, den bekannten Indologen, behandelte. Dieser ist durch sein schönes Buch „Die Reden des Gautama Buddha“ weithin bekannt geworden. Der Vater begleitete den Sohn auf alle Kongresse und warf überall das ganze Gewicht seines Ansehens für ihn in die Waagschale. Angelo Neumann war damals mit der Schauspielerin Buska verheiratet, die sich von einem ungarischen Grafen hatte scheiden lassen. Sie wurde meist noch mit „Frau Gräfin" angeredet. Eines Tages stellte sich ein neu engagierter Schauspieler dem allgewaltigen Generalintendanten vor. Er sagte zum Schluß: „Es wäre mir eine Ehre, Ihrer Frau Gemahlin vorgestellt zu werden." „Sie meinen, der Frau Gräfin", lautete die Antwort, worauf der Schauspieler in seiner Bestürzung erwiderte: „Jawohl, Herr Graf." Ich habe auch den Tod Angelo Neumanns in Prag erlebt und war bei seinem Begräbnis anwesend. Sein Nachfolger wurde der Chefredakteur des „Prager Tagblatts", Herr Teweles, kein Mann vom Theater, sondern ein Journalist. Teweles wirkte mit seiner gepflegten äußeren Erscheinung wie ein englischer Lord. Daher nannte man ihn gewöhnlich „Tjuels". Mit Angelo Neumann konnte er sich so wenig vergleichen wie Bülow mit Bismarck. Wir haben dem großen Neumann noch lange nachgetrauert.

Schon unter meinem Dekanat gingen zwei unserer Professoren ins Reich, wie man damals kurz sagte. Der Anglist Brotanek, der aus Wien gekommen war, wurde an die Technische Hochschule Dresden berufen, wo es eine sehr gut besetzte allgemeine Abteilung gab, der klassische Philologe Klotz nach Erlangen. Beide Herren mußten ihren neuen Behörden ein Dokument über ihre Entlassung aus dem tschechoslowakischen Staatsdienst vorlegen. Ich beantragte beim Prager Unterrichtsministerium die beschleunigte Ausstellung dieser Dokumente und sprach, als sie in vierzehn Tagen noch nicht da waren, persönlich im Ministerium vor. Ministerialrat Dr. Mlčoch sagte mir, er habe ein solches Dokument noch nie ausgestellt und müsse sich eine Vorlage aus Wien beschaffen. Nach vier Wochen erschien ich wieder, um mich wegen der Sache zu erkundigen. Die Vorlage war noch nicht da. Es hat fast ein halbes Jahr gedauert, bis die erbetenen Entlassungsdokumente endlich herauskamen. Inzwischen waren die beiden Professoren schon ganz ungeduldig geworden. Als ich selbst im Herbst 1920 einem Ruf nach Dresden folgte, dauerte es über ein Jahr, bis ich das Entlassungsschreiben erhielt. So lange hielt man mir meine Stelle in Prag noch offen in der Hoffnung, ich würde zurückkehren, weil damals die Lebensbedingungen in Deutschland wirklich sehr ungünstig waren. Mein Entlassungsschreiben, unterzeichnet vom Minister Dr. Šrobar, einem slowakischen Arzt, begann mit den Worten: „Da alle Bemühungen, Sie in unserem Staatsdienst zu halten, leider gescheitert sind, muß ich mich entschließen, Ihnen die erbetene Entlassung aus diesem Dienste zu gewähren." Dann folgten anerkennende Worte über meine wissenschaftliche und akademische Betätigung. Von jenen Bemühungen hatte ich übrigens nichts bemerkt. Es waren nur höfliche Worte, hinter denen Tatsächliches nicht steckte.

Als die Huslegionäre aus Rußland nach Prag zurückkehrten, brachten sie kommunistische Ideen mit. Schon vorher gab es in Böhmen eine kommunistische Partei und eine Freidenkerbewegung. Als man aber in den ersten Tagen des Umsturzes die Marienstatue auf dem altstädtischen Markt vom Sockel herunterriß und sie an einem um ihren Hals geschlungenen Seil johlend durch die Straßen schleifte, haben gutgesinnte Tschechen Tränen vergossen. Als nun die Huslegionäre einrückten, hegte man in katholischen Kreisen Besorgnis, daß die antikirchliche Bewegung eine Stärkung erfahren könnte. Präsident Masaryk, selbst nicht Katholik, sondern Protestant, wollte um keinen Preis eine Störung der Ruhe zulassen. Es war tatsächlich nötig, daß er eingriff. Es fanden bereits große Kundgebungen auf dem Wenzelsplatz statt, wobei Fahnen mit der Inschrift „Za velkym Leninem" (Für den großen Lenin) entfaltet und heftige Reden gehalten wurden. Masaryk hat in jenen

Tagen in den inneren Höfen der Prager Burg Besprechungen mit Abordnungen der Huslegionäre geführt und die politischen Probleme ganz offen mit aller Ruhe erörtert. Es gelang ihm, neue Erschütterungen des jungen Staates abzuwenden. Merkwürdig war es, daß gerade die links stehenden tschechischen Politiker schon damals ganz besonders scharf gegen die Deutschen eingestellt waren. Bekannt sind die harten Worte der tschechischen Sozialistin Zeminova, die sie den Deutschen an den Kopf warf: „Wir haben euch gejagt und wir werden euch jagen."

In keinem Parlament sind wohl so eingehend grundlegende Weltanschauungsfragen behandelt worden wie in der ersten tschechischen Volksvertretung, die nicht auf Grund einer Wahl, sondern durch Ernennungen zustande gekommen war. Hier hat der tschechische Philosophieprofessor Krejči' ein radikaler Freidenker, scharfe Reden gegen Kirche und Religion geführt und die Existenz Gottes bestritten. Der schon einmal erwähnte Theologieprofessor Kordač suchte ihn zu widerlegen und sprach stundenlang über die verschiedenen Beweise für das Dasein Gottes, wie sie von Philosophen und Theologen gegeben worden sind. Da im Parlament absolute Redefreiheit herrschte, konnte der Redner alles nur Erdenkliche vorbringen. Es wurde erzählt, daß Kordač die Gemüter tief bewegte. Diese Reden von Kordač sollte irgend jemand einmal aus den Parlamentsakten herausschreiben, ebenso die von Krejči. Daraus ließe sich ein schönes Buch aufbauen unter dem Titel: „Ein Parlament verhandelt über das Dasein Gottes." Krejči und Kordač waren zwei hervorragend begabte Männer. Ich habe beide gekannt. Krejči hatte auch sonst sehr radikale Ansichten. Einen jungen Studenten, der aus Mähren stammte und bei ihm den Doktor machen wollte, fertigte er mit den Worten ab: „Die Mährer mag ich nicht. Sie sind meistens Lügner." Er war wegen seines heftigen Temperaments sehr gefürchtet, hatte aber auch eine Menge blinder Verehrer, denen gerade dieses Temperament besonders imponierte. Wie stark unter den Tschechen die verschiedenen Richtungen damals vertreten waren, weiß ich nicht mehr. Er wurde aber immer gesagt, daß die tschechischen Bauern sehr kirchlich eingestellt seien. Andererseits waren die Industriearbeiter äußerst radikal, z. B. im Gebiet von Kladno nahe bei Prag, wo es bedeutende Eisen- und Stahlwerke gab, darunter die berühmte Poldi-hütte. Auch dort hatte mein Freund Klein seine Verbindungen. Wir fuhren einmal mit unsern Frauen für einen ganzen Tag nach Kladno und ließen uns in der Poldihütte alles zeigen, waren sogar Mittagsgäste der Werkleitung, alles dem Hofrat Klein zu Ehren. Zum Abschied erhielten wir kleine Geschenke aus Kladnoer Stahl. Die Kladnoer Arbeiter waren fast zu hundert Prozent Kommunisten. Sie leisten eine sehr harte Arbeit. Andererseits genießen sie aber auch viele Vorteile. Z. B. gab es eine ausgezeichnete Werkküche, in der eine kräftige, abwechslungsreiche Kost zubereitet wurde. Der Speisenzettel war bereits in den Vormittagsstunden außen angeheftet, damit sie sich schon vorher auf das gute Mittagessen freuen konnten.

Als die ersten Gerüchte über meine Berufung nach Dresden in Prag auftauchten, lange vor dem Abschluß der Verhandlungen, sprach mich Hofrat von Holzinger an und bat mich, zugleich im Namen anderer Kollegen, doch lieber in Prag zu bleiben. Er meinte, für einen ausgesprochenen Wissenschaftler bedeute der Übergang von der Universität zur Technischen Hochschule immer eine Verschlechterung, auch im Falle einer finanziellen Besserstellung. Man sei an der Technischen Hochschule viel stärker mit rein unterrichtlicher Tätigkeit belastet und außerdem sei das kein Unterricht, sondern mehr eine Abrichtung. Dieser österreichische Ausdruck stammt vom österreichischen Militär und bedeutet so viel wie Drill. Rekruten wurden in Österreich „abgerichtet". Anderswo heißt es Exerzieren. Abrichten tut man Hunde. Holzingers Argumente leuchteten mir sehr ein. Aber andererseits sagte ich

mir, daß es doch besser ist, wenn man in jüngeren Jahren
einen Wechsel vornimmt, weil es manchmal im Alter nicht
mehr geht. Holzinger gegenüber äußerte ich das nicht,
weil er selbst ein alter Herr war. Auch meine Frau hatte
den dringenden Wunsch, aus Prag herauszukommen. Sie
konnte sich dort nie ganz richtig einleben. Ihre Abneigung
gegen alles Tschechische war nach den Vorgängen der letzten Zeit immer mehr gewachsen. So ließ ich also die Berufungsverhandlungen mit Dresden ruhig weitergehen und
wurde durch meinen Freund Brotanek über alles genau
unterrichtet.

Dresden

An der Technischen Hochschule in Dresden gab es eine
Professur für reine Mathematik, die damals Martin Krause
bekleidete. Vor ihm hatte sie Axel Harnack innegehabt,
ein Bruder des berühmten Berliner Theologen. Vor Harnack
war Leo Königsberger Professor der reinen Mathematik
in Dresden gewesen, der jetzt in Heidelberg wirkte. Bei
ihm hatte Sonja Kowalewski studiert. Ich will hier rasch
eine kleine Begebenheit erwähnen. Vielleicht ist es auch
nur eine Legende. Als ich Sonja Kowalewski bei Königsberger vorstellte, im mathematischen Seminar der Universität, kam das Gespräch auch auf ihre Vorbildung.
Königsberger nahm aus dem Modellschrank ein einschaliges
Hyperboloid heraus und fragte Frau Kowalewski: „Was
ist denn das für eine schlanke Taille?" „Ein einschaliges
Hyperboloid", lautete die prompte Antwort. „Und diese
Korsettstäbe, die hier durch Einritzungen angedeutet sind?"
„Das sind die beiden Geradenscharen auf dem einschaligen
Hyperboloid."

Axel Harnack hat in der reinen Mathematik einen
guten Namen. Er starb an einem Herzschlag, der ihn in
der Vorlesung traf. Martin Krause erreichte ein hohes
Alter und hatte ein großes Ansehen. Hilbert sprach immer
mit besonderer Hochachtung von ihm, die noch dadurch
gesteigert wurde, daß Krause ein geborener Ostpreuße
war. Als Krause seine Emeritierung eingereicht hatte und
nun an die Besetzung der Professur herangehen mußte,
war sein erster Gedanke, mich zu berufen. Er trat mit so-

viel Wärme für diese Kandidatur ein, daß sich in Dresden das Gerücht verbreitete, Geheimrat Krause wünsche sich als Nachfolger einen Verwandten aus Ostpreußen. Noch bevor meine Ernennung herauskam, erkrankte er schwer. Da die Ärzte keine Hoffnung mehr geben konnten, wurde sein Sohn, der in Königsberg eine juristische Professur bekleidete, ans Sterbelager des Vaters gerufen. Ein Torpedoboot, das gerade von Pillau nach Swinemünde in See ging, nahm ihn mit, und so kam er noch rechtzeitig nach Dresden. Bei diesen letzten Unterredungen sagte Geheimrat Krause, wie der Sohn mir später erzählte, mit großer Befriedigung, er habe meine Ernennung im Ministerium noch unter Dach und Fach bringen können. Der Sohn nannte sich übrigens nicht Krause, sondern auf Grund alter Familienurkunden Kraus. Er war mit einer Amerikanerin verheiratet, die sich als Bildhauerin betätigte und auch die Büste ihres Schwiegervaters modelliert hat. Diese ließ ich später als Rektor der Technischen Hochschule in einem der Gänge des ersten Stockwerks aufstellen.

Wenige Wochen nach Krauses Tod erhielt ich den ersten Brief aus dem Dresdener Ministerium und wurde zu mündlichen Verhandlungen dorthin eingeladen. Der Hochschulreferent Ministerialrat Dr. Heyn, dessen Vater Professor an der Dresdener Hochschule gewesen war, hatte eine äußerst angenehme Art, solche Verhandlungen zu führen. Man glaubte fast im Wiener Ministerium zu sein. Die Gehaltsfrage war bald erledigt. Es herrschte damals eine ständig zunehmende Inflation. Daher hatte es überhaupt keinen Zweck, irgendeine Festsetzung zu machen. Ich wurde unter Anrechnung aller bisherigen Dienstjahre in die oberste Gehaltsstufe eingereiht. Bei der Wohnungsbeschaffung versprach das Ministerium bestens Hilfe zu leisten, bat mich aber, auch meinerseits in dieser Richtung alles zu versuchen. Ich wurde anschließend an diese Besprechung vom Ministerialdirektor Dr. Böhme empfangen, dem sächsischen Althoff. Auch wurde ein von beiden

Parteien unterzeichneter Vertrag aufgesetzt. Hinsichtlich der Staatsbürgerschaft passierte etwas Merkwürdiges. Ich war seit 1910 österreichischer Staatsbürger und hatte die preußische Staatsbürgerschaft auf Wunsch der österreichischen Regierung in aller Form aufgeben müssen. Ministerialrat Heyn meinte, ich brauchte keineswegs meine österreichische Staatsbürgerschaft fallen zu lassen, da Österreich nach der Weimarer Verfassung ein Bestandteil des Deutschen Reiches sei. Dieser Ansicht wurde allerdings die Grundlage entzogen, als die Ententestaaten darauf bestanden, daß jener Paragraph über Österreichs Angliederung keine Geltung haben sollte. Später wurde nur noch einmal die Frage meiner Staatsbürgerschaft berührt, als die sächsische Naziregierung meine Wahl zum Rektor der Technischen Hochschule verhindern wollte. Sie behauptete, ich hätte ja nicht einmal die deutsche Staatsbürgerschaft. Diese Auffassung drang aber nicht durch.

Es war ein merkwürdiger Zufall, daß in Prag neben uns ein Herr wohnte, der gleichzeitig mit mir nach Dresden kam, und zwar als tschechoslowakischer Konsul. Da unsere Wohnungen einen gemeinsamen Balkon besaßen, hatten wir die Familie Šoupa bald nach unserem Einzug kennengelernt. Nun kamen wir also gleichzeitig nach Dresden. Herr Šoupa hat mir dort bei der Beschaffung einer Wohnung tatkräftige Hilfe geleistet. Auf dem Wohnungsamt stand immer eine lange Schlange von Wartenden, und es ging sehr langsam vorwärts. Da schickte nun Konsul Šoupa jedesmal einen seiner Herren mit, der mich direkt zum Vorstand des Wohnungsamtes hinführte, ohne daß ich auch nur eine Minute zu warten brauchte. Das nützte aber auch nicht viel. Man wurde stets mit Versprechungen vertröstet. Kleine und mittlere Wohnungen gab es überhaupt nicht, nur wenige ganz große, die den meisten Mietern zu teuer waren. Da man beabsichtigte, diese großen Wohnungen zu teilen, was aber noch einige Zeit dauern sollte, gab man sie auch nicht her. Schließlich half uns Ministerialdirektor Dr. Böhme durch einen geharnischten Brief ans Wohnungsamt, er nannte ihn in seinem gemütlichen Sächsisch „ä Schreibche". Das half mit einem Schlage. Wir erhielten in der Johann-Georgen-Allee Nr. 31 eine Siebenzimmerwohnung, die den höchsten Ansprüchen gerecht wurde. Der Hausbesitzer hieß Fürstenberg und hatte, ein merkwürdiger Zufall, in Leipzig mit meinem Freunde Dr. Liebmann in derselben Pension gewohnt. Dr. Fürstenberg, ein sehr reicher Mann, übte keinerlei Beruf aus, was, so meinte er, Pflicht jedes Reichen ist, damit er den Ärmeren keine Stelle wegnimmt. Für die Verwaltung seiner zahlreichen großen Häuser hatte er einen besonderen Vertrauensmann, der nebenbei Bankbeamter war. Dieser kassierte allmonatlich die Mieten ein und nahm die Beschwerden und Wünsche der Mieter entgegen, eine äußerst angenehme Einrichtung. Die Inflation trieb die Wohnungsmieten immer höher und höher. Aber auch die Gehälter stiegen entsprechend. Jede Woche wurde gezahlt. Mit einem kleinen Koffer ging man zur Hochschulkasse und dann gleich anschließend zum Einkauf. Es war ratsam, das ganze Geld sofort auszugeben, da es schon am nächsten Tage eine geringere Kaufkraft hatte. In jenen Zeiten gingen nach meiner Erinnerung alle Leute viel schneller. Man mußte eben sehr viel an einem Tage erledigen, um ja nicht Schaden zu leiden.

Als wir nach Dresden kamen, waren wir entsetzlich abgemagert. In Prag hatten wir zuletzt Mangel an Mehl, Fett und Fleisch gehabt, ebenso an Kartoffeln, besonders im letzten Kriegsjahr und auch nachher. Dagegen gab es in Dresden schon wundervolles Weißgebäck und Butter. Dadurch, daß wir täglich soundso viele Buttersemmeln aßen, erholten wir uns sehr rasch und sahen bald wieder normal aus. Ein Kollege an der Technischen Hochschule, Professor Schneegans, hatte Verwandte auf dem Lande und versorgte uns reichlich mit Kartoffeln. Wir konnten in tschechischen Kronen zahlen, die als Edelvaluta galten.

Mein großes Konto bei dem Prager Bankhaus Fischl
& Bondi ging leider durch Zusammenbruch der Firma
gänzlich verloren. Aber wir hatten eine ganze Menge
Tschechenkronen mitgebracht, die wir nach und nach ver-
brauchten. Dadurch waren wir in einer günstigeren Lage
als viele andere. Außerdem schickten uns die Prager
Freunde durch die tschechischen Kuriere allerhand
Nützliches.

*

An der Technischen Hochschule Dresden gab es vier
mathematische Ordinariate und ein Extraordinariat. Die
großen Kurse für Ingenieure hielt ich im Wechsel mit
Professor Lagally, der aus München berufen war. Daneben wurden aber auch Lehramtskandidaten ausgebildet,
für die man sogar ein mathematisches Seminar eingerichtet
hatte, schon zu Krauses Zeiten. Professor Lagally war der
Nachfolger des zurückgetretenen Geheimrats Helm, der
die angewandte Mathematik vertrat. Professor Böhmer,
aus der Versicherungspraxis berufen, hatte einen neu er-
richteten Lehrstuhl für Versicherungsmathematik. Professor Ludwig war darstellender Geometer. Der ao. Professor Naetsch, ein Schüler von Geheimrat Krause, las die
verkürzte Mathematik für Chemiker und kleinere Kollegs
für Lehramtskandidaten.

Als ich meinen großen Kurs begann, benutzte ich die
erste Vorlesung, um das Lebenswerk meines Vorgängers zu
würdigen. Krause war einer der letzten gründlichen Kenner
der Theorie der elliptischen Funktionen in Jacobis Fassung
und hat darüber ein Buch geschrieben. Außerdem verdankt ihm die Kinematik eine beträchtliche Förderung.
Auch darüber gibt es ein schönes Buch von Krause. Ich
besprach im Zusammenhang hiermit auch Burmesters kine-
matische Forschungen, weil ich sie sehr genau kannte einschließlich seiner affingeometrischen Kinematik, die ich
selbst auf beliebige Transformationsgruppen erweitert

hatte, wobei ich z. B. für jede solche Gruppe eine Roll-
kurventheorie aufbaute. Zum Schluß behandelte ich noch
Krauses Arbeiten über Interpolation von Funktionen
zweier Veränderlicher, womit sich auch Fräulein Dr. Gei-
ringer, die Assistentin des Herrn von Mises, beschäftigt
hat. Auf diesem Gebiet gibt es bis heute noch manches
schöne Problem, das der Lösung harrt.

Ich richtete in Dresden ein mathematisches Kolloquium
ein und schaffte ein dickes Protokollbuch an, in das jeder,
der einen Vortrag hielt, ein eingehendes Referat eintragen
mußte. So konnte er sich, wenn es etwas Schönes war,
die Priorität sichern. Manche dieser Referate waren ausführliche Abhandlungen, was ich durchaus begrüßte. Wir
ließen manchmal Gäste aus Leipzig, Freiberg, Berlin
sprechen. Der Berliner Dozent Dr. Feigl, der später Professor in Breslau wurde, hielt uns mehrere topologische
Vorträge. Einmal behandelte er die Fixpunktsätze von
Alexander, ein anderes Mal trug er uns den neuen Beweis
des Jordanschen Kurvensatzes vor, den Erhard Schmidt in
den Berliner Akademieberichten veröffentlicht hat. Der Leipziger ao. Professor Levi sprach über kombinatorische Topo-
logie, später auch van der Waerden über Elimination,
worüber er und der amerikanische Mathematiker Lefschetz
soviel Neues ans Licht gebracht hat. Van der Waerden
hat in seiner Vortragsweise die Lebhaftigkeit eines Franzosen und übt eine ganz fabelhafte Wirkung auf seine Zuhörer aus.

Es blühte damals in Dresden ein schönes mathematisches
Leben auf. In der Nähe Dresdens lebte in stiller Zurück-
gezogenheit Herr Threlfall. Er beschäftigte sich mit
Poincarés topologischen Arbeiten. Auf meinen Rat machte
er in Leipzig unter Levis Patronat seinen Doktor und
habilitierte sich dann bei uns in Dresden, ebenso später sein
Freund und Mitarbeiter Seifert, der durch unsere Dresdener Ausbildung gegangen war und bei uns sowie in Leipzig
doktoriert hatte. Auf diese beiden Dozenten bin ich stolz.

Sie sind jetzt Professoren in Heidelberg und gehen dem-
nächst nach Princeton.

Aus Prag waren zwei meiner besten Schüler mit mir
nach Dresden gegangen, Amélie Weizsäcker aus der berühmten schwäbischen Familie, die so viele bedeutende
Gelehrte und Staatsmänner hervorgebracht hat, und Josef
Fuhrich, der als österreichischer Leutnant den Weltkrieg
durchgemacht und schweren Schaden an seiner Gesundheit
erlitten hatte. Amélie Weizsäcker, die Tochter eines hohen
Bankbeamten, erwarb noch in Prag mit einer schönen
Dissertation aus der natürlichen Geometrie den Doktorgrad. Während man gewöhnlich als Bezugsfigur ein ein-
zelnes Kurvenelement von geeignetem Grade benutzte,
wurde von ihr eine Bezugsfigur verwendet, die aus zwei
Kurvenelementen besteht. Diese beiden Kurvenelemente ließ
sie dann längs einer Kurve variieren. Sie stellte nach Cesàros
Muster Identitätsbedingungen auf und hatte nun die Möglichkeit, mit Hilfe dieses Instruments geometrische Sätze
zu gewinnen. Damit war für die geometrische Forschung
eine neue Quelle erschlossen.

Fuhrich war ein ganz besonders feiner Kopf. Er hatte
im Sprechen und Schreiben einen wunderbaren Stil. Ich
erinnere mich noch heute an seine schöne Abschiedsrede,
die er in meiner letzten Prager Vorlesung im Namen der
Hörer an mich richtete. Er wurde während des Sprechens
so von Rührung ergriffen, daß die Stimme versagte und
Tränen in seine Augen traten. Nur mit Mühe konnte er
die Fassung wiedergewinnen. In meinem Prager Seminar
war Fuhrich mit mehreren Vorträgen eindrucksvoll hervorgetreten. Er hatte sich sehr eingehend mit den verschiedenen Beweisen des Reziprozitätsgesetzes der quadratischen
Reste beschäftigt und darüber eine zusammenfassende Abhandlung geschrieben. In Dresden arbeitete er zunächst an
seiner Dissertation, die eine neuartige Berechnung der
Pickschen Fundamentalgrößen für ebene Transformationsgruppen zum Gegenstand hatte. Mit dieser Arbeit fuhr er,

ohne vorher anzufragen, nach Gießen und erwarb dort mit Professor Engels Hilfe den Doktorgrad. Dann folgte das Lehramtsexamen in Dresden. Er erhielt von Professor Ludwig ein geometrisches Thema über die Torusfläche. Diese wird, wie bekannt, von einem Kreis erzeugt, der um eine Gerade seiner Ebene rotiert. Fuhrich sollte nun untersuchen, ob sich dieser Torus auch dadurch erzeugen läßt, daß um dieselbe Achse eine Ellipse rotiert, die gegen die Achse passend geneigt ist. Wer nun etwas analytische Geometrie versteht, der übersieht sofort, daß der Fernschnitt des Torus der Ponceletsche Kugelkreis ist (doppelt zählend). Wenn nun eine Ellipse auf dem Torus liegen sollte, so müßten ihre Fernpunkte jenem Kugelkreis angehören. Diese Eigenschaft haben aber nur die Kreise. Die verlangte Untersuchung ist mit diesen wenigen Worten als völlig aussichtslos gekennzeichnet. Fuhrich schrieb nun seine Staatsexamensarbeit in der Weise, daß er sich über Kugelkreis und Kreispunkte eingehend aussprach und die Wichtigkeit dieser imaginären Gebilde hervorhob. Dann kam eine kurze Bemerkung über das vorauszusehende negative Ergebnis der geforderten Untersuchung. Der Professor hätte sich damit begnügen können. Er erklärte aber die ganze Arbeit für ungenügend, worauf Fuhrich eine Beschwerde ans Ministerium einreichte. Der für die Lehramtsprüfungen zuständige Referent war ein Geheimrat Schmidt, der mit uns Professoren sehr gut stand. Er gab dem Professor, der das unglückliche Thema gestellt hatte, recht und fand es anmaßend, daß der Kandidat daran Kritik zu üben wagte. Nun muß gesagt werden, daß Fuhrich schon in Prag ein ganz linksstehender Sozialist war. Er gehörte dem Vollzugsausschuß der sozialistischen Studentengruppe an. Ministerpräsident war damals in Sachsen Dr. Zeigner, ein extremer Sozialist, Unterrichtsminister der Sozialist Fleißner. Bei ihnen konnte Fuhrich auf Unterstützung rechnen, wenn der Konflikt weitergegangen wäre und wenn man, wie beabsichtigt wurde,

den rebellischen Kandidaten relegiert hätte. Glücklicherweise war man auf seiten der Professoren klug genug, den
Streit abzubrechen. Man erklärte, das Thema sei absichtlich
so gestellt worden, um den Scharfsinn des Kandidaten zu
erproben. Man müsse es als eine Vexieraufgabe betrachten.
Fuhrich verzichtete ganz darauf, in Dresden sein Lehramtsexamen zu machen. Er habilitierte sich an der Deutschen Technischen Hochschule zu Prag für Versicherungsmathematik und war dort später ein angesehener Professor.
In den Wirren der Revolution von 1945 kam er ums
Leben.

Fräulein Dr. Weizsäcker hatte bei ihrer Lehramtsprüfung in Dresden ebenfalls Schwierigkeiten, erreichte
aber doch ihr Ziel. Sie fand später eine Stellung am Statistischen Landesamt in Stuttgart, wohin ihre Eltern gezogen waren.

Unter meinen Dresdener Schülern ragten außer Seifert
noch zwei andere ganz besonders hervor, Alwin Walther
und Wilhelm Vauck. Walther hatte mit mir schon während
des Weltkrieges in Verbindung gestanden. Er las im Felde
meine Bücher und schrieb mir daran anknüpfend sehr oft
Feldpostbriefe. Nachher studierte er bei mir in Dresden.
Auch Vauck hatte den Krieg mitgemacht. Walther hat
nach absolvierter Lehramtsprüfung und wohlbestandenem
Doktorexamen mit einem Stipendium seiner Vaterstadt
Dresden noch in Göttingen bei Professor Courant weiter-
studiert und wurde sein Assistent. Courant verschaffte ihm
das Rockefellerstipendium und schickte Walther nach
Kopenhagen, wo er Nörlund bei der Ausarbeitung seines
deutschgeschriebenen Buches über Differenzenrechnung an
die Hand ging. Später hat sich Walther auf angewandte
Mathematik, besonders auf das numerische Rechnen, geworfen. Er wurde Professor an der Technischen Hochschule zu Darmstadt, wo er ein überall hochangesehenes
Recheninstitut schuf. Er ist einer der besten Kenner der
graphischen und numerischen Methoden. Wilhelm Vauck

war mit Fuhrich eng befreundet und stand ihm auch in den politischen Grundanschauungen sehr nahe. Er machte bei mir den Doktor mit einer schönen Arbeit über Bolzanos stetige, nirgends differenzierbare Funktion, die er so gründlich untersuchte wie einst Christian Wiener die Weierstraßsche Funktion. Vauck trat nach bestandenem Lehramtsexamen gleich in den Schuldienst und erhielt sehr bald eine Stelle in dem idyllischen Erzgebirgsstädtchen Thum. Er war ein enthusiastischer Musikfreund und heiratete eine Sängerin. Als Lehrer hatte er die größten Erfolge. Sein sonniges Wesen eroberte ihm die Herzen der Schüler, die mit Begeisterung an ihm hingen. Später kam Vauck an ein Realgymnasium in Bautzen.

Zuerst hatte ich mit Professor Lagally einen gemeinsamen Assistenten Dr. Müller, der bei Krause und Helm ausgebildet war. Später wurde noch eine zweite Assistentenstelle errichtet. Dr. Müller blieb bei Professor Lagally, und ich bekam als Assistentin ein Fräulein Wiegandt, die schon vor meiner Berufung nach Dresden ihr Lehramtsexamen mit Auszeichnung bestanden hatte und dann bei mir den Doktor machte mit einer Dissertation, in der sie die natürliche Geometrie der zehngliedrigen Gruppe aller Kreisverwandtschaften behandelte. Ich hatte in verschiedenen Abhandlungen gezeigt, wie man bei einer Gruppe von Berührungstransformationen eine solche Geometrie aufbaut. Durch Fräulein Wiegandt lernte ich die Studienrätin Dr. Apelt kennen, eine Tochter des bekannten Platoforschers, dem wir eine wundervolle Übersetzung der platonischen Dialoge verdanken. Der Vater dieses berühmten Mannes, den ich leider nicht mehr kennenlernte, war Professor in Jena und hat ein Buch über die durch Kepler inaugurierte Erneuerung der Astronomie geschrieben, wovon er damals auch Gauß ein Exemplar schickte. Fräulein Dr. Apelt zeigte mir einen Brief von Gauß, in welchem der große Mathematiker zu dem Inhalt jenes Buches Stellung nimmt und sich auch über Keplers astrologische

Betätigung äußert. Ich hatte mir vorgenommen, diesen Brief zu veröffentlichen und meine Bemerkungen anzufügen, bin aber nicht dazu gekommen.

*

In jenen Dresdener Jahren habe ich intensiv gearbeitet. Die Verpflanzung in einen andern Boden übte auf mich eine anregende Wirkung. Ich fand damals meinen Zweistämmigkeitssatz. In der allgemeinen natürlichen Geometrie gibt es die sogenannten Identitätsbedingungen, die ich in eine einzige Formel, die Identitätsformel, zusammenfaßte. Es treten in ihr zwei infinitesimale Transformationen der Gruppe auf. Ich entdeckte nun, daß man aus diesen beiden Grundtransformationen mit Hilfe der Lieschen Klammeroperation die ganze Gruppe gewinnen kann, die sich also in folgender Form darbietet:

$$X, \ (XY), \ (X(XY)), \ (X(X(XY))), \ldots$$

Man muß, wenn es sich um eine r-gliedrige Gruppe handelt, dieses fortgesetzte Klammern mit X so lange durchführen, bis man r Symbole vor sich hat. Ich habe diesen wichtigen Satz in den „Comptes rendus" der Pariser Akademie veröffentlicht (1925). Meine Arbeit wurde von Picard vorgelegt. Cartan war in der Sitzung anwesend und für das Ergebnis so interessiert, daß er einen neuen Beweis dafür erdachte, den er mir brieflich mitteilte. Ich habe dann noch in derselben Richtung weitergeforscht und z. B. eine Eigenschaft der projektiven Gruppe entdeckt, die keine andere Gruppe mit ihr teilt. Auch diese Arbeiten sind in der Pariser Akademie erschienen. Der Vorteil bei einer solchen Publikationsart besteht darin, daß jede Woche eine Sitzung stattfindet und die vorgelegten Arbeiten sofort in die Druckerei kommen. Außerdem sind die „Comptes rendus" über die ganze Welt verbreitet, ganz abgesehen von dem großen Ansehen der Pariser Akademie. Auch meine Arbeiten über Funktionenräume (Calcul fonctionnel, géométrie des fonctions) erschienen in den „Comptes rendus".

Das einfachste Beispiel eines Funktionenraumes erhält man, wenn die stetigen Funktionen $f(x)$ im Intervall $a \ldots b$ als Punkte eines Raumes betrachtet werden. Es ist nicht unzweckmäßig, sich das Intervall, um uns etwas populär auszudrücken, in „kleinste Teilchen dx" zerlegt zu denken und die Größen $f(x)\sqrt{dx}$ als die cartesischen Koordinaten des Punktes $f(x)$ anzusehen oder auch als die Koordinaten des Vektors, der vom Anfangspunkt $f(x)=0$ zum Punkte $f(x)$ hinführt. Als inneres Produkt der Vektoren $f(x)$, $g(x)$ wird, ganz analog wie bei gewöhnlichen Vektoren, die „Summe aller $f(x)\sqrt{dx} \cdot g(x)\sqrt{dx}$" erklärt. So nennt aber Leibniz das über $a \ldots b$ erstreckte Integral $\int f(x)g(x)dx$ (summa omnium $f(x)g(x)dx$). Orthogonal heißen die Vektoren $f(x)$, $g(x)$, wenn ihr inneres Produkt verschwindet. Wenn man das innere Produkt von $f(x)$ und $g(x)$ kurz mit (fg) bezeichnet, so gilt für n Vektoren $f_1(x), \ldots, f_n(x)$ die Ungleichung

$$\begin{vmatrix} (f_1 f_1) \ldots (f_1 f_n) \\ \cdot \quad \cdot \quad \cdot \\ (f_n f_1) \ldots (f_n f_n) \end{vmatrix} \geq 0,$$

Das Gleichheitszeichen tritt ein, wenn die Funktionen $f_1, \ldots, f_n$ in linearer Abhängigkeit stehen. Im Falle $n = 2$ hat man die berühmte Schwarzsche Ungleichung

$$(f_1 f_2)^2 \leq (f_1 f_1)(f_2 f_2)$$

vor sich. Nimmt man noch ein weiteres $f(x)$ hinzu und setzt voraus, daß $f_1(x), \ldots, f_n(x)$ ein orthogonales System von Einheitsvektoren bilden, so ist die Aussage

$$\begin{vmatrix} (ff) & (ff_1) \ldots (ff_n) \\ (f_1 f)(f_1 f_1) \ldots (f_1 f_n) \\ \cdot \quad \cdot \quad \cdot \quad \cdot \\ (f_n f)(f_n f_1) \ldots (f_n f_n) \end{vmatrix} \geq 0$$

gleichbedeutend mit

$$(ff_1)^2 + \ldots + (ff_n)^2 \leq (ff),$$

was Erhard Schmidt die Besselsche Ungleichung nennt. Sie spielt in Schmidts Dissertation über Integralgleichungen eine wichtige Rolle. Betrachtet man ein unendliches Ortho-

gonalsystem von Einheitsvektoren, so folgt aus der Bessel-
schen Ungleichung die Konvergenz der Reihe

$$(ff_1)^2 + (ff_2)^2 + (ff_3)^2 + \ldots,$$

deren Summe nie über (ff) hinausgeht.

Wenn das Orthogonalsystem ein vollständiges ist, so
besteht für jedes $f(x)$ die Gleichung

$$(ff_1)^2 + (ff_2)^2 + (ff_3)^2 + \ldots = (ff),$$

und wenn man f durch $\lambda\varphi + \mu\psi$ ersetzt, kommt man auf
die Gleichung

$$(\varphi f_1) \ (\psi f_1) + (\varphi f_2) \ (\psi f_2) + \ldots = (\varphi\psi).$$

Ein vollständiges Orthogonalsystem von Einheitsvektoren
wird auch als vollständiges Achsensystem im Funktionen-
raum bezeichnet, und (φf_1), (φf_2),... sind die Koordinaten von φ in bezug auf diese Achsen. Die obige Formel
ist dann das genaue Analogon der bekannten Formel für
das innere Produkt gewöhnlicher Vektoren.

Ich will diese Schilderung nicht weiter fortsetzen und
nur noch folgendes sagen: Wenn eine Funktion $F(x, y)$
vorliegt, wobei x in $a \ldots b$ und y in $c \ldots d$ variiert, so
entspricht jedem Wert von y ein Punkt im Funktionen-
raum. Läßt man y das Intervall $c \ldots d$ durchlaufen, so
erhält man einen Kurvenbogen im Funktionenraum. In
einer kleinen Arbeit „Les formules de Frenet dans l'espace
fonctionnel" habe ich gezeigt, daß es auch im Funktionenraum Frenetsche Formeln gibt. Es braucht kaum gesagt
zu werden, daß man es im Falle $F(x, y, z)$ mit einer zwei-
dimensionalen Mannigfaltigkeit im Funktionenraum zu
tun hat, und allgemein, wenn $F(x, y_1, \ldots, y_n)$ vorliegt,
mit einer n-dimensionalen Punktmannigfaltigkeit, wobei
noch auszuschließen ist, daß sich die Parameter $y_1, \ldots, y_n$
auf weniger als n reduzieren lassen. Auch für solche
Mannigfaltigkeiten lassen sich differentialgeometrische Betrachtungen durchführen. Das ist längst geschehen. Es läßt
sich aber noch viel mehr machen, wobei der von Erhard

Schmidt eingeführte Begriff der Integralpotenzreihe nützliche Dienste leistet. Ich konnte z. B. die Lieschen Begriffe Bewegungsgruppe, äquiforme Gruppe, Affingruppe, projektive Gruppe, konforme Gruppe auf den Funktionenraum übertragen und damit das Liesche Banner im Funktionenraum aufpflanzen. Für diese Dinge hat sich besonders der amerikanische Mathematiker I. A. Barnett interessiert, der auf vielen Gebieten unserer Wissenschaft mit bedeutenden Arbeiten hervortrat. Alle meine Ergebnisse über Liesche Gruppen im Funktionenraum wurden von der Pariser Akademie zur Veröffentlichung gebracht. In dem geplanten zweiten Band meines Buches über natürliche Geometrie und Liesche Transformationsgruppen bilden diese Untersuchungen ein großes Kapitel. Außerdem wird dieser Band alles das zusammenfassen, was ich in meinen zahlreichen Abhandlungen in den Leipziger, Münchener und Heidelberger Akademieberichten in dieser Richtung erarbeitet habe. Viele meiner gruppentheoretischen Forschungsergebnisse hat auch die Wiener Akademie publiziert. Z. B. erschienen dort mehrere umfangreiche Abhandlungen über projektive Gruppen, die nichts Ebenes invariant lassen. Cartan gelang es nachher, *alle* derartigen Gruppen zu bestimmen. Ich komme später nochmals auf meine Forschungsarbeit in Dresden zurück und will jetzt über einige andere Dinge berichten.

*

In Dresden gab es in der Industrie- und Handelswelt viele reiche Leute, die der Technischen Hochschule mit großen Spenden zu Hilfe kamen. Gerade die rein technischen Fächer brauchen immer viel Geld. In Preußen hatte Althoff schon lange die Einrichtung der „Freunde und Förderer" an den einzelnen Hochschulen geschaffen. So etwas gab es nun auch in Dresden. Z. B. bezahlte die sächsische Papierindustrie laufend eine Assistentenstelle, die dem Lehrstuhl für Faserstoffe angegliedert war. Der

Inhaber dieser Assistentenstelle, der Sohn des berühmten Zellulosefachmanns Munds, hielt kleine Kurse über Papiertechnik. Er kam aber leider nicht zur Habilitation. Sonst hätten wir mit der Zeit in Dresden einen Lehrstuhl für dieses Fach bekommen. Da es aber andauernd Hindernisse und Schwierigkeiten gab, kam uns Darmstadt zuvor, und später sagte das Reichsministerium, es genüge, wenn an einer der technischen Hochschulen des Reiches die Papiertechnik durch eine Professur vertreten sei.

Beträchtliche Spenden sind auch dem Bankhaus Arnhold zu verdanken, das mit Bleichröder in Berlin liiert war. Berühmt ist das große Schwimmbad, das Bankier Arnhold in der Nähe des Illgen-Stadions bauen ließ und der Stadt Dresden schenkte. Illgen gehörte ebenfalls zu dem Kreise der großen Wohltäter Dresdens. Er war von Hause aus Drogist und wurde ein reicher Mann durch Massenherstellung von Rattengift. Sein Rattengift lockte die Ratten ganz besonders sicher an, weil es in Bücklingsschachteln verpackt war und das Gift den Bücklingsgeruch gründlichst angenommen hatte. Das war eine glückliche Idee von Illgen. Als sie ihm kam, sagte er nichts und kaufte in großem Stil überall diese stinkenden Bücklingskistchen auf. Er hatte ungeheure Lager, die mit Bücklingskisten bis unters Dach vollgestopft waren. Dann kam die große Aktion. Sein Rattengift schlug jede Konkurrenz. Das Geld floß ihm in Strömen zu, brachte ihm aber kein Glück. Seine Frau verfiel in Irrsinn, und er selbst soll, wie erzählt wurde, einen sehr schweren Tod gehabt haben, wobei er immer von Rattenscharen phantasierte, die auf ihn eindrangen.

Von einem andern reichen Manne namens K., der ebenfalls zu den Wohltätern der Hochschule gehörte, wurde gesagt, er habe überall Strohmatten aufgekauft und eingelagert. Man hielt ihn für verrückt. Dann brach, als er Millionen solcher Matten beisammen hatte, zwischen zwei südamerikanischen Staaten ein Krieg aus, und es wurden Strohmatten gesucht, auf denen die Soldaten in ihren Zelten schlafen sollten. Nun konnte Herr K. seinen ganzen Vorrat auf einmal mit ungeheurem Vorteil losschlagen und war plötzlich ein reicher Mann. Er wurde Generalkonsul eines Balkanstaates und stieg in die oberste Gesellschaftsschicht auf. Übrigens war K. ein rührend guter Familienvater, der Frau und Kinder in phantastischer Weise verwöhnte. Seine beiden Töchter wünschten sich einmal zu Weihnachten halb im Scherz zwei schöne Reitpferde, gezäumt und gesattelt, und natürlich den zugehörigen Reitdreß. Der Weihnachtsabend kam. Auf großen Tischen türmten sich die Geschenke. Mit jubelnden Ausrufen wurde alles in Augenschein genommen. Reitkleider, Reithandschuhe, Reitgerten waren da und überhaupt alles, was eine fesche Reiterin braucht. Aber wo waren die Pferde? Oh, der gute Vater hatte auch dafür gesorgt. Das Bescherungszimmer lag im ersten Stock. Noch ehe die Töchter dazu kamen, nach den Pferden zu fragen, hörte man auf der Treppe lautes Gepolter. K. riß beide Türflügel auf, und nun trat ins Zimmer ein funkelnagelneu eingekleideter Reitknecht und führte zwei herrliche Pferde hinein. Einige Tage vorher hatte K. die ganze Familie und sämtliche Dienstboten ins Theater bzw. Kino geschickt und mit dem Hinaufführen der Pferde eine Generalprobe veranstaltet. Derselbe K. baute in Kairo ein Hotel, das mit monströsem Luxus ausgestattet war. Für dieses Hotel kaufte er aus den botanischen Gärten Deutschlands alles, was an Palmen aufzutreiben war. Schließlich geriet er durch solche tollkühnen Unternehmungen in Schwierigkeiten, ja sogar in einen großen Prozeß. Es gelang ihm aber, siegreich hindurchzukommen.

Der alte Bankier Arnhold, den ich schon kurz erwähnte, hatte mehrere Söhne, die sich alle in der Firma betätigten. Nach dem Tode seiner Frau stand ihm eine Nichte aus Bolivia, eine Frau Professor Poznansky, zur Seite, deren Sohn, ein hochbegabter junger Herr, bei mir studierte. Der junge Poznansky war auch ein großer Sportler und finanzierte verschiedene sportliche Unternehmungen der Dresdener Studentenschaft. Er kehrte später mit seiner Mutter nach Südamerika zurück. Sein Name ging eines Tages durch alle Zeitungen der Welt, weil er als erster im Faltboot den Titicacasee überquerte. Im Hause Arnhold fanden in größeren Abständen Vortragsabende statt, zu denen geladene Gäste erschienen. Diese Vortragsabende waren berühmt. Es wurde sehr viel Interessantes geboten. Nach dem Vortrag wurde man aufs beste mit auserlesenen Speisen und Getränken bewirtet. Wenn die Gäste sich verliefen, hielt Geheimrat Arnhold noch einige Bevorzugte zurück, um mit ihnen über die gewonnenen Eindrücke zu sprechen. Ich erfreute mich seines besonderen Wohlwollens und gehörte immer zu diesem kleineren Kreise. Er ließ uns dann mit seinem Auto nach Hause bringen. Der alte Herr war vielseitig interessiert und trat für alles Gute und Edle ein. Ihm lag auch das Wohl der unterdrückten Klassen sehr am Herzen. Er finanzierte in Dresden die Ortsgruppe der Liga für Menschenrechte, ebenso eine kleine Zeitschrift, die sie herausgab. Alles sah er von einer sehr hohen Warte, ähnlich wie der 1922 ermordete Walter Rathenau. Es war ein Erlebnis, mit Geheimrat Arnhold zu sprechen. Er ließ sich auch gerne von naturwissenschaftlichen Neuheiten erzählen, Relativitätstheorie, Atomphysik u. dgl., und machte dazu geistreiche Bemerkungen. Er hoffte, daß die fortschreitende Wissenschaft schließlich auch die Befreiung von aller Sklavenarbeit bringen würde.

In Dresden lebte als Privatgelehrter der Philosoph Dr. Mockrauer, ein guter Bekannter meines Bruders. Als Schüler des Kieler Philosophen Deußen interessierte er sich besonders für Schopenhauer. Er wirkte als Leiter an der großzügig organisierten Dresdener Volkshochschule. Mockrauer sprach einmal auf einem Arnhold-Abend über Gandhi. Es war ein ganz groß angelegter Vortrag. Der Redner hatte mit größter Hingabe und solchem Eifer ge-

sprochen, daß er nachher aussah, als hätte man ihn direkt
aus dem Wasser gezogen. Da der Vortrag fast zwei Stunden gedauert hatte, machte Geheimrat Arnhold den Vorschlag, die Diskussion, an der er immer besondere Freude
hatte, erst nach der leiblichen Erfrischung durchzuführen.
Nach fast einstündiger Erfrischungspause begann die Aussprache über den Vortrag. Auch der stark erschöpfte Dr.
Mockrauer war wieder ganz zu Kräften gekommen und
erntete bei der Diskussion neue Triumphe. Es zeigte sich
immer mehr, wie sehr er in Gandhis Gedankenwelt zu
Hause war.

Sehr interessant war auch ein Vortrag der Historikerin
Dr. Ulich-Bail. Sie behandelte prinzipielle Fragen der Ge-
schichtsforschung, z. B. die Frage, ob es erste Pflicht der
Geschichte ist, die Wahrheit zu ermitteln. Interessant waren
bei der Diskussion die Ausführungen von Dr. Ulich, der
in Leipzig Philosophie studiert hatte und jetzt im Dresdener Unterrichtsministerium als Hochschulreferent wirkte.
Auch Frau Dr. Ulich arbeitete als Oberregierungsrätin in
einem Ministerium. Dr. Ulich hatte später an unserer
Hochschule eine Honorarprofessur für Sozialpädagogik,
behielt aber seine Tätigkeit als Hochschulreferent bei.
Unter seiner klugen Leitung stiegen die sächsischen Hochschulen zu hoher Blüte empor. Nach dem Aufkommen des
faschistischen Regimes ging er mit seiner zweiten Frau,
der berühmten Menschenfreundin Elsa Brandström, nach
Amerika und wurde dort an der Harvard-Universität Professor für Sozialpädagogik. Elsa Ulich-Brandström ist vor
kurzem gestorben. Dr. Ulich war ein Freund von Dr. Mockrauer, und durch diesen wurde auch ich bald nach seinem
Amtsantritt mit ihm bekannt.

Als ich zum erstenmal Dekan der allgemeinen Abteilung
war, hatte ich viel mit Dr. Ulich zu besprechen. Es gab
bei uns eine ordentliche Professur für Hygiene, die früher
Geheimrat Renk bekleidete und jetzt ein aus München
berufener Professor Süpfle, der später an die Universität

Hamburg kam. Unter Renk hatte sich ein Dozent Dr. Conradi aus Halle nach Dresden umhabilitiert, ein ganz ausgezeichneter Bakteriologe, der in Berlin hervorragend ausgebildet war und von Robert Koch, dem genialen Schöpfer dieser Disziplin, protegiert wurde. Leider starb Koch schon 1910 und konnte für Conradi nichts mehr tun. Auch bei dem berühmten Ehrlich in Frankfurt hatte Conradi gearbeitet. Renk sorgte dafür, daß er in Dresden nicht hochkam. Wie so etwas gemacht wird? Das weiß ein erfahrener Professor schon. Man braucht ihn darüber nicht zu belehren. Eine bakteriologische Untersuchung des Dresdener Trinkwassers, bei der dieses Wasser nicht allzu gut abschnitt, erregte bei der Stadtverwaltung Mißfallen. Renk lenkte die Erbitterung auf Conradi ab. Dieser beging noch die Unklugheit, in einem Vortrag auf einer Dresdener Ärztetagung das ungünstige Untersuchungsergebnis beiläufig zu erwähnen. Daraufhin wurde er von der Stadt aufgefordert, das Dresdener Wasser neuerlich zu untersuchen, und erhielt für diese Mühewaltung ein kleines Honorar. Das war der harmlose Tatbestand. Nun waren von vorneherein Sympathien für den armen Conradi nicht vorhanden. Sein Vater hatte den Namen Kohn in Conradi umgeändert und die Kinder taufen lassen. Es herrschte im Dresdener Professorenkollegium ein gewisser Antisemitismus, und man hatte gegen Conradi eine starke Abneigung. Aus dieser Stimmung heraus erklärte man eines Tages, Conradi habe eine Erpressung gegen die Stadt begangen und absichtlich Beunruhigung in die Bevölkerung hineingetragen. In Wirklichkeit sei das Wasser ganz einwandfrei. Man wird unwillkürlich an Ibsens „Volksfeind" erinnert. Die Treibereien gegen Conradi hatten zur Folge, daß die Regierung ihn strafweise an ein Krankenhaus in einer kleineren Stadt versetzte und ihm dadurch die Fortsetzung der akademischen Tätigkeit unmöglich machte. Er setzte sich hiergegen zur Wehr, indem er gegen sich ein gerichtliches Verfahren wegen passiver Bestechung einleitete. Ein bedeutender Berliner Sozialdemokrat war sein Verteidiger. Das Urteil fiel eindeutig zu seinen Gunsten aus. Daraufhin hätte die Regierung die gegen Conradi verhängte Strafversetzung glatt aufheben können. Ich sprach für Conradi bei dem sächsischen Innenminister Lipinski vor, einem bekannten sozialdemokratischen Führer. Er hörte mich höflich und ruhig an und sagte dann: „Lieber Herr Professor, Sie meinen es sehr gut. Aber Sie kennen nicht Conradis Akten. Ich kenne sie genau und kann leider nichts für ihn tun." Ich machte noch die Bemerkung, daß oft in Geheimberichten allerhand Ungünstiges behauptet wird, was bei näherer Prüfung in nichts zerflattert. Man müßte da immer erst den armen Beschuldigten anhören. „Das würde zu weit führen", erwiderte der Minister kaltblütig. Ich sprach mein Bedauern über diesen Standpunkt aus und ging sehr enttäuscht fort. Auch andere Interventionen, die ich für Conradi durchführte, hatten dasselbe negative Resultat. Es bestand gegen ihn eine geschlossene Front.

Erfolgreicher war mein Eintreten für einen andern bedrängten Kollegen, den Physiker Dember, wie ich weiter unten ausführlich berichten werde. Das physikalische Ordinariat lag in den Händen von Professor Hallwachs, dem berühmten Forscher auf dem Gebiete der Lichtelektrizität. Sein erster Assistent war der ao. Professor Dr. Dember, der früher unter Warburg in Berlin gearbeitet hatte. Dember hatte sich in die Hallwachsschen Theorien tief hineingearbeitet und sie durch eigene Forschungen bereichert. Geheimrat Hallwachs selbst erklärte ihn für den besten Kenner auf diesem Gebiet und sagte mir des öfteren, daß er Dember zu seinem Nachfolger ausersehen habe. Kurz nach Absolvierung des Rektoratsjahres, das mit all seinen Geschäften und Sorgen sehr nachteilig auf die an sich schon erschütterte Gesundheit des allzu Pflichteifrigen einwirkte, starb Hallwachs. Ich erinnere mich noch an seine letzte Senatssitzung, die er mit den Worten schloß: „So, meine Herren, damit wäre ich jetzt fertig, und nun geht's ins Sanatorium. Leben Sie wohl!" Er ist gar nicht mehr ins Sanatorium gekommen, sondern schwerkrank zu Hause geblieben. Die letzten Tage bis zu seinem Ende trug er phantasierend ununterbrochen Physik vor. Er starb an einem eingewurzelten Nierenleiden, das in den letzten Jahren seine Sehkraft stark beeinträchtigte, so daß er im Kolleg vor die Brille noch einen Kneifer setzen mußte. Wenn er diesen einmal abgenommen und irgendwohin gelegt hatte, war er völlig hilflos. Er pflegte dann in seinem köstlichen Humor zu sagen: „So, meine Herren, jetzt ist wieder einmal der Augenblick gekommen, wo der Professor seinen Kneifer verlegt hat. Wer ihn liegen sieht, wolle es mir sagen." Sofort fand sich irgendeiner aus der ersten Sitzreihe, der helfen konnte, und dann ging es weiter. Hallwachs war ein ausgezeichneter Experimentator. Er hatte aber viel unter der Verständnislosigkeit der technischen Fachabteilungen zu leiden. Anstatt froh zu sein, daß man in Dresden eine solche Koryphäe hatte, machte man Hallwachs durch allerhand Quertreibereien des Leben schwer. Jede Abteilung wollte eigentlich ihr besonderes Physikkolleg mit soundsoviel Wochenstunden haben. Es kam zuletzt so weit, daß die Bauingenieure eine Stunde wöchentlich übersprangen. Der Professor sollte aber zusehen, daß er ihnen trotz dieser Lücken etwas Zusammenhängendes bot. Eine reine Unmöglichkeit! Hallwachs hatte in Straßburg und Berlin studiert und besaß ganz ausgezeichnete mathematische Kenntnisse. In seinem Besitz befanden sich wunderbar sorgfältige Nachschriften der Christoffelschen Vorlesungen. Christoffels Äquivalenztheorie der quadratischen Differentialformen, deren kommende Wichtigkeit der geniale Mathematiker vorausgeahnt hat, ist heute auch für den Physiker von größtem Interesse. Ich habe mich über solche Dinge oft mit Hallwachs unterhalten, der sich in Dresden etwas vereinsamt fühlte und viel zu lange dort geblieben war. Er hatte zur Frau eine Tochter von Kohlrausch, dem berühmten Präsidenten der physikalisch-technischen Reichsanstalt. Es gab in der Familie Hallwachs nur Töchter. Deshalb erwirkte der Geheimrat, daß sein ältester Schwiegersohn dem eigenen Namen noch „Hallwachs" anfügen durfte. Dieser Schwiegersohn starb aber nach wenigen Jahren und hat den Doppelnamen nicht lange geführt.

Einem alten, hochverdienten Mitglied des Dresdener Kollegiums, dem technischen Mechaniker Geheimrat Grübler, konnte ich dadurch eine Freude bereiten, daß ich die Gießener philosophische Fakultät anregte, ihm den Ehrendoktor zu verleihen. Er hat in der „Enzyklopädie" den Artikel „Technische Mechanik" bearbeitet und war dadurch, ebenso aber auch durch seine wichtigen Forschungen auf dem Gebiet der Getriebelehre, in den Kreisen der Mathematiker rühmlichst bekannt. Sein großes Werk über „Technische Mechanik" fand überall größte Anerkennung. Grübler hatte an dem berühmten Züricher Polytechnikum studiert und sich dort habilitiert. Er war dann nach Dorpat berufen worden, wo er bis zur Russifizierung (1889) wirkte. Alle deutschen Lehrkräfte gingen damals in die Heimat und fanden dort Stellungen. Grübler kam an die Technische Hochschule Charlottenburg, erhielt aber dort keine ordentliche Professur, weil kein Lehrstuhl frei war. Er hielt aber Vorlesungen und wurde von der Regierung besoldet. Dann ergab sich in Dresden eine Möglichkeit, ihn besser unterzubringen. Er wurde dort ordentlicher Professor. Bei den Verhandlungen muß es aber merkwürdig zugegangen sein. Man hatte unterlassen, ihm eine planmäßige Professur zu geben. Ob das absichtlich oder unabsichtlich geschah, ist schwer festzustellen. Als Grübler dann die Altersgrenze erreichte, was schon vor meinem Eintreffen in Dresden geschehen war, nahm das Ministerium von seinem Übertritt in den Ruhestand Kenntnis. Weiter erfolgte aber nichts. Grübler schob dies zunächst auf die bekannte Langsamkeit des Amtsschimmels. Als aber ein Monat nach dem andern verging und nicht das

Geringste zu hören war, bat er den Rektor um Intervention. Als dieser im Ministerium vorsprach, suchte man aus den Akten das betreffende Dokument heraus und stellte fest, daß keinerlei Pensionsanspruch gegeben sei. Auf Drängen des Rektors wurde zugesichert, beim Finanzminister eine Pensionsgewährung durchzusetzen. Dies ist schließlich auch gelungen. Als Grübler dann nach einigen Jahren starb, wurde dem Ministerium sein Tod gemeldet. Es kam als Antwort ein Beileidsschreiben an die Witwe, weiter aber nichts. Ein Monat nach dem andern verging. Die erhoffte Witwenpension blieb aus. Wieder intervenierte der Rektor. Man betonte, es bestehe nach dem mit Grübler seinerzeit abgeschlossenen Berufungsvertrag kein Anspruch. Dann wurde aber doch eine Pension bewilligt. Es fehlte jedoch der Zuschuß für den minderjährigen Sohn. Irgend etwas sollte offenbar erspart werden. Auf eine neuerliche Intervention wurde verzichtet.

Gleich in meiner ersten Dresdener Zeit war ich Zeuge einer großen Kampagne gegen einen Professor des Automobilwesens namens Hundhausen. Er wurde beschuldigt, für Automobilfirmen Gutachten über neukonstruierte Wagen abgegeben und die dabei gemachten Beobachtungen für eigene Zwecke verwendet zu haben. Der Senat stellte sich gegen den Professor. Am liebsten hätte man ihn vom Amt gebracht und einem gerichtlichen Verfahren preisgegeben. Aber der Sturm legte sich. Hundhausen, ein unerschrockener Westfale, wußte sich seiner Haut zu wehren. Ist es aber nicht traurig, daß ein Professor durch solche Kämpfe um seine Existenz in der wissenschaftlichen Arbeit gestört wird? Mit der einen Hand muß er am Aufbau seiner Werke arbeiten und in der andern das Schwert halten, um Angreifer abzuwehren, so wie in alten Zeiten die Erneuerer der Mauern Jerusalems. Wahrlich kein beneidenswerter Zustand! Als ich noch in Greifswald war, erzählte mir mein Freund Stosch sehr oft von dem Kieler Mineralogen Lehmann-Hohenberg. Dieser hochherzige

Mann, dem ein ungeheuerer Reichtum ermöglichte, freier als andere Sterbliche über alles zu reden, nahm sich sehr oft solcher schwer bedrängten Leute an, wie Hundhausen einer war. Nicht immer waren es Professoren, denen er Hilfe leistete. Seine Hilfe bestand darin, daß er das geschehene Unrecht in einem Zeitungsartikel anprangerte. Daraufhin verklagten ihn die Urheber des Unrechts wegen Beleidigung. Er konnte sich als reicher Mann den besten Anwalt nehmen und setzte es durch, daß der ganze Fall, der die Grundlage bildete, aufgerollt wurde. Auf diese Weise ist mancher zu Boden Getretene wieder hochgekommen. Ich gehörte immer zu den begeistertsten Verehrern Lehmann-Hohenbergs, habe ihn aber leider nicht näher kennengelernt, sondern nur auf einer Naturforscherversammlung eine kurze Unterhaltung mit ihm geführt.

Zum Nachfolger von Hallwachs im Rektorat wurde Geheimrat Gravelius gewählt. Er war von Hause aus Astronom und hatte bei Encke in Berlin als Assistent gearbeitet. Encke war Assistent bei Gauß gewesen. So konnte man also Gravelius als wissenschaftlichen Enkel von Gauß betrachten. Anfangs wirkte Gravelius als Mathematiker in Dresden, dann zog er sich auf die Meteorologie zurück und gehörte der Bauingenieurabteilung an. Gravelius hat Enckes Werke herausgegeben. Unter seinem Rektorat wurde um die Besetzung der großen Physikprofessur gekämpft. Ich erwähnte schon, daß Hallwachs großen Wert auf die Fortführung seiner lichtelektrischen Arbeiten legte und deshalb Dember als Nachfolger wünschte. Die Hochschule war geschlossen gegen Dember. Mit Gravelius konnte man wenigstens darüber reden. Dr. Ulich riet uns, ein Separatvotum für Dember einzubringen. Wenn dieses gut begründet wäre, könnte der Minister Fleißner die Ernennung durchführen. Ich verschaffte mir Gutachten von einigen bedeutenden Physikern. Das von Warburg war besonders günstig. Dann setzte ich ein Separatvotum auf und hob mit allem Nachdruck hervor, wie wichtig es wäre, die

Hallwachsschen Arbeiten weiterzuführen. Zum Schluß schlug ich dem Ministerium vor, Dember zu ernennen. Gravelius hatte ursprünglich versprochen, das Separatvotum mit zu unterzeichnen. Jetzt, wo es so weit war, erschrak er doch vor seiner eigenen Courage und meinte, er könnte noch besser für das Votum eintreten, wenn er es nicht unterschriebe. Irgendeinen andern Unterzeichner zu finden, war ganz aussichtslos. Wer nicht selbst Antisemit war, fürchtete sich vor der starken antisemitischen Strömung, die unter Professoren und Studenten der Hochschule herrschte. Ich habe bei solchen Gelegenheiten immer eine fast an Leichtsinn grenzende Unerschrockenheit bewiesen. Außerdem winkten mir gerade damals verschiedene Berufungsaussichten, so daß ich mich ganz unabhängig fühlte. Ich war mit meinen Gedanken schon ganz außerhalb Dresdens. So ging also mein Votum ohne irgendeine andere Unterschrift ans Ministerium. Dember war, wie man damals scherzweise sagte, *ein*stimmig für den Hallwachsschen Lehrstuhl vorgeschlagen. Ein noch unter Hallwachs habilitierter Physikdozent Dr. Wiedmann war auf Dember nicht gut zu sprechen und erzählte überall, daß ich Dembers Ernennung durchsetzen wolle, daß meine Mühe aber völlig vergeblich sei. Dember erhielt zunächst vom Ministerium die Anfrage, ob er eine Stelle an der Landeswetterwarte übernehmen möchte. Gravelius riet zur Annahme und brachte aus dem Ministerium die Nachricht, daß die angebotene Stelle ebenso vorteilhaft sei wie ein Ordinariat an der Technischen Hochschule. Professor Dember war schon halb und halb geneigt, auf das Angebot einzugehen. Offenbar wollte das Ministerium dem drohenden Konflikt mit der Hochschule aus dem Wege gehen. Ich vertrat den Standpunkt, daß man es dem verstorbenen Hallwachs schuldig wäre, Dember die Professur zu verschaffen. So riet ich ihm also zur Ablehnung des Kompromisses. Jetzt konnte der Unterrichtsminister die Ernennung Dembers nicht mehr umgehen. Er zauderte noch einige

Wochen, vielleicht in der Hoffnung, daß sich im letzten Augenblick noch ein neuer Ausweg darbieten würde. Ich erinnere mich noch gut, wie eines Tages das Gerücht auftauchte, die Ernennung würde doch nicht erfolgen. Ich ging mit Dember sofort ins Ministerium. Es hieß, Dr. Ulich sei im Landtag anläßlich der Etatsberatungen. Wir begaben uns sofort in den Landtag und konnten nach wenigen Minuten des Wartens mit Ulich sprechen. Er sagte, das Dekret sei gestern auf den Schreibtisch des Ministers zur Unterzeichnung oder, wie es dort hieß, zur Zeichnung hingelegt worden, ob er es jetzt schon unterzeichnet habe, wisse er nicht. Ich gab die Anregung, telefonisch im Ministerium anzufragen. Er verschwand in einer auf dem Gang befindlichen Telefonzelle. Nach einigen Minuten erschien er freudestrahlend und sprach die drei Worte: „Es ist gezeichnet." Nun konnten wir beide den guten Dember beglückwünschen, der sich eiligst nach Hause begab, um den Seinen die freudige Nachricht zu überbringen. Lange Jahre hindurch wurde ich von den Dresdener Professoren wegen dieses erfolgreichen Eintretens für einen jüdischen Kollegen schief angesehen. Dabei war ich nicht etwa der erste, der in Dresden so etwas wagte. Der berühmte Gurlitt, der an der Dresdener Hochschule auch nach seiner Emeritierung noch großen Einfluß hatte, war bei der Besetzung des Lehrstuhls für deutsche Sprache und Literatur für Walzel, also auch für einen Juden, eingetreten, vor meiner Berufung nach Dresden. Die allgemeine Abteilung rückte damals mit einer Liste an, die nach ihrer Meinung allen Ansprüchen gerecht wurde. Gurlitt war intim befreundet mit dem berühmten Wiener Generalintendanten Paul Schlenther, einem geborenen Ostpreußen, den auch ich einmal kennenlernte. Ihm schickte Gurlitt ein Telegramm: „Wen empfiehlst Du für unsere germanistische Professur?" Die Antwort lautete kurz und bündig: „Weitaus Bester ist Walzel-Bern." Daraufhin sorgte Gurlitt, daß die mühsam zusammengebrachten und eingehend begründeten Vorschläge der allgemeinen Abteilung unberücksichtigt blieben und Walzel berufen wurde. Niemand in Dresden wagte es, Gurlitt daraufhin etwa schief anzusehen. Man lobte vielmehr seine große Sachlichkeit. Walzel hatte übrigens an der Hochschule unter allerhand Anfeindungen zu leiden. Er erhielt bald nach 1920 einen Ruf nach Bonn, obwohl er nicht mehr der Jüngste war, und nahm diesen Ruf mit Freuden an. Es ist begreiflich, daß er Interesse dafür hatte, wie sein Lehrstuhl besetzt wurde. Wir hatten zwei Münchener Dozenten auf der Vorschlagsliste. Walzel schrieb, als er davon hörte, an einen Freund und gab seinem Mißfallen über diese Vorschläge Ausdruck. In seinem Brief kamen die scharfen Worte vor: „Ich danke für diese Münchener Küche." Man nahm ihm das sehr übel. Der Historiker Geß, einer seiner erbittertsten Feinde, hielt in der Abteilung eine heftige Rede gegen Walzel. Darin hieß es u. a.: „Wir haben diesen Mann hier ausreden lassen. Aber seine Frechheit geht zu weit." Man lehnte alle von Walzels Seite empfohlenen Herren a limine ab. Einer der beiden Münchener bekam die Professur. Walzel ist als Herausgeber und Erneuerer von Scherers Literaturgeschichte allgemein bekannt. Seine Vorlesungen hatten in Dresden einen ungeheuren Zulauf, auch aus den Kreisen der Dresdener Intellektuellen, die auf Grund eines Hörerscheins solche Vorlesungen besuchen konnten.

Meine guten Beziehungen zu dem schon einmal erwähnten tschechischen Generalkonsul Šoupa konnte ich zugunsten eines ehemaligen Prager Professors ausnutzen, des Hofrats Hueppe. Er war noch in der österreichischen Zeit in den Ruhestand getreten und mußte es erleben, daß nach 1918 die Pensionszahlung gänzlich aufhörte. Alle Eingaben nach Prag und nach Wien blieben erfolglos. Eigentlich hätte Wien die Zahlungen übernehmen müssen. Dort berief man sich aber darauf, daß „die Belange" der Prager deutschen Hochschulen der tschechoslowakischen Regierung anvertraut seien. Hueppe war an der Prager

Deutschen Universität Professor der Hygiene gewesen. Er hatte durch Gutachten für pharmazeutische Firmen, vor allem für die Dresdener Lingnerwerke, die das Odol in den Handel brachten, viel Geld verdient. Eines Tages nahmen die Herren der medizinischen Fakultät Anstoß daran und nötigten Hueppe zum freiwilligen Rücktritt. Er zog nach Dresden und hat sich in Deutschland um die sportliche Ertüchtigung der Jugend große Verdienste erworben. Wenn unsere Studenten irgendein großes Sportfest hatten, war Hueppe unter den Ehrengästen und trat auch als Redner auf. Als ich nach Dresden kam, hatte er schon zwei Jahre hindurch keine Pension bezogen. Sobald ich davon hörte, intervenierte ich beim tschechischen Generalkonsul. Ich führte alle möglichen Argumente ins Feld und erreichte, daß der Konsul in einem Bericht nach Prag den Antrag auf Gewährung der Pension stellte. Diesem Antrag wurde im Prinzip stattgegeben. Nur wurde verlangt, daß der Hofrat seine Heimatszuständigkeit für Prag nachweisen sollte. Er hatte sich leider nie einen Heimatschein von der Stadt Prag ausstellen lassen, was in der alten österreichischen Zeit eine Kleinigkeit gewesen wäre. Es ist immer ratsam, sich mit allerhand Papieren auszurüsten. Man kann nie wissen, wozu man sie einmal braucht. Lieber ein Papier zuviel als eins zu wenig. Ein Gesuch Hueppes an die Hauptstadt Prag um nachträgliche Ausstellung eines Heimatscheins wurde ablehnend beantwortet. Es nützte nichts, daß er dort soundso viele Jahre als Universitätsprofessor gewirkt hatte. Was sollte man nun machen! Ich sprach nochmals beim tschechischen Generalkonsul vor, wo ich auch den juristischen Attaché Dr. Beyer, den Sohn eines in die tschechische Armee übernommenen österreichischen Obersten, kannte. Oberst Beyer hatte in Prag nicht weit von uns gewohnt. Auch er gehörte zu meinem Bekanntenkreise und war nebenbei bemerkt ein so berühmter Briefmarkensammler, daß ihn der König von England eines Tages in Audienz empfing, um sich einige

Raritäten seiner Sammlung zeigen zu lassen. Der Attaché Dr. Beyer brachte es durch persönliche Intervention im Prager Rathaus fertig, daß Hueppe seinen Heimatschein erhielt, und nun setzte sehr bald die Pensionszahlung ein. Es wurde sogar der rückständige Betrag nachgezahlt. Wieviel kann doch im Leben durch persönliches Eintreten erreicht werden!

*

In meiner Dresdener Zeit habe ich viele Berufungen an andere Hochschulen erhalten. Erhard Schmidt schlug mich, als er von Breslau nach Berlin ging, primo loco mit Weyl zusammen vor, Study setzte mich bei seinem Rücktritt in Bonn an erster Stelle auf die Liste, für eine neu zu errichtende Münsterer Professur wurde ich ebenfalls primo loco in Vorschlag gebracht. Greifswald hatte, als dort eins der beiden mathematischen Ordinariate frei wurde, den Ehrgeiz, mich dorthin zu ziehen und machte einen Unicoloco-Vorschlag. Das Berliner Ministerium gab sich alle Mühe, ihn zu verwirklichen. Ich hatte aber im sächsischen Unterrichtsministerium einen so starken Rückhalt dank des Wohlwollens unseres Referenten Dr. Ulich, daß man mich einfach nicht fortließ. Ich wurde mit immer neuen Vergünstigungen überhäuft. 1926 wurde ich zum ordentlichen Mitglied der sächsischen Akademie der Wissenschaften gewählt und konnte nun, wenn ich irgend etwas Neues gefunden hatte, in einer Sitzung der mathematischnaturwissenschaftlichen Abteilung selbst darüber vortragen. Hölder, Koebe und Lichtenstein waren meine mathematischen Akademiegenossen. Ich fuhr zu den meisten Sitzungen hinüber und war dann immer Gast bei Koebe, der damals am weiteren Ausbau seiner Uniformisierungstheorie arbeitete. Er übte eine umfassende Lehrtätigkeit aus und hielt so viele Vorlesungen wie zwei Professoren zusammen. Koebe hat das Verdienst, die von Poincaré und Klein begonnenen und sehr weit vorwärts getriebenen Untersuchungen über Uniformisierung zu einem gewissen

Abschluß gebracht zu haben. Es ist bekannt, daß Koebe, sehr überzeugt von der Größe seiner Leistungen, sich selbst sehr gern lobte. Er pflegte zu sagen, es sei manchmal ein noch größeres Verdienst, einem Bau die richtige Krone aufzusetzen, als ihn zu errichten. Dann teilte er die Mathematiker sehr streng in Gruppen ein und hielt viele, die andern ganz groß erschienen, für unbedeutend. War in der Akademie ein Nekrolog zu halten, so lehnte Koebe ihn ab, wenn es sich nicht um einen ganz Großen handelte. Auch den berühmten Atomforscher Debye und die beiden Physiker Heisenberg und Hund lernte ich in der Akademie kennen.

Am 11. 5. 1927 erhielt ich das Lobatscheffskijdiplom als Anerkennung für meine Arbeiten auf dem Gebiete der natürlichen Geometrie. Vorher war ich auf Vorschlag von E. Cartan zum Mitglied der Société mathématique de France gewählt worden. Von den großen russischen Mathematikern standen mir Kagan und Alexandroff besonders nahe. Kagan ist durch seine tiefgründigen Forschungen über nichteuklidische Geometrie weltberühmt geworden. Alexandroff steht unter den modernen Topologen in erster Linie.

Von Dresden aus war ich zweimal in Dänemark und Schweden. Leider habe ich Fredholm nicht mehr persönlich kennengelernt, dafür aber Carlemann und Carlson, zwei hochbedeutende Forscher der jüngeren Generation, ebenso Oseen, der als Förderer der Lieschen Theorie und als Algebraiker, aber auch als Hydrodynamiker rühmlichst bekannt ist. Carlemanns Verdienste um den Ausbau der Fredholmschen Theorie sind allgemein bekannt. Carlson hat als Funktionentheoretiker größtes Ansehen. Als ich in Stockholm war, wurde ich von Carlemann und Carlson mit gastfreundlichen Aufmerksamkeiten förmlich über-schüttet. Es war mir sehr schmerzlich, daß mein Gönner Mittag-Leffler nicht mehr lebte. Auch Selma Lagerlöf hatte sich immer für mich interessiert. Sie wußte, daß ich ihren „Gösta Berling" sechsmal mit Andacht durchgelesen hatte. Mein Buch „Große Mathematiker" hatte sie noch in ihre Bibliothek eingereiht. Die junge schwedische Generation findet leider nicht mehr Geschmack an Selma Lagerlöfs Werken. Das sagte mir in Dresden eine wunderschöne junge Schwedin, Fräulein Bergk, die bei den Aufführungen der Dalcrozeschule in Dresden-Hellerau auftrat und zu den Eliteschülerinnen der tschechischen Tänzerin Valerie Kratina gehörte. Sehr oft war Fräulein Bergk bei uns zum Tee. Als sie merkte, daß ich soviel von Selma Lagerlöf hielt, tat es ihr offenbar leid, sich so offen über ihren abweichenden Geschmack geäußert zu haben. Es war rührend, wie sie immer wieder versuchte, ihre Bemerkung abzuschwächen. Auch eine meiner Prager Schülerinnen, Fräulein Ramler (jetzt Frau Professor Struik), machte einen Ausbildungskurs in der Dalcrozeschule mit. In Prag hatte Dalcroze eine zahlreiche Anhängerschaft. Man verwertete seine rhythmische Gymnastik im Turnunterricht der höheren Schulen. Auch die oben erwähnte Frau Fanta interessierte sich lebhaft für diese Neuerungen. Alle, die einmal einer großen Vorführung in Hellerau beiwohnten, werden an diese hochkünstlerischen Darbietungen immer noch gerne zurückdenken. In Hellerau betätigte sich später auch Tanzmann mit seinen Bauernkursen. Man kann überhaupt sagen, daß Dresden vielen großen Talenten, die anderswo verkannt wurden, förderliches Interesse entgegenbrachte. Ich denke da z. B. an den Vortragsmeister Erhardt, den ich schon in Bonn kennengelernt hatte und im Prager Emauskloster wiedersah. Er schlug sich damals mühsam durch und kämpfte um Anerkennung seiner Bestrebungen auf dem Gebiete des Madrigalgesanges. In Dresden fand ich ihn in einer gesicherten Position. Er war als Exerzitienmeister am staatlichen Schauspielhaus tätig und machte außerdem große Rezitationsreisen, für die er alljährlich irgend etwas Neues einstudierte. Einmal hatte er Klopstocks „Messias" ausersehen. Er rezitierte in großen Sälen und sogar in Kirchen. Noch jetzt klingt mir seine wunderbare Stimme in den Ohren, wenn ich den „Messias" aufschlage: „Singe, unsterbliche Seele, der sündigen Menschen Erlösung, . .." Das kann niemand so herrlich sprechen wie jener Erhardt. Auch Homer rezitierte er, nach meinem Gefühl noch vortrefflicher als Wüllner.

Der alte Hofrat Pattenhausen, Vertreter der Geodäsie an unserer Hochschule, hielt in regelmäßigem Turnus zwei große astronomische Vorlesungen, eine über den Fixsternhimmel, die andere über das Planetensystem. Es gab im Turm des Bauingenieurgebäudes ein kleines Observatorium, das Pattenhausen leitete. Der Hofrat interessierte sich auch etwas für Astrologie und Okkultismus. Ein Dresdener Hellseher namens Huter, von dem er mir manchmal erzählte, war nach Pattenhausens Schilderung imstande, Vorgänge in einem Nachbarzimmer durch eine dicke Mauer hindurch wahrzunehmen.

Im Jahre 1928 feierte die Technische Hochschule Dresden ihr hundertjähriges Bestehen. Der berühmte Thermodynamiker Zeuner war ihr erster Rektor. Es war aber damals eigentlich noch keine Hochschule, sondern nur eine höhere technische Lehranstalt. Zeuner hat sie aber auf eine beachtliche Höhe gebracht. Der erste bedeutende Mathematiker, der in Dresden wirkte, war Oskar Schlömilch. Er kam von der Universität Jena, war also eigentlich ein Universitätsmathematiker. Gegen diese Art von Mathematikern entwickelte sich später in den technischen Fachkreisen eine starke Abneigung. „Wir müssen aus den Höhen der Mathematik in die Ebene des Reißbretts herabsteigen!" Diese Parole fand großen Anklang. Vor allem verringerte man die Wochenstunden, die der Mathematik eingeräumt wurden. Immer mehr schrumpfte das mathematische Programm zusammen. Es gibt bei einem solchen Prozeß einen Punkt, wo die unheilvolle Wirkung so deutlich hervortritt, daß man sie nicht mehr übersehen kann. Hier und da hört man jetzt bereits den Wunsch laut werden, daß man den Ingenieuren doch eine bessere mathematische Grundschulung geben sollte. Bei der Dresdener Jubiläumsfeier wurden in verschiedenen Reden Fragen dieser Art besprochen, manchmal in recht unerfreulicher Weise.

Eine schöne Erinnerung aus der Dresdener Zeit ist es für mich, daß auf meine Veranlassung dem Philosophen des Als — Ob, Hans Vaihinger, in Halle der Ehrendoktor der technischen Wissenschaften verliehen wurde. Sein dickes Buch über diese neue Philosophie hat in den Kreisen der Mathematiker und Naturforscher viel Beachtung gefunden, allerdings auch erbitterte Gegner, zu denen z. B. Study gehörte, dem Vaihinger schon wegen seines Kantkommentars unsympathisch war. Wie konnte jemand mit der kantischen Philosophie soviel Aufhebens machen! Kants Lehre, daß Raum und Zeit nur Anschauungsformen sind, muß nach Studys und vieler anderer Meinung als völlig abwegig verworfen werden. Die meisten von ihnen sind nicht imstande, Kants Behauptung richtig zu verstehen und operieren mit ihrer unzulänglichen Auffassung dieser Behauptung, deren Widerlegung sie dann für eine Widerlegung Kants halten. Diese Art, etwas zu widerlegen, ist auch sonst sehr verbreitet und nichts als übelste Taschenspielerei.

In Dresden begegnete ich einem Schulkameraden aus Löbau in Westpreußen. Älter als ich, war er auf dem Löbauer Progymnasium einige Klassen über mir. Aber wir kannten uns gut. Sein Vater genoß in Löbau als Amtsgerichtsrat großes Ansehen wegen seiner Objektivität und Güte. Als ich nach Dresden kam, war Märker dort Generalmajor. Die schon früher einmal erwähnte Freiin Agnes von Frankenberg schrieb mir, sobald sie von meiner Berufung nach Dresden hörte, ich müßte unbedingt Märker besuchen. Sie hatte sich immer dafür eingesetzt, daß die wenigen Löbauer, die in der Welt hochgekommen waren, schön zusammenhielten. Als ich bei dem General erschien, zeigte er mir einen Brief von Agnes, der meinen Besuch ankündigte und Märker bat, sich des Professors Kowalewski in seiner Weltfremdheit ein wenig anzunehmen. Sie könnte sich diese Bitte schon erlauben, da ihr Vater und dessen Bruder, der in Königsberg General war, Märkers Eltern nahegestanden hatten. Am Schlusse dieses ersten Besuches konstatierte der General lachend, mit meiner Weltfremdheit sei es nicht so schlimm. Er gab der Hoffnung Ausdruck, daß wir uns öfter sehen würden. Als zur Zeit des Kapp-Putsches Reichspräsident Ebert mit seiner Regierung über Dresden nach Süddeutschland auswich, hielt ihm Märker die Treue. Anstatt ihn, wie von Berlin angeordnet war, festzuhalten, stellte er sich dem Reichspräsidenten zur Verfügung und tat alles zur Erleichterung seiner Reise. Dieser Schritt war von größter Bedeutung. Wir Löbauer waren stolz auf Märkers pflichttreue Haltung. Ich war einige Jahre später bei Märkers Einäscherung im Dresdener Krematorium Zeuge der allgemeinen Hochschätzung, die man diesem charaktervollen Manne entgegenbrachte.

Reichspräsident Ebert hat es Dresden nie vergessen, daß man dort in schwerer Stunde treu zu ihm gehalten hatte. Nur ungern gab er seine Zustimmung zu der Reichsexekution, die später gegen Sachsen durchgeführt wurde und der Regierung Dr. Zeigners ein Ende machte. Reichsminister a. D. Dr. Heintze übernahm die Bildung einer neuen sächsischen Regierung. Der Sächsische Landtag wurde nach Hause geschickt. Ein Professor unserer Hochschule, der berühmte Pädagoge Seyfert, Vorsitzender der kleinen Demokratischen Partei, die aber bei allen Abstimmungen die wichtige Rolle des Züngleins an der Waage spielte, brachte es durch geschickte Verhandlungen mit den andern Parteien fertig, eine Landtagsmajorität zusammenzubringen, die ein Weiterregieren auf parlamentarischer Basis ermöglichte. Sobald man dies in Berlin wußte, gab Reichspräsident Ebert die Weisung, daß die Reichsexekution als beendigt anzusehen sei. Es kam jetzt wieder ein parlamentarisches Regime.

Im Jahre 1927 trat zum letztenmal ein ehrenvoller Ruf aus Wien an mich heran. Man bot mir ein großes Ordinariat an der Technischen Hochschule an. Ich erhielt vom österreichischen Ministerium die Einladung, zu den Berufungsverhandlungen nach Wien zu kommen. Österreich hatte die Nachkriegsschwierigkeiten noch nicht überwunden, während es in Deutschland schon merklich aufwärts ging. Ich besuchte zuerst die Kollegen an der Technik und wurde von ihnen mit offenen Armen aufgenommen. Dann ging ich ins Ministerium. Der Portier hatte noch dieselbe glanzvolle Uniform wie in alten Zeiten. Er gab mir Auskunft, wo der Referent, den ich sprechen wollte, sein Zimmer hatte. Dann riet er mir, meinen schönen Mantel ja nicht im Vorzimmer zu lassen. Er würde mir sicher gestohlen werden. Ich stieg die Treppen hinauf. Nirgends war ein Diener zu sehen, während in früheren Zeiten an solchem Personal Überfluß geherrscht hatte. Ich dachte mit Wehmut an meine früheren Besuche in diesem denkwürdigen Bau zurück. Wo war all der Glanz geblieben!

Der Referent hatte die schönen alten Höflichkeitsformen der österreichischen Ministerialräte. Er bewilligte mir überaus günstige Bedingungen. Zum Ankauf einer Villa sollte ich unter Garantie des Ministeriums ein Darlehen aufnehmen und mich auf ein dauerndes Verbleiben in Wien einrichten. Ich erhielt ein Empfehlungsschreiben an ein bekanntes Bankhaus. Alles sah sehr rosig aus. Trotzdem bat ich noch um einige Zeit zur Überlegung. Es wurde mir dann noch angeboten, den Ruf zunächst anzunehmen und nach Belieben zwecks Vorbereitung der Übersiedlung ein oder zwei Semester Urlaub zu beantragen.

Am selben Abend erschien in den Wiener Zeitungen schon die Nachricht, ich hätte den Ruf angenommen.

Manche Blätter brachten sogar eine kurze Würdigung meiner wissenschaftlichen Verdienste. Ich wohnte im Hotel Klomser in der Herrengasse, wo früher gewöhnlich die Herren abstiegen, die zur Audienz beim Kaiser befohlen waren. Am nächsten Vormittag hatte ich schon eine ganze Anzahl von Glückwünschen alter Bekannter von der Universität und Technik. Ich war noch nicht ganz entschlossen, was ich machen sollte. Zunächst fuhr ich nach Dresden zurück. Mein Vater war dafür, in Dresden zu bleiben. So schrieb ich denn nach Wien, ich möchte bitten, mir noch Zeit zum Überlegen zu lassen. Darauf kam eine äußerst liebenswürdige Antwort des Ministeriums, daß man mir die Stelle offen hielte, bis ich meinen Entschluß gefaßt hätte. Ein Wiener Dozent wurde mir als Vertreter vorgeschlagen. Ihm möchte ich meine Direktiven geben. Das tat ich unverzüglich und blieb mit ihm ständig in Verbindung.

Als das Semester vergangen war, wußte ich immer noch nicht, was ich tun sollte. Mein guter, treuer Freund Lothar von Schrutka schrieb mir damals sehr ermunternde Briefe. Die Wiener konnten es garnicht verstehen, weshalb ich so zögerte. Jetzt, wo alles hinter mir liegt, muß ich sagen, daß ich eine große Dummheit beging, ein so schönes Angebot abzulehnen. Das habe ich nämlich zuletzt doch getan. Ich war damals 51 Jahre alt. Die Übersiedlung nach Wien hätte mir einen neuen Auftrieb gegeben. Ich war durch den Tod meiner Mutter noch seelisch ganz zerrüttet. Meinen alten Vater in ganz neue und vielleicht doch schwierigere Verhältnisse zu bringen, erschien mir sehr bedenklich. Der „Weiße Hirsch" war für uns ein so schönes Refugium. Wir konnten es uns gar nicht besser wünschen.

Am 6. Mai 1929 starb mein Vater, kurz vor Erreichung des 80. Lebensjahres. Er war gar nicht krank gewesen. Am Morgen des 6. Mai wurde er plötzlich von einer schweren Herzschwäche befallen und verschied in unsern Armen.

Noch im Sommer 1928 hatte ich mit meinem Vater

einen schönen Erholungsurlaub in Cranz an der ostpreußischen Meeresküste verbracht, wo wir meinen Königsberger Bruder sehr oft sahen.

Meine Mutter war 1926 in Pommern in ihrem und meinem Geburtsort Järshagen im Kreise Schlawe beigesetzt worden. Dorthin überführten wir nun auch den Vater. Auf Grund einer Verabredung, die zwischen uns bestand, habe ich unter den Metallbeschlag des Außensarges ein Kartonblatt geschoben, auf welchem folgende Verse von Kopernikus standen:

> „Non parem Pauli gratiam requiro
> Veniam Petri neque posco, sed quam
> In crucis ligno dederas latroni
> Sedulus oro."

Mein Vater hatte auf das Gutshaus, in welchem meine Mutter und ich geboren waren, ein Stockwerk aufsetzen lassen. Nach dem Tode der Mutter wurden Möbel und Bücher von Königsberg aus dorthin gebracht. So war eine hübsche, behagliche Wohnung entstanden. Wagen und Pferde standen zur Verfügung. Mein Vater hatte noch ein neues Pferd dazugekauft. Wir wollten dann den Sommer dort verbringen und an das nahe Meer fahren. Es ist leider nicht dazu gekommen. Noch am Vorabend seines Sterbetages sprach mein Vater viel von diesen Plänen.

Ich habe Jahre gebraucht, um über diesen schweren Verlust hinwegzukommen. Nun blieb mir nur noch mein Bruder, und er war so weit entfernt von mir und verstrickt in so viele Sorgen. Er hatte 1924 geheiratet. Die Geburt der Tochter Sabina erlebte noch mein Vater. Der Sohn Guntram wurde ein Jahr nach dem Tode meines Vaters geboren. Wie hätte sich der Vater gefreut, diesen einzigen künftigen Träger unseres Namens noch zu sehen! Ich habe meinem Bruder immer, was ich erübrigen konnte, als Beihilfe für seinen Haushalt geschickt.

Hitlers Herrschaft brachte einen tiefen Einschnitt in unser Leben: weil ich den Ariernachweis nicht vollständig erbringen konnte, begannen für mich berufliche Schwierigkeiten, die schließlich dadurch ihr Ende fanden, daß Prager Freunde mich 1939 an die dortige deutsche Universität beriefen. Über diese zweite Prager Zeit habe ich nicht viel zu berichten.

Als im Mai 1945 die Revolution ausbrach, rettete uns der im selben Haus wohnende berühmte tschechische Historiker Prof. Dr. Šusta das Leben. Er war Präsident der tschechischen Akademie, ehemaliger Unterrichtsminister und Mitglied der Völkerbundkommission für die geistige Annäherung der Völker (zusammen mit Einstein, Madame Curie, Langevin und andern). Sein Freund, der interimistische Präsident des neuen Staates, Prof. Dr. Pražak, nahm uns unter seinen Schutz. Berühmte Mathematiker aus Amerika, Frankreich und Rußland schrieben mir Schutzbriefe. Mit einem Permit der Amerikaner verließen wir am 10. September 1946 Prag und kamen zunächst in das Flüchtlingslager Furth im Walde. Harte Monate haben wir dort verlebt und das an Leiden nachgeholt, was uns in Prag erspart geblieben war. Schließlich gelang es uns, die Zuzugsgenehmigung für München zu erlangen, wo uns Frau Hilde Ullmann und das Ehepaar Franz Wildgruber Zuflucht boten. Auch ihnen möchte ich an dieser Stelle ausdrücklich danken.

Die Regensburger Philosophisch-Theologische Hochschule gab mir Gelegenheit, nach so langer Unterbrechung wieder Vorlesungen zu halten. Am 5. Juli 1947 legte Professor Cartan der Pariser Akademie eine Arbeit von mir vor, der bald eine zweite folgte. Der Verleger Dr. Oldenbourg, selbst ein Forscher in den technischen Wissenschaften, kam mir durch Übernahme des vorliegenden Buches zu Hilfe, dem in Kürze ein wissenschaftliches Werk folgen wird. — Ich hoffe, daß es mir in den nächsten Jahren vergönnt sein wird, weitere Pläne im Dienste der Mathematik, der mein ganzes Leben gewidmet war, zu verwirklichen.

INHALTSVERZEICHNIS

Lernzeit

Lehrzeit